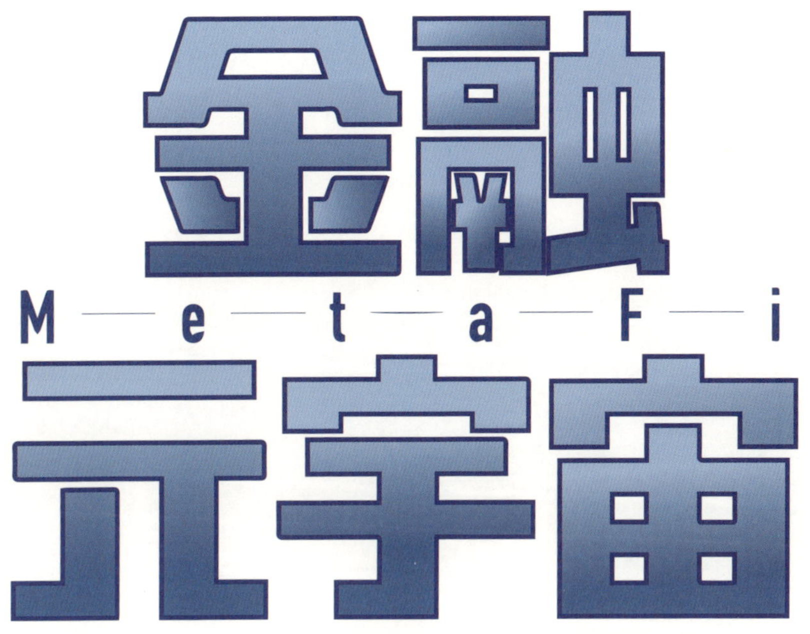

王平 張雅琪 漁童等著

聯合電子出版有限公司

金融元宇宙

編　　著：王平　漁童　張雅琪
編　　輯：聯合電子出版有限公司編輯室
特約編輯：龍彬彬　馬萱
設計排版：Anthony Kwok　董峽瑜
出　　版：聯合電子出版有限公司
香港九龍長沙灣永康街 77 號環薈中心 10 樓 1011 室
電話：25978415
電郵：info@suep.com
發　　行：香港聯合書刊物流有限公司
香港新界荃灣德士古道 220-248 號荃灣工業中心 16 樓
電話：2150 2100
傳真：2407 3062
電郵：info@suplogistics.com.hk
印　　刷：美雅印刷製本有限公司
九龍觀塘榮業街六號海濱工業大廈 4 字樓 A 室
電話：2342 0109
版　　次：2025 年 1 月繁體中文第一版第一批印刷
2025 年 2 月繁體中文第二版
定　　價：港幣 198.00 元
I S B N　9789888909056

再版序一

金融元宇宙 - 從過去到未來的金融革命

回望歷史，我們發現科技與金融的每一次重大結合，都標誌著一個新時代的開啟。例如，2009 年比特幣的誕生，不僅引領了一場關於數字貨幣的全球討論，更為整個金融行業帶來了深遠的影響。比特幣作為第一個成功地去中心化數位貨幣，其背後的區塊鏈技術，開啟了對傳統金融體系的全新挑戰和可能性探索。

另一個重要的里程碑是 2017 年，當時非同質化代幣（NFT）的概念開始流行，它為藝術品和收藏品的數位化提供了全新的路徑。NFT 的流行不僅創造了一個新興的數字藝術市場，更重塑了人們對於所有權和價值傳遞的認識。這一年，隨著加密貓（CryptoKitties）的大受歡迎，NFT 開始成為公眾關注的焦點，它通過區塊鏈技術，實現了虛擬資產的獨特性和稀缺性，這為數位藝術和收藏品市場打開了全新的大門。

而在 2020 年，隨著全球疫情的爆發，人們的生活和工作方式發生了巨大的變化，數位化、虛擬化成為了日常生活的常態。這一時期，元宇宙的概念迅速升溫，開始被廣泛討論。元宇宙作為一個集合了多種技術（如 VR、AR、區塊鏈等）的綜合體，為人們提供了一個全新的虛擬世界，這個世界不僅是娛樂和社交的空間，更是一個新的經濟體系和商業模式的孵化地。

元宇宙中的經濟活動日益頻繁，從數位藝術品的交易到虛擬土地的買賣，再到線上市場的虛擬商品交易，甚至包括數位貨幣的流通和投資，這些都為我們展示了一個全新的經濟形態。比如，2021 年，一幅名為《每天：前 5000 天》的數位藝術作品以 NFT 的形式被拍賣，創下了 6900 萬美元的高價，這一事件不僅讓世界矚目，更加深了公眾對於數字藝術和元宇宙經濟價值的認識。

本書對金融元宇宙的全面剖析，不僅涵蓋了從科技助推金融創新的歷史回顧到數字金融生態的構建，還深入探討了金融元宇宙的多維度問題。作為一名讀者，我認為這本書是探索金融元宇宙領域的重要指南。它適合所有對金融科技和未來趨勢感興趣的讀者，無論是專業人士還是普通愛好者。這本書不僅提供了對元宇宙經濟行為的全面解讀，更提供了對未來金融世界的深刻洞見。

在金融元宇宙的時代，我們正見證著一個全新時代的誕生。金融和技術的融合將持續推動社會的進步和變革。《金融元宇宙》這本書，是我們理解這一時代的重要工具，也是在這個不斷變化的世界中為我們導航的羅盤。

隨著我們深入這個神秘而又充滿活力的金融元宇宙，讓我們一起探索、學習並成長，共同迎接一個充滿無限可能性的未來。這本書將是我們在這場歷史性變革中的重要夥伴和導航燈塔，帶領我們穿越歷史，擁抱未來的金融革命。

熊榆

英國薩里大學協理副校長，薩里大學區塊鏈及元宇宙應用研究院院長

再版序二

香港：引領金融科技創新，擁抱金融元宇宙，擴展數字經濟和綠色經濟

面對當前嚴峻多變的全球經濟形勢，本港企業不僅要創造消費新場景，更要注重「新產品開發」和「新模式營運」，以滿足消費者需求，創造新增長點，並通過資料驅動的創新管理方案降低成本和風險，提高效率和盈利。同時，香港作為國際金融中心、亞太區綠色科技及綠色金融樞紐，需要向世界更好地展示香港的獨特優勢和資源，並分享在不同領域的觀察和經驗，發揮國際橋樑角色，為全球發展貢獻智慧和力量。

為加強激發金融科技的創新活力，同時確保市場的穩健運行，在2023年2月，香港證監會發佈了有關虛擬資產交易平台的諮詢檔，並在6月正式推出新的監管規則，為金融科技的創新提供了更為廣闊的舞台。此外，香港金管局啟動的「數碼港元」先導計劃和虛擬資產交易平台的監管規定，更為促進香港金融科技創新發展起到了添磚加瓦的作用。在適當監管造就可持續發展環境這個大前提下，香港積極擁

抱 Web 3.0 的發展。2022 年 10 月 31 日，香港特區政府發佈了《虛擬資產發展政策宣言》，正式宣佈了加速佈局元宇宙和 Web 3.0 產業的決心。2023 年初，香港數碼港的 Web 3.0 基地成立，在一系列支援措施的實行下，超過 150 家 Web 3.0 公司已入駐基地。這些公司涉及多個方面，從基礎設施建設到應用開發，透過其可持續發展生態圈，進一步鞏固及提升了香港作為國際創新科技中心的戰略地位。

此外，香港開放 Web 3.0 企業獲取牌照的政策，進一步推動數位資產和加密貨幣交易以及區塊鏈服務等方面的發展，香港因此也開始吸引了眾多國際公司在此設立分支機構。香港在這方面的新政策鼓勵國際公司在香港設立辦公室，在享受到優惠稅收政策同時，還可以利用香港優異的國際網路和科技資源。金融科技的變革引領著商業的創新，而商業行為也會驅動更好及更多地在科研和創業方面的投入。區塊鏈技術的興起以及其廣泛的應用，讓互聯網能夠邁進 Web 3.0時代。

香港大力推動金融元宇宙的安穩發展，為投資者創建一個安全和嶄新的數位資產監管及交易環境，並積極探索前沿 AI 技術和有利於改善民生和經濟的應用。如何利用區塊鏈技術推動綠色科技和綠色金融更好及更快發展，以及如何協助傳統經濟企業借助新技術來提高營運效益以及開拓新市場等，都將是 Web 3.0 的創新發展路向。

《金融元宇宙》一書，對相關行業和金融科技發展有獨特的分析見解和案例梳理，向讀者展示了金融元宇宙前沿專案的發展潛能。我相信相關領域的學術專著也將為香港金融科技未來的可持續發展注入新的以及有建設性的觀點和角度。

林家禮博士

銅紫荊星章 太平紳士

香港數碼港管理有限公司前主席

聯合國亞洲及太平洋經濟社會委員會（ESCAP）可持續發展商業網路主席

目 錄

第二節

香港支持 Web 3.0 發展的政策梳理

第三節

Web3 金融革命：構築普惠財富與科技驅動發展的未來視界

第四節

金融元宇宙：發展新型金融，元宇宙新型數字金融中心

第五節

推動設立不良資產 NFT 交易平台和國際智慧併購交易中心

再版前言

第一節
AWM 元年：人工智慧，Web 3.0 與元宇宙

AWM 代表人工智慧、Web 3.0 和元宇宙，是一個創新性和開創性的領域，整合了若干前沿技術。通過人工智慧、下一代網路形態和沉浸式元宇宙，AWM 旨在創造前所未有的變革性數字體驗。2021 年底，Facebook 改名為 Meta，象徵元宇宙（Metaverse）這個誕生於科幻小說的概念正以爆發式速度融入社會主流。一改過往只作為電影和遊戲題材的存在，元宇宙將革新我們的生活，從休閒娛樂、商務工作至城市管理等各方面打破現實界限，讓我們能隨時通過各類延展實境設備遊走虛實交織的空間。

1.1 人工智慧對元宇宙發展的重要性

元宇宙概念崛起，行業生態圈逐步成型。元宇宙創新概念席捲全球，隨著 VR、AR 及生成式人工智慧等前沿科技漸趨成熟，有研究預測 2030 年市值更將超過 1.3 萬億美元[1]。有先見之明的港企在 2 年前

1 Precedence Research.(2023, March). Metaverse Market. https://www.precedenceresearch.com/metaverse-market

就開始佈局，看好元宇宙發展潛力，憑著開發自身技術，為企業、公司及品牌提供一站式服務，促成線上及元宇宙之間的互動，做到虛擬和實體之間的結合，並以不同形式與超過十多個企業和 IP 合作，當中包括銀行、酒店集團及授權品牌等，成功締造行業先河。隨著 Web 3.0 經濟崛起，港企已積極為進軍元宇宙產業做好準備，加上近期 ChatGPT-4 上線，在人工智慧的加持下，將推動創新以提升用户體驗。現在正是為新現實做準備的良機。香港電腦商會主席及元宇宙產業聯盟召集人許健生曾表示「在這個新現實中，AI 將驅動交互，使其與現實世界無法區分。當您的 AI 嵌入式身份與其他 AI 驅動的身份的『閒人』互動時，將體驗到比現實生活更真實的世界，甚至有機會令人難以辨識其思想及意識是存在於真實還是虛擬世界。」[2]

2024 年，是 AWM 的元年，在 2024 年的開年之際，AI 和元宇宙都迎來了重大進展。年初，蘋果公司宣佈了 Apple Vision Pro 的發佈日期，這是一款創新的混合現實（MR）設備，它結合了未來感十足的設計、Pancake 光學技術、Micro OLED 顯示技術、空間音訊和複雜的追蹤交互技術（包括眼動、面部和手勢追蹤），以及搭載了強大的 M2 晶片和全新的 R1 輔助處理器。Apple Vision Pro 旨在實現數字世界與現實世界之間的流暢融合。

緊接著，在 2 月 15 日，OpenAI 推出了其最新的影片生成模型，SORA，這是一款能夠基於文本指令生成既真實又充滿創意的影片場景的工具。SORA 利用了 OpenAI 之前開發的 DALL-E3 模型的技術，能夠把簡短的文本描述轉換成長達一分鐘的高清影片。這一模型在影片生成領域展現了前所未有的能力，如準確性、多樣性、強大的語言理解能力、將圖像 / 視訊轉換成影片的能力、影片擴展功能、出色的設備相容性以及場景與物體的一致性和連續性。SORA 的發佈被認為是

2　許建生（2023 年 9 月 5 日）。〈元宇宙概念崛起：港初創營造行業生態圈〉。取自 https://www.capital-hk.com/editors_pack/sept2023issue_metaverse_20230925/

影片生成技術的重大突破，這標誌著 AI 技術向通用人工智慧（AGI）邁出重要一步。

Sora 和 Apple Vision Pro 分別從軟體和硬體兩個層面，為沉浸式元宇宙的構建提供了強大的支撐。Sora 通過高度先進的影片生成技術，為元宇宙的內容創造提供了無限的可能性，而 Apple Vision Pro 則通過其創新的空間計算能力，為用户提供了進入和體驗這些內容的新途徑。這兩項技術的結合，預示著我們距離一個高度沉浸、互動和創造性的數字世界又近了一步，同時也對未來的內容創造、消費乃至社會互動方式帶來了深遠的影響。

2024 年，除了 AI 和元宇宙，以區塊鏈技術、加密金融為核心的 Web 3.0 行業也迎來了開門紅，1 月 11 日，經過兩年的等待，美國證券交易委員會宣佈批准了現貨比特幣 ETF 的上市交易，這為加密貨幣市場帶來了新的活力。在龍年春節期間，比特幣價格突破了 52000 美元大關，市值回歸到了 1 萬億美元，整個加密貨幣市場的市值也回到了兩萬億美元。值得注意的是，隨著 SORA 的發佈，由 OpenAI 創始人 Sam Altman 創立的加密專案 Worldcoin 也迎來了新的市場熱潮，其代幣 $WLD 價格達到了新高。

Worldcoin 專案，由 OpenAI 創始人 Sam Altman 在 2019 年提出，靈感來源於全民基本收入（UBI）的概念，旨在通過分發免費的加密貨幣來實現財富的公平分配。World ID 作為 Worldcoin 的底層身份協定，通過人格證明機制防止重複領取代幣，確保每個人只能註冊一個帳户[3]。隨著 AI 技術的廣泛應用，互聯網上的虛假和匿名帳户問題可能會加劇。OpenAI 在推動 AI 技術發展的同時，Worldcoin 提供了解決 AI 產生的不準確信息傳播問題的潛在解決方案，為其商業模式提供了實際應用場景。這兩個專案的成功，不僅展示了 Altman 的遠見，

3 Worldcoin. (n.d.). Whitepaper. https://whitepaper.worldcoin.org/

也為未來的 AWM 技術的發展和應用提供了新的方向。

AI 浪潮席捲全球，各國政府出台最新政策保駕護航：日本 2024 年推動 AI 監管立法，涉及虛假資訊和侵權等問題；歐盟通過 AI 法律草案，首批條款預計 24 年下半年生效。AI 行業研發成就全面開花。算力方面，ASML 研究超級 NA 光刻機，2036 年衝擊 0.2nm 工藝[4]；OpenAI 創始人就晶片專案尋求各界政府的支持提出 7 萬億「造芯計劃」；軟銀 CEO 孫正義計劃籌措 1000 億美元成立 AI 晶片企業；NVIDIA AI GPU 交貨速度由 11 個月加快到變 3 個月；三星已斬獲首個 2nm 工藝晶片訂單，領先台積電；高通驍龍 8 Gen 4/5 晶片資訊曝光；Meta 第二代自研 AI 晶片正式投產。模型方面，Google 被曝出內部 AI 大語言模型 Goose；OpenAI 發佈首個文生影片大模型 Sora 可生成 60 秒視頻；Google Gemini 1.5 Pro 上線具備 100 萬 tokens 超長上下文窗口；Google 開源 Magika 可毫秒級識別內容類別型，百萬檔測試準確率超 99%；Amazon 推出 10 億參數文本轉語音（TTS）模型；Stability AI 開源全新文生圖模型 Stable Cascade，性能強於 Stable Diffusion。應用方面，AI 賦能蘋果 Spotlight 搜索；蘋果將推出 AI 程式設計工具；Adobe 推出 AI Artbot 已避開 AI 版權風險；OpenAI 正開發搜索類產品，微軟 Bing 提供部分支援；Nvidia 發佈 AI 聊天機器人 Chat with RTX，本地 RTX 顯卡運行；微軟神經網路引擎 ONNX Runtime 獲推 1.17 版更新支援開發者使用瀏覽器訓練模型；OpenAI 宣佈小範圍測試 ChatGPT 「記憶」功能；諾基亞推出面向工業的人工智慧助手 MX Workmate。AI 行業最新趨勢瞬息萬變，各類研發成果層出不窮，人工智慧在未來的重要地位可見一斑。

縱觀人類歷史的長河，技術革新一直是推動我們種族向前邁進、跨越重重障礙以及探索未知領域的強大動力。在當今這個時代，我們

---

4 Paul Alcorn. (2022, May). Imec Presents Sub-1nm Process and Transistor Roadmap Until 2036: From Nanometers to the Angstrom Era. https://www.tomshardware.com/news/imecs-sub-1nm-process-node-and-transistor-roadmap-until-2036-from-nanometers-to-the-angstrom-era

正處在一場前所未有的創意革命的前沿，這場革命由人工智慧（AI）、Web 3.0 和元宇宙這三股強大的力量共同推動[5]。隨著這些尖端技術的深度融合，我們正在迎來人類歷史上最具創新性的時期，這一時期有潛力徹底重塑我們的世界觀，並為未來的子孫後代開闢全新的生活可能性。

在 AWM 元年，人工智慧技術的發展對元宇宙的建設和發展起著至關重要的作用。人工智慧作為一項已經深入到我們生活各個方面的技術，其在元宇宙發展中的重要性不言而喻。元宇宙，作為一個虛擬世界的概念，它的構建和發展離不開人工智慧的支持。人工智慧不僅能夠提供智慧化的交互體驗，使得用户能夠在元宇宙中獲得更加真實、沉浸式的感受，還能夠通過機器學習和資料分析，不斷改善元宇宙的運行效率和用户體驗。以人工智慧對元宇宙發展的重要性，包括但不限於[6]：

智慧代理：人工智慧可以為元宇宙中的虛擬角色和實體提供智慧代理，使得它們能夠更加智慧地行動和交互。這將增強元宇宙的真實感和互動性，為用户提供更加豐富和有趣的體驗。

自動化和智慧化管理：人工智慧技術可以用於元宇宙中的自動化和智慧化管理，包括資源配置、內容篩選、安全監控等方面。這將提高元宇宙的運行效率，減少人工管理成本，同時保障元宇宙的安全和穩定運行。

個性化體驗：借助人工智慧技術，元宇宙可以根據使用者的偏好和行為習慣提供個性化的體驗，包括推薦內容、定製服務等。這將增強用户對元宇宙的黏性，提升用户滿意度和忠誠度。Web 3.0 作為下一代互聯網的代表，它的核心在於去中心化和區塊鏈技術的應用。在元宇宙的背景下，Web 3.0 的重要性體現在它能夠為元宇宙提供一個

5 元宇宙之心（2023年3月27日）。〈AI、Web3和元宇宙：解鎖人類最具創造力的時代〉。取自 https://foresightnews.pro/article/detail/29343

6 Strategic Market Research（2022）。〈2022 年元宇宙市場報告〉。

安全、透明且無需信任協力廠商的交易環境。這種去中心化的網路結構，為元宇宙中的資產所有權、身份認證和交易行為提供了堅實的基礎。而當我們將人工智慧與 Web 3.0 結合起來考慮時，一個全新的視角便呈現在我們面前。人工智慧可以通過對大量區塊鏈資料的分析和學習，進一步提高 Web 3.0 網路的智慧化水準，從而使得元宇宙中的經濟活動更加高效、個性化。元宇宙作為一個集合了虛擬實境、增強現實等多種技術的平台，它的發展前景無疑是廣闊的。隨著人工智慧和 Web 3.0 等技術的不斷進步，元宇宙將會成為一個全新的社交、娛樂、教育和商業活動的場所。在未來，我們可以預見，元宇宙將會催生出一系列新興行業，比如虛擬商品設計、虛擬體驗創造、數字身份管理等，這些行業將會為人類社會帶來前所未有的機遇和挑戰。人工智慧在元宇宙的發展中扮演著至關重要的角色，而 Web 3.0 則為元宇宙提供了一個可靠的技術支撐。這兩者的結合，將會推動元宇宙向著更加智慧化、去中心化的方向發展，同時也會催生出一系列新的行業和商業模式，為我們的未來帶來更多的可能性。總的來說，人工智慧技術的發展將為元宇宙帶來更加智慧化、個性化和互動性更強的發展前景，推動元宇宙向著更加智慧化和真實化的方向不斷發展。

人工智慧在激發創造力方面的作用不容小覷

人工智慧已經成為打破歷史上阻礙人們實現創意的障礙的關鍵力量。利用人工智慧的能力，我們現在能夠以前所未有的速度和效率將我們的願景轉化為現實[7]。釋放人工智慧潛能的關鍵在於快速工程，即將想法以人工智慧能夠理解和執行的方式進行表達的藝術。儘管人工智慧確實帶來了一些風險，但其積極的一面遠遠超過了消極的一面，這使得創造力得以以全新的方式蓬勃發展。

7　同 5

元宇宙是連接數位世界與物理世界的橋樑

隨著我們對移動設備的依賴日益加深，人們對於突破 2D 現實限制的渴望也愈發強烈[8]。元宇宙的出現，一個融合了虛擬世界與現實世界界限的數字宇宙，預示著我們的線上互動將開始反映我們在現實世界中的經歷。目前對笨重的虛擬實境頭戴設備的依賴將逐漸讓位於更加輕便、價格合理的可穿戴眼鏡，這些技術的進步將數位領域與物理領域無縫融合。這種變革性的轉變將以更加個性化、創造性和抽象的方式豐富我們的生活體驗。

人工智慧、Web 3.0 和元宇宙的結合
預示人類最具創造力的時代即將到來

在元宇宙中引入通證和數字資產，將創建一個系統的激勵結構，激發人類的創造力和協作精神。這些可以擁有和交易的數位商品將成為新的線上互動和體驗的基礎。隨著越來越多的人學會在社交媒體上建立社區，並通過 3D 元宇宙世界與他們互動，通過通證化推動增長，他們將受到激勵去創造自己的數字現實。這將導致創造力和創新的蓬勃發展，因為個人和社區聚集在一起，共同構建全新的世界和體驗。

一系列尖端技術正在為這場創造性革命奠定基礎，包括區塊鏈、增強現實（AR）和虛擬實境（VR）、Crypto 通證、元宇宙和機器人技術。從現在開始直到未來，這些技術將改變人類行為的核心，改變我們的生活、工作和娛樂方式。隨著我們不斷創新並探索這些突破性技術的潛力，我們將打造一個比以往任何時候都更加互聯、協作和創造性的新世界。

人工智慧、Web 3.0 和元宇宙的融合正在迎來一個前所未有的人類創造力時代。當我們利用這些先進技術進行創造、協作和創新時，

8　同 5

我們正在為一個更加個性化、更具吸引力和鼓舞人心的未來奠定基礎。我們現在生活的時代將在整個人類歷史中被銘記和討論。作為一個變革時期的開始，這個時期重新定義了我們想像力的極限，並開啟了新的可能性領域。

在這個新時代，我們創造力的唯一限制是我們自己夢想、創新和接受我們所掌握的技術潛力的能力。隨著我們繼續突破 AI、Web 3.0 和元宇宙的界限，我們將為成長、學習和自我表達解鎖更多機會。這個令人興奮的新領域為個人和團體提供了一個機會，讓他們走到一起，建立他們夢想的數字現實，營造一個創造力、協作和創新的環境，為我們的後代塑造新世界。

在未來的幾年裏，我們可以期待看到創意專案和進步的爆炸式增長，這些專案和進步突破了我們曾經認為可能的極限。從沉浸式虛擬藝術畫廊和音樂會到互動教育體驗和協作工作空間，元宇宙將為個人和職業發展提供大量機會。我們的數位生活和物理生活的融合將改變我們看待世界和與世界互動的方式，使我們能夠探索創造力的新維度。

1. 創建和模擬現實：人工智慧可以幫助創建逼真的虛擬環境，使用户感覺就像他們真的在那個環境中一樣。這包括生成逼真的人物、物體和場景。

2. 交互性：人工智慧可以使元宇宙更加互動式。例如，AI 可以用於創建可以理解和回應用户行為的虛擬角色。

3. 個性化體驗：人工智慧可以根據使用者的行為、喜好和需求提供個性化的體驗。這可能包括推薦系統，以引導使用者找到他們可能感興趣的內容或活動。

4. 自動化：人工智慧可以自動化許多工作，如內容創建、維護和管理。這可以提高效率，降低運營成本。

5. 資料分析：人工智慧可以幫助分析大量資料，以提供有關使用者行為、偏好和趨勢的見解。這可以幫助改進元宇宙的設計和功能。

6. 安全和隱私：人工智慧可以幫助保護元宇宙的安全和用户的隱私。例如，AI 可以用於檢測和防止欺詐行為，或者用於加密通信。

總的來說，人工智慧為元宇宙提供了無限的可能性，使其成為一個更加豐富、互動和個性化的環境。

Web 3.0 革新引領未來

Web 3.0 是下一代互聯網技術的重要發展方向，它被預期將帶來革命性的變化並引領未來。以下是 Web 3.0 可能帶來的幾個重要革新領域：

1. 去中心化：Web 3.0 的核心特徵之一是去中心化，這意味著資料和應用程式不再依賴於單一的中心伺服器或服務提供者。這種架構可以提供更高的安全性、隱私保護以及抵抗審查的能力。

2. 區塊鏈技術：作為 Web 3.0 的關鍵技術之一，區塊鏈允許資料在沒有中央權威的情況下安全透明地共用和存儲。它為金融交易、智慧合約和數位身份驗證等領域提供了新的解決方案。

3. 代幣經濟：Web 3.0 通過使用加密貨幣和代幣激勵網路參與者，創建了新的經濟模型。這些代幣可以用來獎勵內容創作者、開發者和其他貢獻者，從而推動網路的活躍度和創新。

4. 用户主權：Web 3.0 強調使用者對自己資料的控制權，使用者自主決定誰可以訪問他們的個人資訊和資料。這種權力下放給使用者的模式，有助於構建更加公平和透明的網路環境。

5.AI 融合：Web 3.0 與人工智慧（AI）的結合將開啟新的可能性，比如通過 AI 增強的資料分析能力和個性化服務，以及 AI 驅動的自動化和決策支援系統。

6. 創新生態：Web 3.0 的發展將催生新的創意和商業模式，個體和小團隊可以利用 Web 3.0 平台進行創作和創業，這可能會激發更多的社會創新和經濟活力。

7. 技術創新：AR 和 VR 技術的快速進步使得元宇宙的體驗更加沉浸和真實，吸引了更多的用户參與。同時，5G 和邊緣計算等技術的發展提供了所需的高速連接和低延遲回應，支持了複雜的虛擬環境。

8. 資本投入：大型科技公司和創業企業正在對元宇宙進行大量的投資。例如，Facebook 改名為 Meta，表明其對元宇宙的承諾；Microsoft、Google、阿里巴巴等其他科技巨頭也在積極佈局。

9. 數字經濟：疫情加速了數位化轉型的步伐，人們對於遠端工作、線上教育、虛擬活動等數位服務的需求激增，這為元宇宙的發展提供了肥沃的土壤。

10. 代幣經濟：區塊鏈和加密貨幣為元宇宙內的經濟活動提供了去中心化的解決方案，包括 NFT（非同質化代幣）在內的數字資產開始在元宇宙中流通，為用户提供所有權和收益的可能性。

11. 內容創作和 IP 合作：品牌、藝術家和內容創作者正通過合作和創新將現實世界的商品和服務引入元宇宙，豐富了元宇宙的內容和體驗。

12. 用户參與度：社區和用户的參與是推動元宇宙發展的重要動力。使用者不僅可以在元宇宙中消費內容，還可以創造和分享自己的作品，形成獨特的社交網路。

13. 政策和法規：政府和監管機構正在探索如何在保護消費者權益的同時促進元宇宙的健康發展。合理的政策和法規可以提供清晰的框架，吸引更多參與者進入這一領域。

14. 教育和培訓：隨著元宇宙概念的普及，教育機構和企業開始提供相關的培訓和課程，幫助更多人理解和參與到元宇宙的建設中。

這些因素共同作用，為元宇宙的發展注入了強大的活力，並預示著它將在未來的數位化生活中扮演越來越重要的角色。儘管元宇宙仍然面臨技術挑戰、商業模式的探索以及隱私和安全問題，但其發展潛力和對社會的深遠影響已經不容小覷。

AWM 元年元宇宙發展

AWM 元年是指 2024 年，這一年被視為全球人工智慧、Web 3.0 和元宇宙融合發展的重要節點，標誌著大文明時代的到來。元宇宙作為科技新形態，不僅代表了新興產業的發展方向，也是社會治理領域的一個重要議題。元宇宙的發展過程中，有幾個關鍵的趨勢和挑戰值得關注：

1. 技術融合：元宇宙的發展依賴於多種技術的融合，包括人工智慧、區塊鏈、VR/AR 等。這些技術的結合將為用户提供更加沉浸式和互動性強的虛擬體驗。

2. 經濟模式：元宇宙的經濟模式正在形成，其中包括虛擬商品和服務的交易、數位資產的所有權以及新的商業模式，如虛擬地產和 NFT（非同質化代幣）。

3. 社會影響：元宇宙對社會的影響是雙刃劍。一方面，它為人們提供了新的交流、娛樂和工作方式；另一方面，它也帶來了對隱私、資料安全和心理健康等方面的擔憂。

4. 治理挑戰：隨著元宇宙的發展，如何制有效的治理規則成為一個重要議題。這包括如何處理虛擬世界中的版權問題、使用者行為規範以及確保平台的透明度和責任性。

5. 產業變革：元宇宙可能會帶來生產力的提升和生產方式的變革，這對於教育、娛樂、零售等多個行業都是一個重要的發展機遇。

6. 歷史背景：元宇宙的概念雖然早已存在於文學、影視和遊戲中，但直到近年來才真正進入產業和資本領域，引起了廣泛的關注和投資。

7. 早期發展：回顧元宇宙的發展史，可以看到一系列標杆事件和早期應用的出現，這些都為元宇宙的未來發展奠定了基礎。

綜上所述，AWM 元年預示著元宇宙將在技術、經濟和社會層面迎來更加深入的發展。然而，這一過程也伴隨著諸多挑戰，需要政府、企業和社會各方面的共同努力，以確保元宇宙的健康、可持續發展。

AI、Web 3.0 和元宇宙：解鎖人類最具創造力的時代

當我們冒險進入這個勇敢的新世界時，我們要以責任感和正確的理念來對待這些新興技術。通過優先考慮隱私、安全和道德，我們才可以確保開發和使用的人工智慧、Web 3.0 和元宇宙技術會產生更多的價值，使個人和社區能夠共同創造、學習和成長[5]。

技術進步的快速步伐既令人振奮又令人生畏，但最終取決於我們是否利用 AI、Web 3.0 和元宇宙的力量為我們自己和子孫後代塑造一個更光明、更有創造力的未來。通過發展這些技術並利用它們來促進協作、創新和個人成長，我們可以釋放人類創造力的全部潛力，並為新發現和新時代奠定基礎。

綜上所述，人工智慧、Web 3.0 和元宇宙的融合不僅開創了一個前所未有的創意新時代，還從根本上改變了我們對周遭世界的感知與互動方式。隨著我們持續推動這些領先技術的界限，我們正步入一個以增強創造力、合作和個人發展為特徵的新時代，這在人類歷史上是前所未有的。通過擁抱這個變革時代的可能性，我們有機會共同塑造

一個既能激發人心又讓人敬畏的未來，為我們的後代留下一個更有價值、更有意義的寶藏。

人工智慧（AI）是推動未來科技進步的關鍵力量。亞洲各國正積極投資於 AI 研究與開發，旨在通過機器學習、深度學習等技術，提升演算法的效率和智慧化水準。這些技術的應用範圍廣泛，從改善城市基礎設施管理到提升醫療保健服務，人工智慧正在成為推動社會各領域創新的重要工具。

在晶片製造方面，亞洲已經成為全球半導體產業的核心。隨著物聯網、5G 通信和自動駕駛等技術的發展，對高性能晶片的需求日益增長。亞洲的晶片製造商正不斷提升技術水準，推動納米製程技術的進步，以確保在全球供應鏈中保持競爭力。Web 3.0，作為下一代互聯網的代表，預示著去中心化和區塊鏈技術的廣泛應用。亞洲的企業和創業者正在積極探索 Web 3.0 的潛力，從去中心化金融（DeFi）到非同質化代幣（NFTs），Web 3.0 正在為亞洲帶來新的商業模式和經濟增長點。最後，元宇宙作為一個集合虛擬實境（VR）、增強現實（AR）和社交網路功能的虛擬空間，正在成為科技發展的新熱點。亞洲的科技公司和創業團隊正在開發創新的元宇宙平台和應用，為用户提供沉浸式的線上體驗，從而開闢了娛樂、教育、遠端工作等多個領域的新可能。亞洲在人工智慧、雲服務、晶片製造、Web 3.0 和元宇宙等前沿科技領域的展望充滿了無限的可能性和機遇。隨著技術的不斷進步和創新，亞洲有望在全球科技舞台上發揮更加重要的作用，並推動人類社會向更加智慧、互聯的未來邁進。

1.2 元宇宙行業動態

根據綜合國際投資銀行及市場研究，2022 年，元宇宙的市場價值為 474.8 億美元，預計到 2030 年將達到 6788 億美元[9]。目前，隨著參與者、資本和資源的引入及非同質化代幣（NFT）興起，元宇宙的概念逐漸變成現實，造就了元宇宙由體驗屬性階段進化成大規模的元宇宙平台崛起，吸引大量新用户。

元宇宙應用場景將在不同的環境中使用，逐漸構成成熟的社會體系及經濟體系，反映現實世界的運營機制。直至元宇宙 3.0 階段，元宇宙生態系統和虛擬世界的主要系統將變得成熟，透過跨平台和跨行業整合及去中心化模式，突破現時科網巨擘各自為政的發展局限。元宇宙的新用途和商業模式將出現，預計虛擬世界將為所有開發者、個人及組織創造一個開放及具有創意的環境以製作新內容，並運用金融科技與傳統銀行、支付平台及金融體系高度融合，創造新經濟佈局[10]。

在中國香港地區及國際資本市場方面，自 2021 元宇宙元年起，技術巨頭公司大量投資元宇宙的發展，變成了投資界的熱門話題，元宇宙的企業生態鏈亦漸漸形成。透過基於瀏覽器操作的 3D 虛擬世界平台，用户可以使用加密貨幣購買虛擬地塊，並經營及舉辦虛擬產業活動，繼而當紅藝術家、傳統銀行業界代表、房地產開發商、奢侈品牌及諮詢機構都先後購買了虛擬土地，以發展自身在元宇宙的業務。2022 年 9 月底，某 AR/VR 行銷服務供應商已通過港股上市聆訊，有望成為港版「元宇宙第一股」。

---

9 同 6

10 普華永道（n.d.）。〈元宇宙的監管與規劃（一）：從法律監管視角助力產業高速穩步發展〉。PWC。取自 https://www.pwccn.com/zh/industries/telecommunications-media-and-technology/metaverse/metaverse-regulatory-planning-part-1.ht

1.3 全球大都市積極打造城市「數字孿生」

元宇宙分類及城市「數字孿生」定義

美國的技術研究團隊 ASF（Acceleration Studies Foundation）將元宇宙分為四大形態，分別是增強現實（AR)、生命日誌、鏡像世界與虛擬世界[11]。對當今的城市管理者和一般市民來說，以鏡像世界的形式製作城市的「數碼分身」（Digital Twin），更有確切的實用價值。

2002 年，在美國密西根大學的課堂上，教授邁克爾·格里夫斯(Michael Grieves）首次提出了「數字孿生」（Digital Twin）的設想。數位孿生技術最早應用在產品生產方面，利用數位建模技術對產品的設計、製造、維修等各環節進行數位動態類比，進而體現機器設備的整個壽命狀態。隨著新型電腦技術的飛速發展與應用，城市感覺無處不在，連接無處不在，資訊無處不在，計算無處不在，智慧無處不在，物理世界與數碼世界之間的界限也越來越模糊，數字孿生城市的構想也隨之而來。

數字孿生城市，即建設一個與現實世界中城市相互映射、一一對應的虛擬空間，實現城市全要素數位化和虛擬化、城市全狀態即時化和視覺化、城市管理決策協同化和智慧化[12]。城市管理者可以通過對虛擬空間中資料的即時分析來規劃城市發展，模擬政策效果，從而達到減少試錯成本與提升城市治理水準的目的。

數位孿生城市是元宇宙技術在現代城市中的綜合集成應用，是城市管理者實現數位化精細治理、高速高質發展數字經濟的重要途徑，也是城市長期提升未來競爭力、實現可持續發展的不斷反復運算更新的城市級創新平台。當今，數位孿生城市正在成為智慧城市的升級版，也為越來越多的全球主要城市政府所選擇。

---

11 Metaverse roadmap. (n.d.). Metaverse Roadmap: Pathways to the 3D Web. https://www.metaverseroadmap.accelerating.org/index.html

12 中國通訊院（2018 年 12 月）。〈數字孿生城市研究報告〉。取自 http://www.caict.ac.cn/kxyj/qwfb/bps/201812/P020181219312264715970.pdf

全球各城市數字孿生發展現狀

新加坡已於 2022 年完成全球首個國家級數字孿生的構建。在 2011 年遭遇全國範圍洪水災害後，新加坡政府即啟動了用快速捕獲技術繪製國家地圖的想法，並由新加坡土地管理局於 2014 年繪製出了第一張 3D 地圖。受限於傳統三維模型未跟上現實環境變化的缺點，新加坡政府方決定以城市數碼分身取而代之。2019 年新加坡土地管理局進行了第二次嘗試，通過自動圖像捕獲技術反映該國的城市發展動態，供新加坡政府內部使用。這個專案涵蓋了新加坡的航空測繪以及所有公共道路的移動街道測繪，能夠整合來自公共部門、私人企業、感測器的各方資料，以單一事實來源（Single Source of Truth）全面反映城市的物理、法律和設計空間資訊，落實「一次捕獲，多人使用」（Capture once, use by many）的資料共用理念。

除新加坡外，韓國首爾政府早於 2021 年公佈「元宇宙首爾」（Metaverse Seoul）計劃。計劃預期於 5 年內分 3 建設階段打造價值 39 億韓元的包括虛擬市長辦公室、元宇宙 120 中心、虛擬旅遊區等內容的元宇宙平台。首爾政府寄望於用數字孿生來改善市政管理，增加對商業發展服務、教育和城市服務的支援。

此外，一些其他國家的主要城市，例如美國波士頓及三藩市等都已完成數字孿生構建。英國政府更與劍橋大學聯手持續推進國家數碼分身計劃（NDTp），該計劃旨在創建一個連接全英國各地區及機構不同數碼分身的生態系統。英國政府亦為此發佈「雙子原則」，指引全國各地公私營機構有序進行數字孿生的建構。

作為中國主要對外視窗之一，香港獲得了中國內地強大的創科基建支持。香港政府近年來亦開始大力推廣元宇宙、區塊鏈等創科產業。數年來香港政府制定了包括建築資訊模型、三維數碼地圖等內容的香港智慧城市發展藍圖，撥款 3.6 億港元進行了空間資料共用平台（CSDI）的開發，並多次針對城市數位孿生專案進行公開招標。

然而，目前香港境內不少政府部門的地理資訊系統（GIS）或地圖仍然對 Google 和 TomTom 等企業提供的支援資料存在高度依賴。這反映政府自身的空間資料基建嚴重落後，也反映出香港當局對元宇宙及空間資料的經濟價值與發展潛力缺乏足夠的重視。即使香港政府已成立目標為鼓勵社會探索空間資料的價值和應用的 Geospatial Lab，但其實際能發揮的作用目前仍有待觀察。

2023 年 11 月 13 日，英國社會科學院院士、國際歐亞科學院院士，香港理工大學教授史文中在 2023 數字孿生先鋒城市創新大會上，發表《數位孿生城市技術發展》的主題演講。該演講點明城市數字孿生可生成很多重要應用，在交通、環境、管理、生活、經濟以及健康等領域提高辦事效率保障民生，並最終完成智慧城市的建設這就是數字孿生的未來。

1.4 打造元宇宙生態圈　促成企業數位化轉型

一些著名的大學，機構及企業組織已經嘗試將元宇宙應用於：豐富使用者體驗，引入在元宇宙可使用的虛擬產品，收集最新資料，對實體產品服務和數位產品服務進行行銷，支援元宇宙中的交易和金融系統，提供支援元宇宙活動的硬體和應用程式。進軍 Web 3.0 經濟，企業對數碼轉型需求殷切，隨著區塊鏈、元宇宙等相關技術逐步成熟，由創作者透過元宇宙與企業合作，企業再結合元宇宙提供服務給消費者。

香港科技大學推出全球首個元宇宙雙子校園[13]

2022 年 7 月 28 日，香港科技大學（港科大）宣佈將在元宇宙建立全球首個實體 - 數位雙子校園，以提升教學和學習體驗，抓住數碼時代發展趨勢。該虛擬雙子校園名為 MetaHKUST，旨在為科大社群創造沉浸式學習體驗和跨校園互動平台。首階段計劃包括建設基礎設施、進行眾包掃描和創建個性化內容，同時探索新技術應用。港科大將繼續引領創新教育，推動實體 - 數位世界的融合，加速 MetaHKUST 計劃的發展並促進元宇宙研究與合作。隨著第三代互聯網（Web 3.0）的快速演化，科大正計劃推出 MetaHKUST：一個屬於科大及將於九月開幕的科大（廣州）校園的延展實境（Extended Reality 或 XR）校園。這個虛擬雙子校園不僅僅提供沉浸式學習體驗，還是一個綜合平台，讓港科大的學生、教職員和校友都能參與其中。它促使港科大社群進行跨校園的創作、創新和互動連接。

中銀加入元宇宙平台行列

中銀香港推出元宇宙虛擬平台，設立了 MetaLab 創新實驗室以及 MetaMatchMarket 財富管理平台，歡迎金融科技專才和粵港澳大灣區客户，共同探索未來金融服務。「MetaLab 創新實驗室」旨在成為未來金融概念驗證平台，與客户合作開發創新金融科技專案，提供可靠服務。元宇宙生活體驗將帶來全方位品質生活，助迎接未來挑戰。通過 AR、VR、MR、3D 技術和 5G 網路，數位科技讓客户沉浸於虛擬世界，與他人互動。數位資產包括加密貨幣、NFT 等，使用區塊鏈技術確保交易安全透明。區塊鏈技術的去中心化特性實現公開透明的交易記錄，無需協力廠商機構驗證。

13　香港科技大學（2022 年 7 月 28 日）。〈香港科技大學推出全球首個元宇宙雙子校園〉。取自 https://hkust.edu.hk/zh-hans/news/research-and-innovation/hkust-launch-worlds-first-twin-campuses-metaverse

香港警務處網路安全及科技罪案調查科推出「守網者元宇宙」平台[14]

2023 年 5 月 27 日，香港警務處網路安全及科技罪案調查科推出了「守網者元宇宙」平台，並舉辦了首個線上分享活動「發掘元宇宙」，旨在介紹 Web 3.0 和元宇宙的機遇與風險，提升公眾對新型科技罪案的認知，並為公眾帶來新體驗。活動中展開了三個虛擬空間，包括守網城、Web 3.0 主題展覽館和演講廳，讓參與者自由參觀，親身體驗元宇宙，瞭解相關知識，迎接未來數碼發展挑戰。活動還邀請了香港電競總會創會會長楊全盛和香港多媒體設計協會主席楊景欣主講，探討 Web 3.0 和元宇宙的創業機遇、NFT 的創作職業規劃、人工智慧生成的 NFT 藝術作品對藝術行業的影響，以及電競運動與 Web 3.0 概念的融合。

香港生產力促進局首研發工業元宇宙智慧生產線

2023 年 4 月 14 日，香港生產力促進局攜手東興自動化投資有限公司，共同研發工業元宇宙智慧生產線。此舉旨在提高本地企業競爭力，拓展業務領域，並引領數位化智慧工廠建設。通過「電流輔助訂製板金自由成形技術（EAFF 技術）」，將生產場景融入工業元宇宙的虛擬環境，為香港打造首個基於資訊物理融合系統的智慧生產解決方案。這一創新將實體和虛擬生產場景的資料即時整合，將有助於開拓新的業務領域和創新服務模式，推動香港實現新型工業化，為產業創新增值，促進智慧製造發展。生產力局將協助東興把現有的 EAFF 技術引入工業元宇宙，應用「數位孿生（Digital Twin）」即時反映真實機器的狀態，並利用虛擬空間測試最佳的生產流程及類比成品狀況，同時還支持即時多方遙距維修，不受時限地域限制。

---

14 香港特別行政區政府（2023 年 5 月 27 日）。〈警務處進駐元宇宙，分享 Web3 的機遇和風險〉。《新聞公報》。取自 https://www.info.gov.hk/gia/general/202305/27/P2023052700670.htm

普華永道的元宇宙框架[15]

元宇宙是一場進化，而非一場革命。企業領導者不應忽視這一點。它可能深刻改變企業和消費者跟產品、服務以及彼此之間的互動方式。然而新興技術也帶來新風險，企業制定新戰略和新方法來建立信任是至關重要的。在元宇宙尚未完全進入黃金時代之際，普華永道於 2023 年根據自身經驗提出具體展望，主要包括六大方面：

1. 商業將成為元宇宙的超級用户。

2. 元宇宙的成敗取決於可信。

3. 人工智慧和擴展現實將協同助力元宇宙推動轉型。

4. 元宇宙將成為每一位高管必做之事。

5. 元宇宙將成為一股「向善」的力量。

6. 企業將爭奪過去不需要的新技能。

為了打造一個能身臨其境、持續，且「去中心化」的數字世界，推動元宇宙應用商業化，元宇宙的發展需要 Web 3.0 的助力。對此，普華永道提出六大佈局：

1. 互通性：真正的元宇宙需要使用者和平台之間能夠基於 Web 3.0 以及仍有待確定的標準實現無縫的互通性。

2. 經濟：加密貨幣、NFT 和其他基於區塊鏈的數位貨幣、資產和交易所可能會支撐跨元宇宙的價值交換。

3. 持續性：一個真正的元宇宙應能即時反映不同參與者以不同的方式、在不同的地點和不同的時間進入和離開其中時做出的改變。

4. 治理：元宇宙需要使用者參與制定規則，即關於其本身應該如何隨時間變化的規則和執行機制，包括稅收、資料治理和法律合規性等。

5. 身份：去中心化和互聯元宇宙將需要為個人、資產和組織提供

---

15 普華永道（2023 年）。〈普華永道 2023 元宇宙展望〉。取自 https://www.pwccn.com/zh/tmt/pwc-2023-cosmos-outlook-feb2023.pdf

跨平台移植且值得信任的數位身份。

6. 體驗：一個共用、持久且沉浸式的 3D 數字世界將為使用者提供基於其自身美學的獨特體驗。

透過普華永道的元宇宙框架，已經可以窺見元宇宙時代的雛形，如何構建並推動元宇宙的發展無疑是未來焦點。

1.5 擁抱元宇宙監管　從法律監管視角助力產業高速穩步發展

美國政策

美國證券交易委員會（SEC）已批准首批 11 隻現貨比特幣交易所基金（ETF）上市，包括來自貝萊德、方舟投資、21Shares、富達、景順、VanEck 等 11 家資管機構的產品，預計最早將於 1 月 11 日開始交易。比特幣價格一度升破 47000 美元，部分原因是市場對此次美國現貨 ETF 獲批的憧憬。此次獲批的比特幣現貨 ETF 發行機構包括灰度投資、Bitwise、Hashdex、iShares、Valkyrie、Ark 21Shares、景順、VanEck、WisdomTree、富達和 Franklin。其中 iShares 隸屬全球資管巨頭貝萊德，既有老牌公司也有新進入者。

從機構觀點來看，美國證券交易委員會（SEC）批准比特幣 ETF，這一決定被視為加密貨幣發展中的一個重要里程碑，它可能帶來多方面的影響：

1. 擴大投資者基礎：部分業內人士認為，美國 SEC 批准比特幣 ETF 是擴大加密貨幣投資者基礎的關鍵[16]。

2. 風險監管挑戰：與此同時，有專業機構警告，該舉措可能會吸引散户投資者將資金投入一個以醜聞頻繁、價格波動劇烈而聞名的行業，這給風險監管帶來巨大挑戰。

16　葉詩婕與趙心怡（2024 年 1 月 11 日）。〈歷史性時刻！比特幣 ETF 獲批〉。《中國基金報》。取自 https://www.chnfund.com/article/AR2024011117575031427578

3. 市場規模預期增長：根據 Galaxy Digital 的資料，美國比特幣 ETF 推出後首年市場潛力約 14 萬億美元，次年 26 萬億美元，第三年則將擴大至 39 萬億美元[17]。

4. 費用競爭激烈：資管機構已開啟管理費「價格戰」，彭博社分析師 Eric Balchunas 稱，這場原本長達兩年的戰役，現在僅在幾天內完成[18]。

5. 合法化與制度化：羅森布拉特證券公司的龐德認為，比特幣 ETF 的批准對比特幣的合法化和制度化是一個重大利好。

6. 全球影響：三星資產運用 ETF 投資策略師蕭佩鈴表示，美國允許比特幣現貨 ETF 上市將推動整個加密貨幣產業發展，市場看好並需求大。國信證券（香港）研報指，比特幣現貨 ETF 獲批對加密和全球金融市場有重要意義，顯示傳統金融界認可加密貨幣，可能帶來增量資金[19]。

香港政策

中國香港在 2022 年初步建立加密資產的發牌監管制度，特區政府也已明確表達了香港擁抱加密資產的決心。

2023 年 12 月 22 日，香港證監會（SFC）發佈了《通函》，對外宣佈稱「已準備好接受虛擬資產現貨 ETF 等基金的認可申請」，並有意讓香港成為亞洲首個接受比特幣、以太幣等加密資產現貨 ETF 上市的地區。

香港暫無比特幣現貨 ETF 上市，只有兩隻比特幣期貨 ETF。據財新消息，約有十家基金公司正籌備在香港推出虛擬資產現貨 ETF，其

17 Charles Yu（2023 年 10 月 25 日）。〈Galaxy Digital：現貨比特幣 ETF 一旦推出，有望撬動萬億美元市場〉。取自 https://www.chainfeeds.xyz/feed/detail/05a44e0e-76c2-4ab1-bd3f-25df7831f31e

18 博鏈財經（2024 年 1 月 17 日）。〈彭博分析師 Eric Balchunas：貝萊德比特幣現貨 ETF（IBIT）持有量遲早會超越 MicroStrategy〉。取自 https://www.qianba.com/news/p-445957.html

19 許偉智（2024 年 1 月 30 日）。〈虛擬資產研究：美國比特幣現貨 ETF 上市引領加密貨幣新篇章〉。國信證券（香港）。取自 https://wx.guosenhk.com/advisor/research-report-detail.html?id=256

中七、八家已進入實際推進階段。

SFC 具體規範

香港 SFC 對虛擬資產類產品發行人的資質有嚴格要求，包括合規信譽、經驗員工和「9 號牌」。規定虛擬資產現貨 ETF 可採用現金或實物模式交易，但加密資產實物申贖需轉入香港持牌交易所或受監管金融機構，SFC 還限制了投資者。《有關仲介人的虛擬資產相關活動的聯合通函》明確規定：「虛擬資產相關產品的銷售必須符合相關司法管轄區的要求」[20]。

（一）發行人資質要求

香港 SFC 對發行人的資質進行了嚴格的要求：

1. 具有良好的合規信譽。

2. 至少有一名具有加密資產產品管理經驗的員工。

3. 主體已經持有 9 號牌，且該 9 號牌包含符合《適用於管理投資於虛擬資產的投資組合的持牌法團的標準條款及條件》的相關要求。

（二）ETF 可包含的虛擬資產類別

颯姐團隊（一支長期為國內外用户提供專業金融科技領域，專業法律服務的律師團隊）認為，根據目前香港地區針對加密資產的監管規則，此類 ETF 可包含的虛擬資產類別不會超過 BTC 和 ETH 這兩類可上持牌交易所的加密資產範疇。

（三）反洗錢要求下，具有香港特色的申贖和交易模式

兩個通函規定，香港地區發行虛擬資產現貨 ETF 可以採用現金或實物模式交易。加密資產實物申贖需先轉入持牌交易所或受監管的金融機構，以防止不法分子相互轉換、清洗 BTC 和 ETH。申贖交易者需持有 1 號牌。

---

20 證券及期貨事務監察委員會（2023 年 12 月 22 日）。〈有關仲介人的虛擬資產相關活動的聯合通函〉。香港金融管理局。

（四）加密資產託管要求

為了保證加密資產市場的穩定，香港證監會要求相關加密資產需由協力廠商機構獨立託管，並且託管機構必須是香港持牌交易所其他合規機構，同時還需滿足三個條件：

1. 託管帳户與資管公司帳户隔離；

2. 虛擬資產大部分存儲於離線錢包（冷錢包）中，少部分存儲於線上錢包（熱錢包）中供申贖；

3. 私密金鑰必須保存在香港地區，採取措施防止網路駭客攻擊並妥善備份。

（五）投資者限制

《有關仲介人的虛擬資產相關活動的聯合通函》規定，虛擬資產相關產品銷售必須符合司法管轄區要求。颯姐團隊認為，加密資產ETF，特別是以BTC和ETH為底層資產的ETF，屬於中國禁止的交易範疇。中國通知明確規定，虛擬貨幣相關業務活動非法。因此，香港發行的加密資產ETF將禁止向內地投資者銷售，且內地居民到港也可能無法購買。

元宇宙在全球視角下的法規

對於有意向在元宇宙開展業務的公司而言，首要關注的法律和監管問題不容忽視。以下是中國內地、中國香港地區和美國紐約在設立元宇宙業務時參考的主要法規：

（一）中國內地

1. 在中國內地發展元宇宙業務時，需要遵守有關部門發佈的《關於進一步防範和處置虛擬貨幣交易炒作風險的通知》和《關於整治虛擬貨幣「挖礦」活動的通知》。

2. 關於 NFT 的合規性，中國互聯網金融協會、中國銀行業協會、中國證券業協會在 2022 年 4 月發佈了《關於防範 NFT 相關金融風險的倡議》。該倡議將 NFT 視為一個技術性應用，並提出了以下紅線作為合規的前提：不使用虛擬貨幣結算；不進行金融證券化；不進行集資或炒作；符合反洗錢規定。

3.《關於防範 NFT 相關金融風險的倡議》僅為行業倡議，正式的法律規定仍有待有關部門發佈。

（二）中國香港地區

1. 香港證監會表示，如果 NFT 僅是數碼藏品，通常不屬於其監管範圍，無需事先申請牌照。但需要考慮 NFT 是否涉及金融資產、集體投資行為、附帶證券權益或衍生智慧財產權法律等問題。

2. 香港政府計劃在 2023 年 3 月 1 日開始實施《2022 年打擊洗錢及恐怖分子資金籌集 (修訂) 條例草案》。該修訂條例草案的主要重點之一是引入新的許可制度，要求虛擬資產服務提供者（VASP）申請牌照，目前僅包括經營虛擬資產交易所的機構。

3. 穩定幣（與美元等資產掛鉤的加密貨幣）將從 2023/2024 年開始受到金管局的監管，但相關細節尚未公佈。

（三）美國紐約

在美國紐約，元宇宙業務需遵守紐約州金融服務部（NYSDFS）的 BitLicense 法規。涉及以下活動的業務可能需要申請 BitLicense 牌照：

1. 經營虛擬貨幣的交易所、託管服務及控制、管理或發行虛擬貨幣。

2.BitLicense 法規僅適用於虛擬貨幣，而虛擬貨幣是交換或儲存價值的媒介。因此，NFT 相關業務通常無需 BitLicense 牌照，但需考慮證券監管或智慧財產權的法律問題。

證券監管

1. 香港元宇宙業務牌照與證券監管：在香港地區，一般元宇宙業務並不需要牌照，但經營虛擬資產交易所則需牌照，並需考慮證券監管規則。香港證監會於 2022 年 6 月提醒投資者注意 NFT 的證券監管規則相關風險。香港證監會認為大部分的 NFT 擬代表相關資產的獨特版本。若 NFT 是真正數碼收藏品，則與之相關活動不受其監管；若 NFT 結構與「證券」或「集體投資計劃」下的權益類似，相關推廣或分銷便可能構成「受規管活動」，須獲發證監會牌照。

2. 普華永道關於 NFT 交易安排的觀點：根據普華永道觀察，NFT 回報與公司或專案收入掛鉤可能構成證券或集體投資計劃。在香港經營元宇宙業務的公司需留意 NFT 回報機制[21]。

3. 歐美市場緊急應對，虛擬資產也需遵守證券規則：歐美監管機構對元宇宙業務保持高度關注。歐盟就 MiCA 達成協議，要求加密資產發行人發佈白皮書並實施核准與公開披露機制。美國金融監管機構對涉嫌欺詐的 NFT 元宇宙賭場採取執法行動，因該平台存在虛假宣傳和不當行為，違反證券法規。元宇宙業務需遵守現實世界的證券規則，企業和管理層應意識到虛擬資產也受監管。

總而言之，中國香港在元宇宙方面的監管要比中國大陸要寬鬆得多。美國與中國香港在元宇宙方面的監管是一樣的，但是對於大陸企業來說，香港擁有一個更熟悉的、同時使用兩種語言的司法系統。所以，預期香港區域將繼續扮演連接全球金融市場的橋樑，並與大陸企業建立適當的合作關係，共同發展元宇宙。

資料及網路安全

隨著互聯網的發展，監管機構對資料和網路安全的監察日益嚴格。

21 同 15

而元宇宙則擁有更多的資料，比如，在虛擬世界互動時，虛擬人物可能會做出的面部表情，姿態以及其他的回應。在元宇宙中，資料更具價值，因為用户在元宇宙停留的時間越長，其生活方式與習慣也就越為人所知。互通和資料的流動性（便攜）對於元宇宙的正確運行非常重要，但在允許資料進入或流出元宇宙的同時，也帶來了更多的脆弱性。因此，元宇宙的網路安全將變得更為重要。

當元宇宙裏的國際界限逐漸模糊時，各國政府必須思考，要不要對現行的立法進行修改，其中就包括 GDPR（歐洲一般資料保護法）。比如，要處理化身的資料，是根據操作化身的人還是化身本身？如果你看到了虛擬人物的地點或者操作者的地點，你怎麼判斷這個元宇宙是屬於哪一個管轄範圍呢？針對以上問題，各國和地區政府均在加緊進行相關立法，當存在立法空白或立法滯後時，企業與使用者均需制定嚴格的協議，以履行資料傳輸、資訊安全及合規義務。

法律要求個人的同意不足以將資料移出司法管轄區，有時需要政府批准。例如，資料處理者向境外提供資料，有下列情形之一的，應當通過所在地省級網信部門向國家網信部門申報資料出境安全評估：資料處理者向境外提供重要資料；關鍵資訊基礎設施運營者和處理 100 萬人以上個人資訊的資料處理者向境外提供個人資訊；自 2021 年 1 月 1 日起累計向境外提供 10 萬人個人資訊或者 1 萬人敏感個人資訊的資料處理者向境外提供個人資訊；國家網信部門規定的其他需要申報資料出境安全評估的情形[22]。

智慧財產權、商標

在互聯網發展的同時，也有很多人將著名的名牌註冊為自己的商標。對此類侵權行為的處置將產生巨額訴訟成本，並且此類案件被廣

22 網信辦（2022 年 7 月 7 日）。〈資料出境安全評估法〉。取自 https://www.gov.cn/zhengce/zhengceku/2022-07/08/content_5699851.htm

泛稱之為「打地鼠」，很難根除。所以，企業必須盡可能快地將其用於元宇宙的商標進行註冊。企業可以通過元宇宙來出售他們已有產品的數位化版本。比如，耐克在元宇宙中出售了一款 NFT 的數碼鞋。但是，NFTs 實質上是一個數碼電腦程式，並沒有被列入一般企業所使用的商標範疇。如企業欲拓展元宇宙事業，須先確認該公司已將第九類（電子貨物、電腦程式）及 42 類（電子貨物及非專利產品）註冊，以免因其他惡意註冊而妨礙商業發展。在經營策略上，企業應該發展出偵測與應對侵犯的策略，同時也要為元宇宙產品擬定許可及使用條款。

專利

當公司擴展到元宇宙時，他們將在虛擬實境方面進行軟體創新。企業可向所屬地提出申請專利，以獲得該地法規多規定年限的專利權，但前提是該技術能作為專利申請之用。比如，有些美國的軟體專利就是因為太過抽象而不能申請專利權。如此一來，企業可以考慮把這項技術當作一項商業機密，永久地保守它，並防止企業的商業機密洩漏。

元宇宙的市場前景雖大，但要滿足各種現實需求，還得將其運算能力提升。企業在進行元宇宙商業活動的過程中，要充分考慮到合規、智慧財產權以及證券監管等方面的問題，以有效地防範風險。視乎數位財產之性質，有關事項可歸入證券及其他投資行為而受管制。

各地的監管部門都在不斷地修訂相關規定，因此，企業在擴大經營範圍之前，應向其提供全面的專業諮詢。

第二節
香港支持 Web 3.0 發展的政策梳理

作為一個高度開放和外向的經濟體，香港近幾十年來一直以其獨特的國際化優勢吸引著全球目光。然而，隨著新一代金融與科技的崛起，既有的經濟結構日漸難以滿足香港的競爭需求。隨著全球科技浪潮的崛起，元宇宙——這個由虛擬世界與現實世界相互交融而成的數位生態系統，近年來得到了特區政府的重視。在全球金融與科技領域擁有舉足輕重地位的香港，可以說在元宇宙產業的探索與發展上，擁有著獨特的優勢與機遇，呈現出與廣州、深圳等其他灣區城市截然不同的特點。

循著香港元宇宙獨特的發展脈絡，探尋金融與科技領域在其中的重要角色，並一窺大灣區元宇宙產業合力的未來。

2.1 政策護航 金融創新行穩致遠

香港，作為一個全球公認的國際金融中心，傳統上一直以金融和商貿等領域為主要發展重心。然而，隨著全球金融科技的快速發展，尤其是區塊鏈技術和 Web 3.0 的興起，香港面臨著必須拓展其經濟結構，探索更多創新機會的挑戰。這種單一的經濟結構已經難以滿足香港在激烈的全球競爭中的需求，尤其是當比較新加坡等其他金融中心城市時，香港對於金融科技創新的渴望變得更加迫切。

在這一背景下，特區政府於 2022 年 10 月 31 日發佈《虛擬資產發展政策宣言》，這不僅是香港對虛擬資產行業發展的官方立場的宣示，更是香港正式加速其在元宇宙、Web 3.0 產業發展的一個明確信號。通過這一政策宣言，香港展現了其成為全球數字資產中心的雄心壯志，同時也為虛擬資產的健康成長提供了堅實的基礎。

緊接著，特區政府採取了一系列具體措施，積極推動金融科技創新及 Web 3.0 生態圈的發展。2023 年 1 月，數碼港成立了 Web 3.0 基地，並宣佈撥款 5000 萬港元推動 Web 3.0 生態圈發展。至 6 月，入駐數碼港的 Web 3.0 公司已超 150 家。這一措施不僅展示了香港在培育金融科技創新企業方面的決心與成效，也為本地及國際企業提供了豐富的資源和合作機會。

此外，香港在 2023 年 2 月 16 日成功發售了 8 億港元代幣化綠色債券，成為全球首批由政府發行的代幣化綠色債券，展現了香港在金融創新產品方面的領導地位。4 月 11 日，香港 Web 3.0 協會的正式成立，進一步促進了 Web 3.0 技術與應用的研究、開發與推廣，為香港打造國際級的 Web 3.0 生態環境提供了強有力的支援。

為確保金融創新在穩健的監管框架下進行，香港特區政府及其金融監管機構出台了一系列監管政策與指引。2023 年 2 月 20 日，香港證監會發佈關於虛擬資產交易平台營運者的諮詢檔，明確了新的發牌制度，要求所有虛擬資產交易平台獲證監會發牌並受其監管。6 月 1 日，香港虛擬資產交易新規《適用於虛擬資產交易平台營運者的指引》正式施行，為虛擬資產交易平台提供了明確的合規路徑，同時保護了投資者的利益。

在此基礎上，5 月 18 日，香港金管局啟動的「數碼港元」先導計劃，以及 5 月 23 日香港證監會發佈的《有關適用於獲證券及期貨事務監察委員會發牌的虛擬資產交易平台營運者的建議監管規定的諮詢總結》，進一步豐富了香港的金融科技創新與監管實踐。7 月 1 日成立的第三代互聯網（Web 3.0）發展專責小組，展現了特區政府引領和驅動相關創新探索與發展的前瞻性思維。

通過這些舉措，香港特區政府不僅展現了其對金融科技創新的全面支持，更通過完善的監管框架確保了金融創新的健康發展與市場穩定。這些政策的出台與執行，無疑將加速香港在全球金融科技創新領域的領導地位，同時為全球虛擬資產行業的發展樹立了標杆。特區政府的這些舉措不僅為香港金融科技創新提供了強有力的支持，也為全球投資者和企業在香港的金融科技創新活動創造了一個安全、透明、高效的環境。

2.2 把握機遇 灣區合力科技創新

特區政府在過去半年裏積極推動本地經濟發展，特別在創科領域投入資源、政策並協助打造更適宜的營商環境。然而，除了吸引外來創科企業到香港落户外，還應加大力度培養本地創科企業走上國際舞台，以促進香港創科的長遠發展。創新科技及工業局局長孫東透露，在今年 6 月，已與國家互聯網資訊網路辦公室簽署了《促進興港澳大灣區資料跨境流動合作備忘錄》。若能落實這一舉措，將賦予香港獨特的優勢，有助於發展成為國際大資料中心和人工智慧中心。

人工智慧的發展：國家戰略與未來趨勢

人工智慧是未來科技和國策關鍵，其策略將深遠影響國與國之間的博弈。為發展人工智慧，需全面、海量的優質資料。內地與香港資料跨境互聯互通議題已久，若能落實，結合香港國際資料網和內地跨境資料優勢，香港或成全球獨特資料池。政府擬新田科技城建超算中心，支援中外結合的人工智慧模型。此基礎上，香港或成唯一用中外資料訓練 AI 地區。為達成目標，需確保香港正常使用國際資料，過去因地緣政治，香港在某些科技應用上受邊緣化，如 OpenAl 未向港提供正常許可權。特區政府需保障國家安全、確保內地資料安全使用，並向國際社會展示對國際機構在港發展之歡迎。特區政府還應提供激勵吸引海外人才，如住房、子女教育津貼等，提供足夠誘因吸引海外人才。

除了國際化，香港發展創新科技需推進當地語系化。過去幾個月，業界朋友在各自領域取得顯著成果，但政府在推行政策時很少關注這些企業和創業者。實際上，這些中小企業在香港創科領域取得很多榮譽，對扶持本地創科企業、打開國際市場具有重要意義。政府在公平公正原則下不能偏袒某一方，但讓這些企業多溝通、參與政策制定過程對其發展有幫助。香港應明確自身定位，做好科研工作，將產品進行市場化和實體化，同時將產業進行國際化和資本化運作。在此基礎上，香港仍擁有巨大的創業機會和發展空間。

粵港澳大灣區正在推動數位產業的新發展。近年來，由於技術的多維度變革，從 IT 時代到 DT 時代再到 AI 時代，社會快速發展。電腦、互聯網、資訊、通信等數位技術已廣泛滲透各個領域。灣區的香港在發展數字經濟方面具有活力和優勢，特區政府主動對接國家戰略，成立了數位化經濟發展委員會。粵港澳三地電腦商會將在峰會中發起成立灣區數字產業聯盟，借助各類前沿新技術和多元化增值創新產品，推動三地的數位產業協同發展和融合創新[23]。

港科研成果輸出 提升科技國際地位

而除了發揮自身優勢在安全合規領域探索虛擬資產交易的新金融模式，香港也始終重視發掘元宇宙的科技屬性。作為眾所周知的國際金融中心，香港的科技實力往往被其金融實力所掩蓋：

在世界智慧財產權組織近期發佈的《2023 年全球創新指數》中，香港排名亞洲第 5 位，在全球 132 個經濟體中排名第 17 位；《2023 年全球創新指數》下的兩個副指數中，香港在「創新投入」方面排名全球第 8 位，在「創新產出」的排名上升至第 24 位[24]。

可以說香港的科技實力同樣處在國內乃至全球的第一梯隊，這也體現在其高等教育體系對於新興科技的跟進上：

一貫的應用研究和創新特色為根基的香港理工大學，就在今年新增了「元宇宙科技專業」，目標是培養學生在虛擬世界中創建和管理數位化的環境和社區，使他們具備設計、開發和運營元宇宙的能力，成為全球率先推出此專業的學校之一。

特區政府則早在去年底就公佈了《香港創新科技發展藍圖》，提出四大發展方向和八大重點策略。從設立 100 億港元的「產學研 1+ 計劃」，推動優秀科研成果商品化，到增加創科人員的住宿支持，舒緩人才的生活負擔，香港將全力引進策略產業，吸納科研人才，推動創科教育，向打造香港成為國際創科中心的宏大願景邁進。

此外，香港發展元宇宙的底氣，還來自於其所在的粵港澳大灣區扎實的科技實力，同樣是在《2023 年全球創新指數》中，深圳—香港—

23　環球熱文（2023 年 10 月 16 日）。〈數智創芯，連結全球！粵港澳大灣區數字產業峰會將於 11 月 28 日召開〉。取自 https://t.cj.sina.com.cn/articles/view/7453420157/1bc422a7d00101ak0i

24　世界智慧財產權組織（2023 年）。〈2023 年全球創新指數〉。

廣州科技集群連續四年蟬聯全球第二位 20，可見粵港澳大灣區科技創新發展潛力無限。

而啟動灣區科創活力的實質性工作也一直在推進當中：2023 年 8 月，國務院發佈了《河套深港科技創新合作區深圳園區發展規劃》（《發展規劃》）。

該規劃明確了深港科技創新合作區的發展定位，總體佈局和基礎設施規劃，並提出了 30 項措施，涵蓋了如何協同香港推進國際科技創新等多個方面。其目標是推動粵港澳大灣區創科高質量發展，打造深港科技創新合作區成為世界級創新平台，引領周邊城市創科發展。

香港特區行政長官李家超表示，《發展規劃》的發佈為港深兩地在創科發展方面注入了新動力，推動了合作關係到新的階段。香港將繼續與深圳合作，共同推動深港科技創新合作區的發展，發揮「一國兩制」下「一區兩園」的優勢，促進創新要素跨境流動，支持粵港澳大灣區國際科技創新中心的建設。

廣州側重於實際應用，已成功落地大量場景，而深圳則憑藉其技術領先地位，引領著整個行業的發展。而香港，則以其獨特的金融和科技優勢，與廣州和深圳形成了互補合作的局面。

可以說，香港在大灣區元宇宙發展版圖中扮演著不可或缺的角色。這不僅關係到香港作為國際金融中心和科技創新中心地位的鞏固，也對整個大灣區的協作與產業升級起到了積極推動的作用，共同打造大灣區的創新高地，已經成為香港與內地的共同選擇。上世紀 90 年代後香港的製造業逐漸北遷，導致香港產業的空心化。在過去的十年裏，特區政府多次提出「再工業化」的理念，卻始終難以徹底實現產業轉型升級 [25]。

近年來，香港在積極尋求金融科技領域的轉型升級，元宇宙、互

---

25 元宇宙新聲（2023 年 11 月 6 日）。〈元宇宙看大灣區：金融創新科技突破，香港以元宇宙撬動歷史機遇〉。36Kr。取自 https://36kr.com/p/2506666900201609

聯網 3.0 將會給數字娛樂、金融、商業乃至日常生活等領域帶來新機遇。

同時，隨著大灣區經濟的快速發展，國家持續推動高水準開放，全速實現高質量發展，亞洲將繼續成為全球經濟增長的主要引擎。特別是粵港澳大灣區建設和高質量的「一帶一路」等國家發展戰略為香港提供了巨大的歷史機遇。

香港創科新篇章：當地語系化與國際化雙輪驅動

粵港澳大灣區，作為元宇宙、互聯網 3.0 等產業深度融合的前沿地區，擁有一系列宏大機遇。在元宇宙產業的崛起推動下，大灣區內相關產業的融合將不斷加強，為整個區域乃至國家注入新的發展動能。

2022 年 6 月 1 日，在當天的立法會會議上，陳健波議員就促進元宇宙在香港的發展向創新及科技局局長薛永恆提問[26]。關於報導中，許多國家正在研究元宇宙的發展，首爾市政府去年宣佈將發展首個元宇宙城市，並計劃在今年年底前建立涵蓋七個基礎領域的虛擬市政服務平台。該平台預計在 2026 年全面啟用，市民可以通過虛擬實境設備與虛擬官員交流、參觀旅遊景點和辦理公共設施預訂等。陳健波議員向創新及科技局局長薛永恆提問以下主要問題：

1. 政府是否計劃積極研究及參與元宇宙的發展；

2. 政府是否會扮演牽頭者的角色，引領本地科技企業把握元宇宙發展的機遇；

3. 政府是否會仿效首爾市政府參與元宇宙的發展。

對於上述內容科技局局長薛永恆的書面答覆大致內容為：

政府密切關注科技領域（包括元宇宙）的發展。南韓首爾市計劃投入 39 億韓元（約 2400 萬港元），分三個階段為城市提供元宇宙服務。首階段是建立虛擬市政服務平台，涉及經濟、旅遊、教育等領域。

---

26 香港特別行政區政府（2022 年 6 月 1 日）。〈立法會十題：促進元宇宙在香港的發展〉。《新聞公報》。取自 https://www.info.gov.hk/gia/general/202206/01/P2022060100182.htm

元宇宙的法律及倫理道德問題仍在探索階段，包括虛擬資產、個人資料保護等。國家對元宇宙相關活動及技術規管十分關注。香港已具備優良的資訊及通訊科技基礎設施和營商環境，讓業界和科研機構研發相關技術，開拓應用，例如數碼娛樂和電子商貿。政府將繼續締造優良的科創及營商環境，讓業界發展創新應用。

2022 年 6 月 1 日（星期三）香港時間 11 時 45 分，香港發佈《地方 Web 3.0 技術發展》報告，作為區塊鏈、元宇宙政策指引。該報告由香港立法會資料研究組發佈，旨在研究已開發 Web 3.0 技術 / 應用的先行國家，探討其採取的策略，為香港提供借鑒和政策指引。研究組對新加坡和阿聯酋發展區塊鏈技術和資產代幣化的措施，以及新加坡、南韓和阿聯酋發展元宇宙技術的措施進行了研究。

香港 Web 3.0 技術發展情況

香港近年在推動 Web 3.0 技術的發展情況，在 2023-2024 年度財政預算案中，政府將撥款 5000 萬港元推動 Web 3.0 生態圈的發展，計劃舉辦國際研討會和青年工作坊，促進跨界別業務合作；政府還成立了虛擬資產發展專責小組，向政府提交發展虛擬資產的建議。

過去幾年，香港已在 Web 3.0 的發展上取得積極成果。政府完成多個區塊鏈試點專案，涵蓋商標轉讓、環境影響評估報告、醫藥產品追溯性和檔案存檔記錄等。此外，數碼港成立了 Web 3.0 Hub，支持本地創新者並吸引國際 Web 3.0 企業落户香港，目前有約 80 家區塊鏈或虛擬資產公司入駐。

在金融服務領域，Web 3.0 的應用發展蓬勃。政府提出促進虛擬資產行業可持續和負責任發展的願景和方針。《2022 年打擊洗錢條例》引入了新的虛擬資產交易所發牌制度，要求交易所受證監會監管並符合反洗錢和保障投資者等要求。此外，金融管理局發佈了穩定幣監管的諮詢結論，並計劃進一步制定穩定幣的監管框架。

各地政府在推動 Web 3.0 的發展方針不同

因全球漸漸認識到 Web 3.0 的潛力，相繼推動相關技術的發展專案，但各地政府在推動 Web 3.0 的發展方針上各有不同，例如日本是由政府在政策層面，主導制訂全面的 Web 3.0 策略，至於其他地方如新加坡、南韓和阿聯酋，則專注發展 Web 3.0 的一個或多個特定領域，例如 DLT/ 區塊鏈和元宇宙技術。

以新加坡為例，其在區塊鏈技術和資產代幣化皆有不少建樹：

1. 為探索使用 DLT 進行跨境支付和結算的潛力，淡馬錫（新加坡主權財富基金）和兩間商業銀行組成一家商業合資公司，藉使用建基於 DLT 的多幣種批發結算和交收平台，將新加坡元和美元交易的結算時間由數天縮短至數分鐘。

2. 另一家由淡馬錫和新加坡交易所組成的合資公司，正探索代幣化資產在資本市場的應用，期待加快證券交易的結算和交收。以區塊鏈技術打造的債券發行平台，不僅將人手處理的程式數位化，還達到完全「無紙化」的流程，使發行新債券的時間縮短 60% 至兩天。

另阿聯酋制定了清晰而全面的元宇宙策略，並充分利用相關技術發展元宇宙平台，以提供公共服務，如下：

1. 推動創新：透過促進研發合作專案以推動創新，並利用加速器和孵化器，吸引元宇宙公司和專案落户杜拜。

2. 培育人才：投資於元宇宙教育，並以開發人員、內容創作者和元宇宙使用者為主要對象。

3. 發展 Web 3.0 技術和相關應用：目標是在旅遊、教育、零售、法律和醫療等主要範疇，創建新的政府工作模式。

此外，杜拜的虛擬資產監管局（VARA）於 2022 年 5 月成立全球首個進入元宇宙的監管機構，並在虛擬世界 The Sandbox 購入土地，以開設元宇宙總部；其他阿聯酋政府機構亦仿效相關做法，當中包括：

1. 經濟部已宣佈計劃設立元宇宙辦公室，與實體辦公室達到相輔相成之效，為客户提供 24 小時服務，還為舉辦活動和簽署協定提供虛擬場所。

2. 衛生服務局將著手使用三維虛擬實境技術，以提高虛擬診症和遠端醫療方案的成效。

檔與報告最後提及，因部分香港官員憂慮在 Web 3.0 技術領域的發展不如理想，以致落後於亞洲和海灣地區的競爭對手，因而借由研究這些先行者的經驗供香港借鑒參考，同時也作為香港發展 Web 3.0 技術 / 應用提供政策上的指引[27]。

於香港虛擬資產市場而言，2023 年最重要的部分，必然是虛擬資產交易平台發牌制度的落地。不論比特幣還是其他虛擬資產，交易始終都是其最重要的應用場景。全球市場也始終據此將合規交易所作為管規的重點之一，美國、加拿大、韓國等國家更是早已推出合規交易所運行制度，以規範虛擬資產市場的發展。

香港打造世界 Web 3.0 金融中心的決心已毋庸置疑，想要快速追趕全球市場的步伐，首要任務也是推出合規虛擬資產交易平台，提供最基本保障。

2022 年 12 月，香港立法會通過《2022 年打擊洗錢及恐怖分子資金籌集（修訂）條例草案》；2023 年 6 月 1 日，《打擊洗錢及恐怖分子資金籌集條例》下專為中央虛擬資產交易平台（虛擬資產交易平台）而設的全新發牌制度正式生效。香港虛擬資產交易平台步入合規時代。

27　香港立法會秘書處資料研究組（2023 年 6 月）。〈選定地方 Web 3.0 技術的發展〉。

OSL、Hashkey 早已拿到合規牌照，進度領先，大力拓展業務；12 家機構緊隨其後成為牌照申請者，誓要在香港虛擬資產市場分得屬於自己的一片天地。

2.3 香港證監會 2024 至 2026 年策略重點的四大方向[28]

得益於得天獨厚的地理位置、健全的法律體系、豐富的人才資源和穩健的金融基礎設施，自 2021 年發佈虛擬資產宣言以來，香港便在全球 Web 3.0 版圖中雄踞一席之地。經過近三年的發展，香港的政策環境愈加完善，深入推動了 Web 3.0 行業蓬勃發展，鞏固了香港世界級金融中心的地位。2024 年 1 月 24 日，香港證監會發佈《2024 至 2026 年的策略重點》，就新的虛擬資產監管活動提供指引。主要內容包括 4 大方面：

1. 維持市場韌力，減輕對市場的嚴重損害；
2. 提升香港資本市場的全球競爭力和吸引力；
3. 以科技和 ESG 引領金融市場轉型；
4. 提高機構韌力及營業效率。

當中重點指出協力廠商面 SFC 將就新的虛擬資產活動提供監管指引，推進虛擬資產交易平台監管制度的發展；在支援傳統產品代幣化的同時，保障投資者利益；運用區塊鏈及 Web 3.0 基礎技術，促進建立一個負責任和安全的金融科技生態系統；同時與本地和國際執法機構建立更緊密的聯繫以打擊罪行。該政策無疑展露了 SFC 監管保護金融市場的決心，並透露出未來區塊鏈及 Web 3.0 技術在政治經濟生活中將承擔的關鍵作用。

28 香港證監會（2024 年 1 月）。〈證監會 2024 至 2026 年策略重點〉。

2.4 主要玩家擁抱監管

香港虛擬資產交易平台分為: 資深 Web 3.0 公司、傳統金融機構、Web 3.0 創新創業者。資深公司有豐富經驗和市場認知; 傳統機構有大量資本和客户。創業者面臨諸多挑戰。

在當前的金融環境中, 我們正在見證一個重要的轉變。各大銀行、保險公司以及金融科技公司等主要玩家開始接受並擁抱監管政策。他們認識到, 合規經營是企業長久發展的基礎, 也是保護消費者權益的重要手段。

金融科技行業的主要玩家開始擁抱監管, 這是一個積極的信號。它表明了金融科技行業對於合規經營和消費者權益保護的重視, 也預示著金融科技行業的未來發展將更加健康、有序。

2.4.1 香港合規虛擬資產交易平台: OSL 與 Hashkey 持有牌照並處於領先地位。

OSL

OSL 是香港首家持牌虛擬資產交易平台的公司, 也是亞洲最大的數位資產平台, 提供大宗經紀服務、數位資產託管服務、電子交易平台和為機構級客户及專業投資者而設的軟體即服務 (SaaS) 。

OSL 在 2023 年經歷了一系列重大變化和發展, 從虛擬資產市場的虧損到逐漸走向正軌, 並在接下來的一年裏與多家機構達成合作, 最終獲得了 BGX 集團的戰略投資。這些舉措為 OSL 奠定了更好的市場地位和未來發展基礎。在 2024 年, 隨著美國 SEC 批准比特幣現貨 ETF 上市, 機構投資者的資本有望進入虛擬資產行業, 為行業帶來更多機遇。潘志勇成為OSL的新主席及行政總裁後，確定了四個戰略支柱，希望利用公司的合規和技術優勢來實現全球擴展、服務創新、數位金融協同和合規標準。

Hashkey

Hashkey 是香港首家獲得加密貨幣牌照的虛擬資產交易所，在香港虛擬資產市場保持領先地位，致力於為全球用户提供安全、穩定、高效的數位資產交易服務。

隨著越來越多的機構和公司選擇與 Hashkey 合作，以及獲得了一系列成功的合作和融資，Hashkey 在市場上的地位愈發穩固。然而，隨著越來越多的實力機構走上合規化的道路，如幣安和 OKX，Hashkey 可能會面臨來自這些競爭對手的挑戰。對此，Hashkey 可能會採取一系列策略，例如加強合規措施、提升服務品質、拓展合作夥伴關係等。Hashkey 的成功離不開其領導人肖風博士的合規至上原則，相信在他的領導下，Hashkey 將能夠應對來自競爭對手的挑戰，繼續保持其在香港虛擬資產市場的領先地位。

2.4.2 緊隨 12 家，申牌新浪潮

HKVAX

HKVAX 是一家即將成為香港第三家持牌虛擬資產交易平台的公司，它採用了先進的區塊鏈技術和嚴格的風險管理機制，提供了一系列的服務來保護投資者的權益。

HKVAX 在 2023 年年末進行了戰略性集資，並有意申請 VASP 許可。CEO 吳煒梁在 2024 年 1 月參加了「2024 青島·港澳金融之夜

活動」，分享了關於青島企業發展虛擬資產業務的見解。吳煒梁表示，香港可以為企業發展虛擬資產提供優選條件。他提到了國內的一些專屬區塊鏈，如文昌鏈、武漢鏈和螞蟻鏈，以及境外的乙太坊區塊鏈之間的差異。他認為，通過將國內的數位資產連接到香港，再轉換為乙太坊網路並出售給境外公司，可以解決技術和法律層面的問題，將國內業務與境外市場連接起來。

因此，HKVAX 有望成為連接國內和境外虛擬資產業務的橋樑，並在未來的發展中發揮重要作用。這一發展趨勢值得密切關注。

VDX

VDX（Victory Fintech Limited）是一家由香港本土券商勝利證券參股的公司，聚焦 2B 業務的虛擬資產交易平台。

作為香港首家同時獲得虛擬資產 1、4、9 號牌照的本土券商，勝利證券於 2023 年 11 月 24 日成為香港首家獲批開展虛擬資產零售業務的本土券商，其虛擬資產業務已經實現盈利，每月平均營業額達到 1000 萬美元。相較於其他虛擬資產交易平台，VDX 以更具創業精神的方式拓展業務。其業務重點是為合作金融機構提供 Web 3.0 技術和流動性解決方案，並在原生的 Web 3.0 產業基金方面進行生態佈局。

勝利證券和 VDX 已經展現出強大的實力，相信在 2024 年，VDX 將會有新的發展動向，值得密切關注。

BGE

Hong Kong BGE Limited 是一家香港上市公司 HKE Holdings 旗下的全資附屬子公司，致力於在其專業領域內提供一流的服務和產品。

HKE Holdings 的董事會主席連浩民是 Monmonkey Group

Holdings Limited（大聖集團）的創始人，持有香港傳統金融 1、4 和 9 號牌照。在過去三年投資了數千萬美元用於區塊鏈相關專案。在 2021 年完成 HKE Holdings 的收購後，HKE 虛擬資產交易所團隊已經超過 120 人，旗下交易所 BGE 可能會在今年第一季度正式獲得證監會的虛擬資產交易平台牌照，計劃獲得牌照後將業務擴展到東南亞地區。

這些發展顯示了香港 BGE 和 HKE Holdings 在虛擬資產領域的積極進取和發展態勢。期待 BGE 能夠在全球的舞台上發揮更大的作用，成為香港乃至全球商業界的一顆璀璨明星。

HKbitEX

HKbitEX 是一家母公司為太極資本在區塊鏈領域中嶄露頭角的企業，也是 Tykhe Capital 集團的業務板塊之一，致力於數位資產交易、資本市場與財富管理、數位資產託管和技術研發。

在 2023 年 9 月 10 日，太極資本推出了名為 PRINCE 的代幣，為首個面向專業投資者的房地產 STO，也是香港證監會首次批准的基金代幣化集資模式。HKbitEX 的創始人兼首席執行官高寒曾在香港交易所任職，並參與了香港股票通和債券通等專案，平台上也有多名前香港交易所員工加入，形成了強大的團隊。在 2023 年 12 月，HKbitEX 與上海技術交易所簽訂了戰略合作協定。上海技術交易所將與 HKbitEX 共同探索以資產通證化為基礎的科技創新企業金融解決方案，包括融資需求與資金供給不匹配、估值困難以及投資退出機制不完善等問題。

預計在 2024 年，HKbitEX 將與更多合作夥伴在實際資產（RWA）方面進行更多嘗試，進一步推動數位資產領域的發展和創新。

Meex

Meex Digital Securities Limited 是一家由香港財團支援的虛擬資產交易平台。Meex 採用了最先進的區塊鏈技術，致力於為投資者提供一個簡單、快捷、易用的交易環境。

在 2023 年 10 月 12 日，Meex 向香港證監會提交了虛擬資產交易平台牌照申請，目前，Meex 正在申請虛擬資產 1 號、7 號和 VASP 牌照。Meex 的 CEO Jason FENG，曾擔任佳兆業代理行政總裁。CTO 魯志超曾任 Bybit 技術總監，運營負責人 Vince Lam 曾擔任 HKbitEX 的運營負責人，團隊中還包括香港證監會持牌人士和法律界專業人士。Meex 的戰略合作夥伴包括眾安國際、華為雲香港等知名機構。在香港新推出的虛擬資產交易平台牌照制度實施後，Meex 是第一批行動最快的申請者之一。

未來，我們期待看到 Meex 在虛擬資產市場中發揮更大的作用，推動這個市場的健康發展。

PantherTrade

Panthertrade（獵豹交易）是一家由富途證券全資控股的子公司，旨在進軍虛擬資產市場，為廣大投資者提供一個安全、便捷、高效的虛擬資產交易平台。

它在 2023 年 11 月 15 日提交了虛擬資產交易平台申請，其背後有著富途證券的強大支持。富途證券作為一家在金融領域有著豐富經驗和專業知識的公司，對於虛擬資產市場有著深入的理解和獨特的見解。這使得 Panthertrade 能夠憑藉其母公司的優勢，為投資者提供最前沿的市場訊息和專業的投資建議。同時，Panthertrade 也積極與政府和監管機構合作，以確保平台的合規運營，保護投資者的合法權益。

未來，Panthertrade 將繼續秉持公正、公平、透明的原則，為投資者提供更優質的服務，推動虛擬資產市場的健康發展。

OKX

OKX 是一家全球領先的數位資產交易平台，以使用者為中心，以技術為驅動，致力於為使用者提供更好的交易體驗。

在 2023 年 11 月 16 日遞交虛擬資產交易平台牌照申請，其後於 2024 年 1 月 16 日，OKX 中東關聯公司（OKX Middle East）獲得了迪拜虛擬資產監管局（VARA）頒發的虛擬資產服務供應商（VASP）許可證。一旦通過監管機構的審查和批准，OKX 中東將正式開始運營。OKX 的加入向外界傳達了兩個重要信號：全球虛擬資產交易平台合規化已經成為大勢所趨；未來香港有望成為全球虛擬資產市場活動的中心。

OKX 在合規方面的穩健步伐表明，進駐香港只是時間問題。我們有理由相信，OKX 將在未來的區塊鏈行業中發揮更大的作用，引領數位資產交易走向更廣闊的未來。

VAEX

VAEX 是第 8 家申請虛擬資產交易平台牌照的機構，其在市場競爭中的地位不言而喻。

它在 2023 年 11 月 25 日提交虛擬資產交易平台牌照申請。早在 2023 年 2 月，KuCoin 就通過官方管道宣稱對 VAEX 提供技術支援。現在，VAEX 進駐香港，在某種程度上可以看作是 KuCoin 為擁抱監管而採取的行動。KuCoin 的投資部門 KuCoin Ventures 在香港也非常活躍。在 2023 年 3 月，該公司領投了香港穩定幣發行商 CNHC

1000 萬美元的投資。三個月後，該平台確認引入強制性 KYC 身份檢查以加強其合規程序。

可以預測，如果 VAEX 成功在香港立足，將與 KuCoin 產生更多的協同效應，有助於 KuCoin 在市場上站穩腳跟。

Accumulus

Accumulus GBA Technology (Hongkong) Co., Limited 是第九家申請虛擬資產交易平台牌照的公司，專注於虛擬資產交易。

它在 2023 年 12 月 6 日正式向香港證監會提交虛擬資產交易平台牌照申請。Accumulus 的加入表明了傳統網路公司和實體企業利用虛擬資產以及香港市場進行更廣泛業務擴展的新趨勢。雲帳户技術（天津）有限公司，一家位列中國企業 500 強的線上人力資源服務巨頭，已獲得超過 11 億港元的境外投資額度，並在香港註冊成立子公司雲帳户大灣區科技（香港）有限公司。由於長期與全球虛擬資產市場隔離的中國大陸地區，技術和認知上與全球存在明顯差異，平台和業務能否獲得市場認可存在很多未知。

希望 Accumulus 能在香港成功駐根，或將成為大陸 Web 3.0 領域的發展進行強力助推。

DFX Labs

DFX Labs 是香港 2023 年最後一個虛擬資產交易平台申請者。

在 2023 年 12 月 27 日提交牌照申請。公司首席運營官 Simon Au Yeung 畢業於沃頓商學院，曾任 Blockchain Finance 和 BGE 首席執行官，並創立了 IEEE。DFX 官網正在進行試運營，將支援 BTC 和 ETH 交易。

我們期待 DFX Labs 能夠在未來的交易中，為全球投資者提供更優質的服務，同時也希望香港能夠通過這種方式，進一步推動其金融科技的發展。

HKVAEX

HKVAEX 是成立於 2022 年 12 月的一家公司，於 2023 年推出虛擬資產交易平台。

在 2024 年 1 月 4 日提交虛擬資產交易平台牌照申請。Stanley Fung 擔任 HKVAEX CEO，畢業於多倫多大學，曾擔任新火科技交易所業務負責人和 Huobi 香港 CEO。有媒體報導稱 HKVAEX 是幣安在香港的佈局，但幣安予以否認。2023 年 6 月，HKVAEX 支持 HKVAC 推出的「虛擬資產指數」和「虛擬資產交易所評級」，為投資者提供參考資料。此外，HKVAEX 團隊積極參與香港虛擬資產交流活動。

HKVAEX 是否能借助資深的 Web 3.0 背景和積極的市場參與度成功落地，我們拭目以待。

BitHarbour

BitHarbour 是一家在香港註冊並運營的交易平台，也是最後一個虛擬資產交易平台申請者。

在 2024 年 1 月 11 日提交虛擬資產交易平台牌照申請，目前資訊最少的申請人。服務協定中要求使用者接受 CoinEx 投資的潛在風險和收益，推測兩者有業務關聯。

未來，我們期待 BitHarbour 能夠繼續保持其專業和創新的精神，為全球的數位貨幣投資者提供更好的服務。同時，我們也期待數位貨幣的交易環境能夠越來越成熟，為投資者提供更多的機會和可能。

第三節
Web3 金融革命：
構築普惠財富與科技驅動發展的未來視界

3.1 普惠金融與金融科技：構建無界金融服務

普惠金融旨在通過機會平等和商業可持續的原則，向社會各階層和群體提供適當、有效的金融服務。這一定義強調了普惠金融服務的普遍性和適應性，旨在為農村領域和廣泛的長尾客群等傳統金融服務難以觸及的領域提供可負擔的金融服務。

隨著數位技術的快速發展，尤其是區塊鏈技術在金融領域的應用，普惠金融與金融科技之間的聯繫日益緊密。數字普惠金融的概念首次在 G20 杭州峰會上提出，強調利用新興數位或電子化技術解決普惠金融「最後一公里」的問題。這些技術，如 Defi 和 DAO 等去中心化金融業務，通過提供無國界、去中心化、基於智慧合約和全透明的金融服務，為普惠金融的實現提供了新的途徑。

這些數位化金融工具的特點，包括低准入門檻、透明可靠、公開開放，以及沒有對手方和仲介機構風險與費用，有助於克服中心化金融服務的空間限制，為廣大需求者提供隨時隨地的安全便捷金融服務。通過這些技術的應用，普惠金融在促進金融服務普及和提高金融服務品質方面迎來了新的機遇，為構建一個無界、更加包容的金融服務體系奠定了基礎。

3.2 區塊鏈技術：重塑實體經濟與金融領域的創新引擎

區塊鏈技術，作為一種去中心化、安全、透明的數位技術，正在通過顯著降低交易成本，對實體經濟和金融領域產生深遠的影響。它不僅促進了實體經濟的發展，提高了運營效率和產品的可追溯性，也在金融領域內降低了風險，減少了資訊不對稱和欺詐行為的可能性。

在供應鏈管理方面，區塊鏈技術允許企業建立一個透明且不可篡改的資訊系統，實現對產品來源和運輸情況的即時追蹤。這種透明度有助於降低資訊不對稱風險，提升產品追溯性，進而保障消費者權益。

跨境支付是區塊鏈技術另一顯著的應用場景。傳統跨境支付存在的諸多問題，如轉帳速度慢、手續費高等，可以通過區塊鏈的智慧合約和加密貨幣得到解決。例如，利用區塊鏈技術提供跨境支付解決方案的 Ripple，能夠幫助金融機構更快、更低成本地完成跨境轉帳。

數位身份認證也是區塊鏈技術的重要應用之一。與傳統身份認證系統相比，基於區塊鏈的系統提供了更高的安全性和去中心化的管理方式。這樣的系統，如 Civic 所提供的服務，可以幫助使用者安全地驗證和管理自己的身份資訊，降低被盜用和欺詐的風險。

隨著區塊鏈技術的不斷發展和普及，它所帶來的低交易成本和高效率優勢預計將惠及更多行業和領域，為實體經濟和金融體系的進一步發展及改革提供強大的動力。區塊鏈技術的廣泛應用，預示著一個更加創新、高效、安全的經濟與金融新時代的到來。

3.3 Web 3.0 與金融科技驅動的共同富裕：未來經濟的轉型與機遇

在 2023 年，Web3.0 區塊鏈技術和金融科技（FinTech）的快速發展正在深刻改變我們的經濟和社會結構。區塊鏈技術，作為一種去中心化、安全、透明的數位技術，通過顯著降低交易成本，促進了實體經濟的高效運轉和金融領域的風險降低。它在供應鏈管理、跨境支付、數字身份認證等方面的應用，提高了運營效率，加強了消費者權益保護，同時為金融機構提供了新的業務創新和流程改造的技術支援。

金融科技的發展，特別是在中國，互聯網支付和移動支付的快速增長，標誌著金融服務的移動化、數位化和智慧化加速發展。這一進程不僅提高了金融服務的可及性和便利性，也推動了普惠金融的實現，有望為更廣泛的社會群體帶來經濟利益。

與此同時，元宇宙作為一個新興的概念，其與金融的融合發展，既包括為元宇宙經濟活動提供去中心化支持的「元宇宙金融」，也涵蓋利用元宇宙概念和技術為金融機構提供數位化轉型想像空間的「金融元宇宙」。元宇宙的底層技術，如區塊鏈和人工智慧，不僅為金融服務創新提供了技術基礎，也為金融機構提供了沉浸式體驗和虛擬元素真實感的新管道，進一步推動金融服務的多元化和個性化。

這些技術的融合和應用，對於實現共同富裕目標具有重要意義。通過改進生產函數、降低生產中實物資料的影響、提高人力權重，元宇宙經濟學的三大基本屬性——認同決定價值、邊際效應遞增和邊際成本趨近於零——為減少社會財富分配不平等、促進普遍富裕提供了新的思路和機遇。

區塊鏈 Web 3.0 和金融科技的發展，特別是在元宇宙背景下，不僅為金融行業帶來了創新和轉型的機遇，也為實現更廣泛社會群體的共同富裕目標提供了可能性和支援。隨著這些技術的進一步發展和應用，預計將促進更加公平、包容和可持續的經濟發展模式。

第四節
金融元宇宙：
發展新型金融，元宇宙新型數字金融中心

4.1 金融業的元宇宙世界

金融業在元宇宙的領域裏，可以利用區塊鏈的去中心化和跨界特性，實現更快速、更便宜的交易。預計未來會有更多金融機構加入元宇宙，帶來一個全新的金融世界。

就像 15 年前 iPhone 的問世改變了整個世界一樣，元宇宙的出現也有可能改變人類的生活。加密貨幣、區塊鏈、AI、AR 與 VR，正在數位虛擬世界中建構出元宇宙，越來越多機構以及個人在這個虛擬世界擁有或管理數位資產，電影《一級玩家》中描繪的虛擬網路世界不再只是幻想。[29]

貸、買、賣方透過智慧合約享金融服務

因有管理數位資產需求，金融業在元宇宙找到其重要位置，在元

---

29 楊晴（2022 年 11 月 9 日）。〈金融業擁抱「虛擬華爾街」元宇宙風起雲湧〉。《台灣銀行家》。

宇宙世界中，金融業體系從現在的自中心化金融將轉向去中心化金融（DeFi），在這套系統上，與區塊鏈、數位資產有關的交易、支付、借貸等金融應用，可以讓貸款方、買賣方輕易透過智慧合約，享受金融服務。這種「虛擬華爾街」是建構在區塊鏈上的金融應用生態系，使用者可以輕鬆取得金融服務，透過點對點的去中心化應用程式與此生態系互動。元宇宙金融世界的到來，代表未來的客户勢必不再滿意現階段網頁畫面的數位金融服務，加上各產業可能不得不開始開發與建立在虛擬世界中的產品，如果虛擬世界中開始有更多人口、貨幣、虛擬資產，就勢必會有在這世界的金融需求，有餘裕的金融業如果提早追上，或許能在其中搶得先機。

根據英國《銀行家》雜誌最新發佈的世界銀行榜單，目前世界銀行排名前 20 的銀行中至少有 9 家已經參與或計劃進行加密市場佈局。僅2023年在區塊鏈及加密資產市場上就看到了JP Morgan、花旗銀行、法國農業信貸銀行、西班牙桑坦德銀行等銀行巨頭的身影。其中，JP Morgan 在區塊鏈及加密業務方面處於領先地位，其運營的JPM Coin系統到 2023 年 6 月已經累計處理超過 3000 億美元的交易，在機構間清結算、跨境支付等領域取得積極成效，並深度參與新加坡金管局「守護者計劃」，探索機構級 DeFi 及資產代幣化創新與應用。從 2023 年的整體情況看，有以下特徵：

1. 歐洲區的銀行已成為參與和探索加密業務的主力軍；

2. 儘管身處熊市，但銀行探索佈局區塊鏈與加密市場的方式更多樣化和深入；

3. 資產代幣化、加密託管服務和跨境支付等當前銀行佈局加密市場的關鍵字。[30]

30　歐科雲鏈研究院（2023 年）。〈全球銀行業加密版圖（2023）〉。

银行名称	所属国家	2023年最新动作
J.P Morgan	美国	探索代币化存款等代币化产品与服务、 开发数字钱包、深化JPM Coin应用
纽约梅隆银行	美国	首席执行官Robin Vince: 数字资产是该银行"最长期的投资"。
渣打银行	英国	旗下Zodia Custody在全球多地 向金融机构提供数字资产托管服务
花旗银行	美国	整合加密托管平台, 开展代币化存款等领域探索
西班牙银行A&G	西班牙	推出首支加密对冲基金
法国兴业银行	法国	获得提供数字资产买卖、交换和托管许可; 推出与欧元挂钩的稳定币EURCV供授权机构客户使用
法国农业信贷银行	法国	获得加密货币托管服务资质
桑坦德银行	西班牙	获得加密货币托管服务资质
澳洲国民银行	澳大利亚	已在以太坊上使用自己的 稳定币完成一笔跨境交易
Sberbank	俄罗斯	推出加密货币交易服务,包含代币化股票、 债券等数字金融商品

OKG Research

(資料來源:歐科雲鏈)

「客户對全通路客户體驗期待日益提升,業者必須考慮到客户金融服務上的旅程感受,確保接觸點之間無縫連結。」麥肯錫(McKinsey & Company)曾畫出過一張圖,描繪客户的數位金融旅程服務,客户習慣透過數位方式,自主並即時尋求專業投資建議。在這段旅程中,金融業者可以透過服務機器人、指標監測體系、人工智慧等,優化客户體驗感受。

金融業在元宇宙世界中,透過區塊鏈去中心化、去除中間人、跨界等特質,可以取得更快、更便宜的交易,包括快速取得資金、透過智慧合約完成各種過去需要信任才能完成的協定,這讓金融業借貸、全球貿易金融、智慧合約都可以順利通過區塊鏈技術,降低人力成本、提升交易安全與時間性,未來勢必有更多金融業加入元宇宙腳步,隨之而來的，可能將是另一個金融新世界。

當虛擬實境技術與金融服務相結合，創造出一個全新的數位化金融環境。在這個虛擬的世界中，用户可以通過沉浸式的體驗與數位化的金融產品和服務進行互動。經濟學家宋清輝指出，與銀行結合的元宇宙具有一定的市場想像力。他建議銀行可以從兩方面入手：一方面，借助元宇宙將難以理解的金融產品變為有形的沉浸式形式，以此增加消費者的切身體驗，為獲客打下基礎。第二，可以利用元宇宙改善銀行的運營，例如節約員工的差旅費用、減少「碳足跡」等等。

畢馬威發佈的 2023 中國金融科技企業首席洞察報告中指出在經歷一輪發展熱潮之後，元宇宙逐漸進入「冷靜期」，金融科技業界對待元宇宙的態度更加理性務實。從應用場景和技術的角度來看，元宇宙融合了虛擬實境、3D 建模、數位孿生等多種底層技術，在提供沉浸式體驗、打造虛實融合空間等方面具有很好的應用潛力，有望發揮改善金融運營管理、創新金融場景服務等多重價值。結合調研來看，金融元宇宙在客服和行銷兩大業務場景中的應用前景較為廣闊，在看好元宇宙的企業（占比合計 58%）中，選擇客服和行銷作為元宇宙金融應用的主要落地場景的占比分別為 76%、69%，並且 60% 的受訪企業將客服作為第一選項，相關應用包括數位人客服、虛擬營業廳等[31]。

目前元宇宙金融應用主要落地業務場景（多選排序）如下圖。

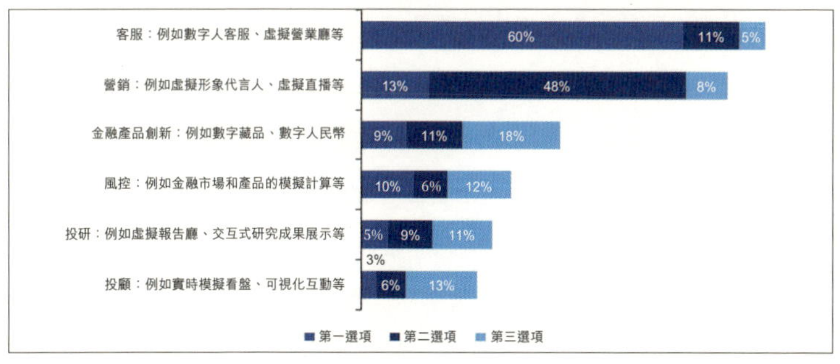

31 畢馬威（2023 年）。〈2023 中國金融科技企業首席洞察報告〉。取自 https://assets.kpmg.com/content/dam/kpmg/cn/pdf/zh/2023/06/2023-chinese-fintech-ceo-survey-report.pdf

4.2 金融界元宇宙化：邁向虛擬化時代的巨頭引領

多家金融巨頭率先進入元宇宙：摩根大通、星展集團、遠東銀行和韓國 KB 國民銀行引領金融界進入虛擬化時代

摩根大通 2022 年已在元宇宙平台 Decentraland 開設名為「Onyx Lounge」的虛擬空間。社群用户可以使用代幣購買土地、建築物，並參與經濟活動和交易。此外，摩根大通旗下的穩定幣專案「JPM Coin」也已上線，成為華爾街首家進入元宇宙的銀行。

亞洲金融業界也開始跟隨摩根大通的步伐投入元宇宙。新加坡星展集團宣佈與去中心化虛擬遊戲世界平台合作，創建名為「DBS BetterWorld」的虛擬空間，成為新加坡首家進入元宇宙的銀行。

韓國大型金融機構韓國 KB 國民銀行也在元宇宙平台 Gather 上創建虛擬城鎮。即使員工遠端辦公，他們也可以通過虛擬會議室獲得實際上班的體驗，包括使用虛擬小人類比開會流程，並通過視訊和麥克風進行會議，營造辦公室的真實氛圍。此外，他們還與虛擬實境業者合作構建虛擬分行。

在台灣，遠東銀行和國泰金控也開始擁抱「虛擬華爾街」。國泰金控在 2022 年的技術年會上談到，去中心化金融有可能改變金融市場結構和與使用者互動的方式，並決定投入更多資源，持續研發區塊鏈技術，以跟上可能重新定義產業轉型的下一個浪潮。

海外案例一：遠東銀行先佈局元宇宙打造財富管理新體驗

遠東銀行是首家實際執行元宇宙體驗的銀行。該銀行在 2022 年底宣佈成為台灣首家引入元宇宙概念的銀行。首先，他們採取邀請制度，接下來計劃加入人的要素和新的產品。在符合金融監管機構法規的前

提下，他們也將逐步引入虛擬資產。同時，遠東銀行與知名廚師江振誠合作，發行了 88 枚 NFT，先鎖定至少兩代家庭會員。

遠東銀行數位金融事業群副總經理戴松志表示：「未來十年的元宇宙世界令人難以想像，就像二十年前的年輕人無法預料手機可以用於轉帳一樣。」遠東銀行之所以早早加入元宇宙分行行列，是希望通過實際運用技術並逐步磨合，為未來元宇宙的爆發期做好準備。

用户可以通過電腦登錄遠東銀行的元宇宙旗艦分行，他們將以虛擬人物的形象出現，並可以自行設計服裝和外貌。然後，就像在玩電子遊戲一樣，他們可以控制自己量身定制的虛擬人物，前往呈現在網頁上的會議區、無人櫃枱、接待區和展示廳等空間，就像置身於真實世界。每當點擊進入一個空間時，就會出現對應的虛擬場景，這種互動方式類似於玩電子遊戲，使客户能夠更加融入並參與虛擬財富管理活動。

例如，點擊無人櫃枱後，操控虛擬小人走進無人櫃枱空間，會看到設有辦理信用卡、開户、台幣、外幣、貸款等服務頁面，利用小人走向任一服務點擊後，將會跳到遠銀官網的申辦介面，進入線上申辦金融業務的流程。

之所以推出元宇宙分行，戴松志說，第一，遠銀觀察到，傳統銀行的服務正在逐步被數位取代。他舉例，6 年以來，遠銀離櫃率已經從 82%成長到 95%，相當 100 筆交易中，95 筆為數位交易，5 筆才是實體臨櫃，交易逐步被數位取代，但如果要納入諮詢角色的成分，希望透過元宇宙看見。

第二，銀行現階段販售的仍是傳統金融商品，例如基金、股票、保單等等，但在數位資產開始出現後，包括 NFT、虛擬貨幣等。元宇宙分行可以拓展到這些領域的諮詢、交易，這與線上分行經營方向並不相同，但戴松志說，這仍必須看台灣金融法規未來開放程度。

「如果說傳統分行是實體，App 是數位，那麼元宇宙就是將實體與數位界線變得模糊。」戴松志說，越早進入的銀行，可能提早瞭解元宇宙中客户屬性，例如，現階段遠銀元宇宙分行先推出較容易理解使用的介面版本，並採取邀請制度，未來將採用「核心理念 × 用户行為 × 科技發展」公式，隨時變換新的樣貌。三個理念如果未來都大於一，這項公式所打造出來的元宇宙太空船也將越來越龐大。

海外案例二：國泰金控看好 DeFi 成國際趨勢 提前部署區塊鏈應用

國泰金控在 2022 年的技術年會上，深入探討了去中心化金融（DeFi）的開創性意義。他們認為，Web 3.0 和 DeFi 已成為國際趨勢，其去中心化、公開透明、不可篡改的特性賦予了金融業更多的發展潛力。因此，國泰金控提前進行部署，致力於以創新技術拓展多元化應用場景。他們將持續研發區塊鏈和雲端技術，並不斷探索數位資產。未來，他們計劃與子公司合作，推動更多的區塊鏈應用。

非同質化代幣（NFT）已成為虛擬和實體世界的催化劑。國泰金控的子公司國泰人壽和遠東銀行今年嘗試發行 NFT。國泰人壽發行了限量 600 枚的 NFT，通過完成任務可以免費獲取。希望通過獲得 NFT 的客户為中心，進一步擴散，並發展客户互動，進一步與社群建立聯繫和互動。

海外案例三：花旗銀行推出「數位代幣」服務

金融巨頭花旗集團（Citigroup）於 2023 年年中宣佈推出「數位代幣」服務，採用區塊鏈、智慧合約技術打造，讓企業客户跨境匯款更快速。

這項新服務名為「Citi Token Services」，使用的是私有區塊鏈，並提供全年無休的自動化貿易融資（Trade Financing）解決方案，這指的是銀行對進出口貿易結算和國際貿易企業，所提供的短期融資服務。

花旗集團表示，這項服務將能讓貿易融資生態系統中的銀行擔保書，以及信用狀數位化，簡化高額交易的繁瑣流程。

花旗全球服務負責人沙赫米爾·哈利克（Shahmir Khaliq）認為，數位資產技術擁有極大潛力，透過將新科技應用於現有法律工具，和監管框架中，能夠升級金融體系。

花旗已經跟綜合物流公司馬士基（Maersk）合作展開測試，將「Citi Token Services」導入航運產業。傳統航運收款和處理交易的過程，非常繁瑣且複雜，對銀行作業來說是一大挑戰。透過花旗新服務，預計可以把交易處理時間，從數天縮短到幾分鐘之內。

此外，Citi Token Services 也同步在花旗銀行的全球現金管理（Cash Management）中測試，讓企業客户能夠在花旗分行之間，全年無休的轉移資金。

花旗財務與貿易解決方案部門的數位資產負責人雷恩·魯格（Ryan Rugg）說明，該服務為企業中的財務主管提供了新工具，可以在即時、可程式化的基礎上，管理全球的資金流動性。

香港政府政策與資金大力支持，各組織助力 Web 3.0 發展

香港也在積極推動 Web 3.0 生態圈的建設，隨著政策與資金的扶持，包括陳茂波主持的第三代互聯網發展專責小組、香港 Web 3.0 協會等組織均已成立。各組織彙聚相關業界翹楚和專業人士，從規管框架、生態系統、基建、人才培訓及教育推廣等方面，協助政府穩慎推

動 Web 3.0 在香港的蓬勃及可持續發展。

陳茂波表示：「作為國際金融中心和重視創新科技的大都會，我們必須有時不我待的逼切感，把握創科發展的大趨勢，在穩慎和適當監管的前提下，積極引領和驅動創新探索與發展，讓香港在這一波競爭激烈的科技創新浪潮中能乘勢而上，發展經濟、造福市民。」

同時，香港金管局已正在研究為數位港元或穩定幣建立「監管框架」，以及推動業界應用分散式帳本技術（DLT），將銀行存款代幣化。

香港案例一：中國銀行申請多項元宇宙銀行相關專利 探尋創新服務與更多可能性

中國銀行於 2023 年申請多項元宇宙銀行相關專利，內容包括確定目標使用者，這些使用者與目標看板的距離符合預設範圍，而目標看板是即將在元宇宙銀行中展示廣告的看板。通過分析符合預設範圍的用户，可以確定最適合目標使用者的廣告，然後將其發送到目標看板展示，以實現最佳的行銷效果。

有一項申請於 2023 年 8 月提交的專利，申請人為中國銀行，申請專案為「一種元宇宙銀行服務方法、裝置、設備及存儲介質」。該方法用於人工智慧或金融領域的元宇宙銀行服務，通過獲取元宇宙銀行中用户的位置以及用户在該位置停留的時間。

相關介紹指出，這項專利可以「使得數位員工主動為使用者提供服務，增加了數位員工的服務方式，提升了使用者體驗，從而提升了元宇宙銀行的業務交易率」。

此外，中國銀行股份有限公司還申請了「一種元宇宙中的消息展示方法及相關設備」的專利。該專利指出，在移動互聯領域以及金融領域，通過首先接收元宇宙中預設接收範圍的用户發送的多個待展示消息，可以實現元宇宙中的消息展示。

香港案例二：四方精創推出生成式 AI 及 Web 3.0 金融平台[32]

2023 年 9 月，金融科技公司四方精創資訊有限公司宣佈推出領先香港金融業的生成式人工智慧和 Web 3.0 平台——Banking Copilot 和 FINNOSafe，為本港金融業帶來全新的變革。借助 Microsoft Azure 的支援，四方精創致力於為銀行和金融機構提供更簡單、快捷、智慧和安全的金融服務。

四方精創董事長周志群先生表示：「該平台是四方精創推動銀行業邁向未來的里程碑。Banking Copilot 和 FINNOSafe 的推出將實現我們協助金融服務業轉型的承諾。隨著 Web 3.0 時代的到來，以及央行數位貨幣（CBDC）、虛擬資產和生成式人工智慧的興起，我們深信有遠見的金融機構將搶先一步，將這些技術整合到企業的市場策略、商業模式乃至技術應用計劃中。我們很高興能走在業界的前沿，為客户在未來金融時代共同邁步向前。」

Banking Copilot 整合合規流程

AI 合規應用平台 Banking Copilot 旨在協助金融機構簡化合規流程，同時應對相關人才短缺的挑戰。該平台透過利用 Azure OpenAI，讓其 AI 提供企業級的安全保障和可靠性，從而協助金融機構自動收集合規資料和相關檔案記錄、進行風險評估和應對，並且完善整體管治架構。Banking Copilot 透過自動化分析檔案記錄，減少六至八個星期的人力審查工作量。

FINNOSafe 簡化 Web 3.0 數碼貨幣體驗

由 AI 驅動的 Web 3.0 平台 FINNOSafe 旨在簡化數碼貨幣的使用體驗，從而推動其普及化。平台的兩大主要功能包括「FINNOSafe

32 Microsoft Hong Kong（2023 年 9 月 12 日）。〈四方精創推出生成式 AI 及 Web 3.0 金融平台，引領金融科技革新〉。取自 https://news.microsoft.com/zh-hk/2023/09/12/%E5%9B%9B%E6%96%B9%E7%B2%BE%E5%89%B5%E6%8E%A8%E5%87%BA%E7%94%9F%E6%88%90%E5%BC%8F-ai-%E5%8F%8A-web-3-0-%E9%87%91%E8%9E%8D%E5%B9%B3%E5%8F%B0-%E5%BC%95%E9%A0%98%E9%87%91%E8%9E%8D%E7%A7%91%E6%8A%8

錢包」以及「FINNOSafe 代幣化資產託管服務」。有賴 Microsoft Azure 企業級安全保障的支援，FINNOSafe 錢包是一個涵蓋數碼資產和卡支付的自主託管冷錢包，讓金融機構的客户和員工能安全地儲存和轉移數碼資產。FINNOSafe 的另一個重要功能 –—代幣化資產託管服務—能協助本地虛擬資產市場的主要持份者在虛擬資產服務提供者制度（VASP）下，進入新的市場。

與東亞銀行合作為本地 AI 及 Web 3.0 應用領航

四方精創與東亞銀行有限公司（「東亞銀行」或「BEA」）合作就其 AI 及 Web 3.0 平台推行試點計劃，為持續創新奠定基礎。東亞銀行透過 Banking Copilot 及 FINNOSafe 合作計劃成功研發兩大前瞻性方案，開創本地金融業的先例。

東亞銀行透過應用 FINNOSafe 錢包，推動以用户體驗為優先及數碼資產為基礎的員工獎勵計劃，以管理該行在區塊鏈上自行鑄造的功能型代幣。另一個創新專案則透過應用 Banking Copilot 協助銀行的網路安全團隊按照香港金融管理局所設立的網路防衛評估框架（C-RAF Assessment）進行內部評估。Banking Copilot 運用 Azure OpenAI，自動收集合規資料和相關檔案紀錄、進行風險評估和應對，配合整體管治架構，使銀行合規處理變得更成熟及有效率。

香港案例三：真灼傳媒打造全新 Web 3.0 媒體新模型

真灼傳媒，香港第四大財經平台，已在港股市場上確立其作為首屈一指的 Web 3.0 財經媒體平台的地位。該公司的核心業務涵蓋與香港和美國的上市公司及 pre-ipo 客户的緊密合作，提供針對性的策略和解決方案，同時積極滿足海外客户和機構投資者的需求。真灼財經在深圳和香港設立辦公室，特別是香港辦公室，專注於為港美股上市公司和 pre-ipo 客户提供定製化服務。通過自有媒體平台、社交媒體和協力廠商資訊平台，真灼傳媒不斷推出深度分析和及時報導，以應對市場波動和宏觀環境的挑戰。2023 年，真灼傳媒在全平台文章閱讀量方面取得顯著突破，並與香港主流媒體建立穩固合作關係，顯著提升品牌能見度和內容影響力。此外，公司還榮獲美通社頒發的「贏享價值合作媒體」榮譽證書，這一榮譽既是對公司過去工作的認可，也是對未來努力的激勵。

真灼傳媒採用的運作模式，深受去中心化自治組織（DAO）和 Web 3.0 理念的影響。這不是傳統意義上的公司，而是一個基於 Web 3.0 體系構建的 DAO 組織。這種模式突破了傳統財經媒體公關的界限，通過分散式協作和貢獻的透明化，為行業輸出了源源不斷的真知灼見。每一篇文章和每一次合作，都可以視為獨特的貢獻，其價值和流轉類似於非同質化代幣（NFT）的概念。儘管這些內容並未以 NFT 形式在鏈上發行，但它們的存在和流通無疑體現了 NFT 背後的核心思想：每一項內容都是獨一無二的，擁有其固有的價值和流轉路徑。

通過這種基於區塊鏈思想的運作模式，真灼傳媒不僅增強了組織的透明度和公平性，還促進了更高效的資源配置和利用，使得公司能夠快速回應市場變化，為合作夥伴提供最及時、最有價值的服務。此外，真灼傳媒的這種創新運作方式，激發了社區成員的創造力和參與度，使得每個人都成為了真灼的一部分，共同推動公司和社區的發展。

真灼傳媒作為一個基於 Web 3.0 和 DAO 原則構建的組織，通過其獨特的運作模式和區塊鏈思想的應用，這不僅在財經媒體領域樹立了新的標杆，也為行業的數位化轉型和創新發展提供了有力的示範和支援。真灼傳媒的目標不僅是成為行業領導者，更是要成為連接中港財經界的橋樑，鼓勵更多優秀的內容共創者加入，共同分享真知灼見，引領投資者走向明智的投資決策。

4.3 供應鏈搭建、構建數位貨幣及穩定幣體系

香港的貨幣匯率制度，即聯繫匯率制度（Linked Exchange Rate System, LERS），自 1983 年以來，一直是維護香港金融穩定的基石。通過將港元（HKD）與美元（USD）掛鉤，維持約 7.75 至 7.85 港元兌換 1 美元的固定匯率範圍，這一制度確保了港元匯率的穩定性，有效減少了外匯市場的波動風險，為香港作為國際金融中心的地位奠定了堅實的貨幣基礎。

在亞洲乃至全球金融舞台上，港元扮演著不可或缺的角色。香港，這個自由開放的經濟體，作為全球最大的金融中心之一，其資本市場吸引了世界各地的投資者。港元的穩定性，加之香港成熟的法律和金融基礎設施，使其成為資本流動的重要樞紐。更重要的是，香港作為中國內地與國際市場之間的橋樑，港元在促進跨境貿易和投資中起到了關鍵作用。

數碼港元 e-HKD 的推出及其影響

數碼港元（e-HKD）的推出，是香港金融管理局（HKMA）在金融科技創新領域邁出的重要一步。這一專案不僅體現了香港對於金融技術的前瞻性思考，也彰顯了其在全球金融科技創新中的領導地位。通過港元的數位化，數碼港元旨在提升支付系統的效率，增強金融包容性，並進一步鞏固香港作為國際金融中心的核心競爭力。

數碼港元的引入，為港元的流通和國際化注入了新的活力。在傳

統金融體系中，跨境支付和資金轉移往往面臨高昂的成本和時間延遲。數碼港元的數位化特性，能夠極大地簡化支付流程，降低交易成本，從而使港元在全球範圍內的流通更加高效和便捷。這不僅促進了國際貿易和投資，也為港元在國際金融市場中的應用開闢了新的可能性，加速了港元的國際化過程。

此外，數碼港元作為法幣與虛擬資產之間的橋樑，在推動香港數字經濟發展方面發揮著至關重要的作用。隨著區塊鏈技術和數字資產的快速發展，數字經濟已成為全球經濟增長的新引擎。數碼港元的引入，不僅能夠促進虛擬資產的合規使用，也為數位資產的交易和管理提供了安全、可靠的法幣支持，進一步激發創新，吸引更多的數字經濟企業和專案落户香港，推動香港數字經濟的繁榮發展。

穩定幣的優勢與港元穩定幣的潛力

與此同時，穩定幣作為數位貨幣領域的一項重要創新，通過其與傳統資產（如法定貨幣）的掛鉤機制，有效減少了價格波動，為市場參與者提供了一種穩定的價值存儲和交易媒介。這一特性使得穩定幣在 Web 3.0 時代的應用前景得到了顯著擴展，特別是在跨境支付、供應鏈金融以及數字經濟的多個領域，穩定幣不僅優化了傳統金融操作的效率和成本，也為港元的國際化和數位化開闢了新的路徑。

在跨境支付領域，穩定幣通過其數位化的特性，能夠實現即時的資金轉移，大幅降低了傳統銀行轉帳所需的時間和手續費[33]。這種高效率的支付方式，對於促進港元在國際貿易和投資中的流動性有著直接的正面影響。通過穩定幣，企業和個人能夠更便捷地進行跨境交易和資金結算，這不僅提升了港元的實用性，也增強了其作為國際貨幣的吸引力。

33 東方證券（2022 年 2 月）。〈CBDC 將成全球跨境支付主流趨勢之一，多邊央行數位貨幣橋專案完善央行間合作〉。取自 https://pdf.dfcfw.com/pdf/H3_AP202202281549675721_1.pdf?1646823019000.pdf

在供應鏈金融方面，穩定幣的應用可以通過智慧合約自動化支付和信用證管理，提高資金流動性，降低融資成本。這對於優化供應鏈操作，特別是在全球範圍內的供應鏈管理中，具有重要意義。穩定幣為供應鏈參與者提供了一種更為高效和透明的資金管理工具，有助於減少交易中的不確定性和信任成本，從而促進了港元在國際供應鏈交易中的使用。

此外，穩定幣在數字經濟中的應用，為香港的 Web 3.0 金融發展注入了新的活力。穩定幣的去中心化和可程式設計性特點，使其成為數位資產交易、智慧合約執行等新興金融活動的理想工具。隨著穩定幣在數字經濟中的廣泛應用，港元作為背書資產之一，其在數位資產市場中的地位和影響力將進一步增強。這不僅有助於推動港元的數位化進程，也為香港打造一個更加開放和創新的金融生態系統提供了支援。

發展以數字人民幣（DCEP）為核心的世界穩定幣交易中心

香港，作為中國連接國際市場的重要金融樞紐，正處於發展以數位人民幣（DCEP）為核心的世界穩定幣交易中心的前沿。這一戰略定位不僅加強了香港在全球金融體系中的地位，而且利用了數位貨幣的創新技術，為全球供應鏈提供了前所未有的服務和機遇。數位人民幣，作為中國央行發行的法定數字貨幣，代表了貨幣數位化的未來方向。它的推出不僅是中國金融科技創新的重要里程碑，也是全球金融市場的重要發展趨勢。香港作為國際金融中心，擁有獨特的地理位置和深厚的金融市場基礎，是推動數字人民幣國際化的理想平台。

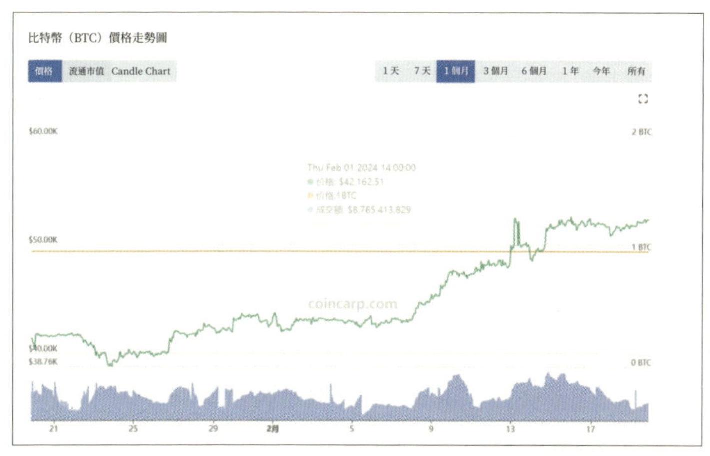

通過在香港建立以數位人民幣為核心的世界穩定幣交易中心，可以實現以下幾個關鍵目標：

1. 促進數位人民幣的國際化：香港的國際金融地位可以為數字人民幣提供一個跳板，進入更廣泛的國際市場。通過穩定幣交易中心，數位人民幣可以與其他國家的法幣錨定穩定幣進行交易和互換，促進跨境支付和資金流動，加速數位人民幣的國際接受度和使用。

2. 連結國際上各個法幣錨定的穩定幣：香港作為穩定幣交易中心，可以匯聚全球各種法幣錨定的穩定幣，包括美元、歐元、英鎊等主要貨幣錨定的穩定幣。這不僅為投資者提供了多樣化的投資和交易選擇，也為全球金融市場提供了更高效、更穩定的資金流動管道。

3. 為全球供應鏈提供服務：數位人民幣和其他穩定幣的結合，可以極大地簡化和加速全球供應鏈中的支付和結算過程。通過智慧合約和區塊鏈技術，可以實現自動化的支付流程，降低交易成本，提高資金使用效率。這對於全球供應鏈的參與者來說，意味著更高的操作效率和更低的財務風險。

4.　推動金融創新和包容性：以數位人民幣為核心的穩定幣交易中心，將推動金融產品和服務的創新，提高金融市場的包容性。對於那些傳統金融體系服務不足或不可及的地區和群體，數位貨幣提供了一種新的、便捷的接入方式，有助於提高全球金融服務的普及率。

發展以數位人民幣為核心的世界穩定幣交易中心，不僅是對香港金融市場功能的一次重大擴展，也是對全球金融體系結構的一次重要創新。這一戰略將進一步鞏固香港作為國際金融中心的地位，同時推動數位貨幣技術的應用和發展，為全球經濟的增長和繁榮貢獻力量。

比特幣近期市場動態

在人工智慧技術改變全球金融行業的轉折時刻，元宇宙的風也惠及了加密貨幣，2024 年春節，比特幣價格高歌猛進。

比特幣價格在 2024 年春節期間在 5.2 萬美元左右上下浮動。自 2023 年初以來，比特幣的價格已經上漲了兩倍，原因是投資者們對現貨比特幣交易所交易基金 (ETF) 獲批的樂觀態度，以及比特幣減半將導致供應減少。比特幣在截至 2024 年 2 月 18 日的過去四週連續上漲。資料顯示，在過去五年裏，比特幣在連續四週上漲後在隨後三個月的漲幅平均為 49%。

比特幣現貨 ETF 費率下調

全球 ETF 費率（主動型與被動型）降低已是一種不可逆的趨勢。而美國作為最早涉及比特幣的國家之一，費率在全球相較都處於一個較低水準。例如，早在 2023 年 11 月 20 日，當時 ARK Invest 在其比特幣現貨 ETF 申請檔新增發起人費用（Sponsor Fee）費率，最初費率為 0.8%。美國著名費率卷王 Vanguard、Schwab、貝萊德的

iShares 等 ETF 費率甚至低至 0.03% 左右。另外，據美國受監管基金的主要協會之一投資公司協會（ICI）觀察，股票 ETF、債券 ETF、共同基金等各類 ETF 費率在過去 26 年降幅大多超 50%，低於 0.1% 的比比皆是。而美國 SEC 史上首次批准比特幣現貨 ETF，授權 11 隻 ETF 週四開始上市交易，這讓主流投資者們更加放心將資金投入比特幣現貨 ETF 市場，無疑給這場比特幣現貨 ETF 費率大戰猛加了一把火。美國 SEC 宣佈首次獲批消息後，各大資管機構紛紛降低管理費[34]：

1. 貝萊德、Ark 21Shares、富達等機構紛紛降低比特幣現貨 ETF 的費率。目前已有 4 家將前 6 個月或 10 億美元的費用降至 0，最低的是 Bitwise，前 6 個月為 0，6 個月或 AUM 至 10 億美元後上調至 0.2%。

2. 其他機構如 ARK Invest 和 21Shares 合作的基金費率為 0.21%，VanEck 和貝萊德合作的基金費率也為 0.21%，富達投資的費率為 0.25%。

3. 一些發行商還計劃在六個月內免除部分管理費用。目前最貴的基金是灰度比特幣信託基金，規模為 270 億美元，費率為 2%。所有基金都可以在推出前後調整其費率，一些發行人已提前降低費率。

美國每通過一個 ETF 都帶來了萬億級別的藍海市場，比特幣重返萬億美元市值，為更多用户提供美債之外的分散投資選擇，而參與這場費率下調大戰的資管機構無疑會借著這場東風，贏得更多投資者的青睞。

4.4 打造 RWA 和 STO 新生態：引領數字資產代幣化戰略

香港正積極擁抱實物資產代幣化（RWA）和證券型代幣發行（STO）這一戰略方向，展現出對這一新興領域的強烈支持。RWA 的概念將傳

---

34 Bitcoin.Com（n.d.）。〈什麼是實物資產（RWAs）？瞭解加密貨幣和去中心化金融（DeFi）：比特幣入門〉。取自 https://www.bitcoin.com/zh/get-started/what-are-real-world-assets-rwa/

統資產如房地產、藝術品、黃金等通過區塊鏈技術進行數位化，使這些資產能夠在去中心化金融系統（DeFi）中流通，提供流動性和增值機會。STO 則通過發行代表企業權益的數字代幣來籌集資金，提供了一個透明、高效的資本籌集管道，這些安全代幣遵循特定的法律和監管要求，確保投資者權益得到保護[35]。

波士頓諮詢集團（BCG）的預測顯示，到 2030 年，RWA 的代幣化市值將達到 16 萬億美元[36]。花旗銀行的研究報告進一步強調了 Web 3.0 和數位資產市場的巨大潛力，預計到 2030 年，將有 4 萬億至 5 萬億美元的資產被代幣化[37]。這些預測凸顯了資產代幣化行業的快速成長和市場對此類創新的高度需求。

香港證券及期貨事務監察委員會（證監會）自 2019 年起便對 STO 持開放態度，發佈了《關於證券型代幣發行的聲明》，討論了開展 STO 的相關要求。2022 年，香港財經事務及庫務局在港金融科技週發佈政策聲明，涵蓋發展虛擬資產的計劃，包括對綠色債券代幣化和加密貨幣零售准入的討論。2023-24 年度財政預算案中，政府承諾撥款 5000 萬港元加快香港 Web 3.0 生態系統的發展。

證監會還推出了針對虛擬資產交易平台（VATP）的新發牌制度，於 2023 年 6 月生效，增強了投資者信心。這一制度遵循「相同業務、相同風險、相同規則」的原則，提供了強有力的投資者保護。STO 在香港必須遵守適用的證券法，只能向「專業投資者」發行，滿足了高淨值個人和專業投資者對創新技術和新興資產類別的投資需求。

香港作為全球領先的金融中心，其對 Web 3.0 的投入和 VATP 許可制度的實施，吸引了眾多全球金融技術和區塊鏈公司在該地區設立辦事處。這為 STO 提供了良好的環境，使發行人能夠利用新的資本融

---

35 同 16

36 Binance Research. (2023, July). Real-World Assets: State of the Market. https://research.binance.com/static/pdf/real-world-assets-state-of-the-market.pdf

37 花旗銀行（2022 年 3 月）。〈元宇宙與貨幣：解密未來〉。

資來源，並增加其品牌和業務在高淨值投資者中的曝光度。

隨著《反洗錢及恐怖分子資金籌集條例》的修訂，新的 VATP 制度規定了交易所平台虛擬資產交易的監管要求，為合法合規的 STO 籌集資金提供了更加明確的框架。2023 年 7 月，香港證監會官員提到，監管對於 RWA 的認知正在改變，意味著 RWA 或 STO 的底層資產將按其本身的監管方式進行監管，為散户開放提供了可能性。

在 2023 年 11 月 2 日，香港對實物資產代幣化（RWA）及證券型代幣發行（STO）的戰略支持迎來了新的發展里程碑。香港證券及期貨事務監察委員會（「證監會」）發佈了兩份關鍵通函——《關於仲介機構從事代幣化證券活動的通函》及其附錄，以及《關於證監會認可的代幣化投資產品的通函》。這兩份通函的發佈，不僅更新並進一步明確了證監會對代幣化證券的監管立場，也對一些現有政策進行了澄清和放寬，標誌著香港在 RWA 和 STO 領域的政策框架逐步完善。

香港對於實物資產代幣化（RWA）及證券型代幣發行（STO）的戰略支持，將使得香港在 RWA 和 STO 領域的政策框架逐步完善，這一戰略方向預計將吸引更多的全球投資者和創新企業參與到香港的金融市場中來。這不僅能夠增強香港作為國際金融中心的吸引力，也將進一步促進香港與全球其他金融市場的互聯互通，加強香港在全球金融科技創新中的領導地位。

第五節
推動設立不良資產 NFT 交易平台和國際智慧併購交易中心

在當前金融市場中，不良資產交易面臨的挑戰尤為突出，包括低流動性和高交易成本，這些問題導致資金回流緩慢，增加了金融機構的負擔。此外，資訊不對稱和複雜的跨境法律監管環境進一步加劇了這一挑戰，限制了不良資產的有效流通。面對這些問題，NFT 化提供了一種創新的解決方案，通過將不良資產轉化為全球可交易的數位資產，顯著提升其流動性，同時降低交易成本，並增強交易的透明度和安全性。

5.1 NFT 化的解決方案

提升流動性：NFT 化能夠將不良資產轉化為全球可交易的數位資產，顯著提高其流動性。這種轉化通過區塊鏈平台實現，使得資產能夠迅速在全球範圍內買賣，加速資金的回流速度。

降低交易成本：去中心化的交易機制減少了傳統仲介的需要，直接連接買賣雙方，大幅降低了交易成本。此外，智慧合約的使用自動化了許多交易流程，進一步減少了費用。

增強透明度和安全性：區塊鏈技術的不可篡改性和透明度為不良資產的交易提供了堅實的安全保障。每筆交易的記錄都是公開且不可更改的，大大減少了資訊不對稱問題，增強了市場的信任度。

5.2 不良資產 NFT 交易平台解決方案

不良資產 NFT 交易平台通過區塊鏈技術和智慧合約實現資產的去中心化管理，提升了交易透明度和安全性。該平台不僅支援將不良資產資訊轉化為 NFT，確保資產的真實性和唯一性，還建立了一個去中心化的交易市場，降低交易成本，提高資產流動性。此外，平台還提供包括催收、處置在內的專業資產管理和維護服務，幫助投資者更好地管理和增值資產。

去中心化管理：通過區塊鏈技術和智慧合約，平台實現了資產的去中心化管理，提升了交易透明度和安全性。這種管理方式確保了交易過程的公正性和可靠性，為用户提供了一個安全的交易環境。

資產上鏈：平台支援將不良資產資訊轉化為 NFT，確保了資產的真實性和唯一性。這一過程通過數位化驗證資產的所有權和歷史，為資產的買賣提供了堅實的基礎。

NFT 交易市場：建立了一個去中心化的交易平台，降低了交易成本，提高了資產流動性。這個市場為買賣雙方提供了一個便捷、高效的交易場所，支援即時交易資訊的查看和交易的快速完成。

資產管理服務：平台提供了包括催收、處置在內的專業資產管理和維護服務，幫助投資者更好地管理和增值資產。這些服務通過專業團隊執行，確保了資產價值的最大化。

5.3 香港將繼續扮演國際智慧併購交易中心角色

在 2023 年，面對房地產、地方債務和中小金融機構等領域的風險，中央及有關部門採取了一系列措施，取得了一定的進展，但挑戰依然存在。尤其在房地產市場，恢復情況不理想，風險繼續擴散至關聯行業，房地產金融不良資產快速增加。地方債務方面，銀行貸款重組和債務置換進度緩慢，地方政府土地收入繼續下降，融資平台抵押品價值貶損，非標產品逾期增多。同時，中小金融機構改革化險步伐加快，雖有一批高風險機構得到穩妥處置，但受房地產等風險因素拖累，高風險機構數量和資產規模依然較大。

這種背景下，全球併購協會在達沃斯論壇上的宣佈成立，標誌著對全球併購市場以及不良資產交易模式的重視。隨著不良資產，特別是房地產和地方債務等領域的風險持續暴露，全球併購市場面臨著新的挑戰和機遇。這一點在國內外市場中尤為明顯，不良資產的增加不僅影響了金融穩定，也為併購市場提供了新的投資機會。特別是對於那些專注於風險投資和資產重組的國際併購交易中心來說，識別和轉化這些不良資產，通過智慧化的併購策略來實現價值增長，已成為新的發展方向。

全球併購協會的目標之一是推動全球併購市場的發展，特別是在處理不良資產方面發揮重要作用。通過國際化和智慧化的併購模式，可以更有效地識別、評估和轉化不良資產，為全球金融市場的穩定與發展貢獻力量。這種模式的實施，需要對不良資產的交易模式進行創新，包括利用大資料、人工智慧等技術來提高交易的效率和成功率。

此外，全球併購市場的活躍也對中小金融機構的改革化險提供了新的思路。通過併購、重組等方式，可以為這些機構提供解決方案，幫助它們改善資產品質，恢復健康發展。因此，全球併購協會的成立不僅是應對當前全球金融市場挑戰的一個重要舉措，也是推動全球經濟健康發展的重要力量。

面對 2023 年全球併購市場總體交易額下降 15% 至 3.2 萬億美元[38]這一挑戰，這是十年來的最低點，背後的原因包括高利率、監管審查、宏觀經濟信號的不確定性及估值差距，整體戰略交易倍數降至 15 年來的最低水準 10.1 倍。在此背景下，我們也宣佈在國際上分散式培養五萬名國際併購交易師計劃，這一計劃不僅是對當前併購市場挑戰的直接回應，也預示著併購行業的未來走向——更加側重智慧化和技術驅動的併購模式。

這種去中心化、去仲介化的新型併購模式的推廣，旨在通過人工智慧大模型的引入，實現金融元宇宙的應用場景，從而大幅降低交易成本，提高效率。這不僅能幫助緩解由於高利率和估值差距帶來的成本壓力，也為併購市場帶來新的增長機遇。

香港，作為國際金融中心，其積極回應並融入這一趨勢，顯得尤為關鍵。通過智慧併購降低交易成本的舉措，不僅能夠幫助香港更好地融入國際金融市場，也將推動其向新型國際金融中心的轉型。這種轉型不僅體現在技術和市場操作層面，更在於對全球金融市場格局的長遠影響和貢獻。

通過培養國際併購交易師，引入人工智慧技術，以及香港等金融中心的積極參與，全球併購市場正處於向更加智慧化、高效和去中心化發展的轉捩點。這種轉變不僅有望改善當前全球併購市場面臨的下

38 Bain & Company. (2024, February). Global M&A Report 2024. https://www.bain.cn/pdfs/202402071104046233.pdf

降趨勢，也為金融行業的未來發展開闢了新的道路。

王平

亞太併購基金董事長

引 言
introduction

從 DeFi 到 MetaFi：
金融元宇宙的誕生

第一節
從比特幣到以太坊

現代經濟的發展離不開科技的推動

互聯網技術帶動生產效率快速提升，也促進了經濟的繁榮發展。20 世紀後期，我們見證了資訊革命和金融市場的崛起，資訊革命解放了生產力，金融市場構建了新的財富創造能力。技術變革和創新，主要是優化了生產結構，而金融資本的催化使得技術應用進一步商業化，而後，科學技術應用迅速普及，給人們的生活帶來了便利和全新的應用場景。假如時光倒流，回到 19 世紀，大家很難想像未來會出現今天我們每天使用的互聯網、線上應用程式、數位化場景等。

貨幣的表現形式一直在不斷進化，從貝殼到黃金，再到紙幣。而從大的歷史周期來看，科技發展的日新月異，給人類的未來帶來巨大的想像空間。那麼，未來世界比如元宇宙中的金融體系和貨幣形態會是怎樣的呢？它們是如何一步一步發展起來的呢？和經濟、社會、科技體系的關係又是怎樣的呢？

信用和加密貨幣體系的發展

2008 年金融危機後，出於對傳統金融體系缺陷的思考，比特幣白皮書面世，其中呈現了一種全新的去中心化貨幣系統設計方式。自此之後，關注加密領域的人越來越多。整個新型的生態從最開始的新型貨幣表現形式（比特幣），進化為一個新的金融體系（以太坊和多鏈共存的模式），再演化為新型價值互聯網——Web 3.0（基於公鏈的整個加密應用生態）。

無論是加密貨幣的擁護者、科學家、企業家還是監管機構，都逐漸開始把區塊鏈作為一種新興基礎設施來進行探索，致力於研究它能解決的問題，發掘區塊鏈和密碼學在金融和更多場景的具體應用。

那麼今天我們該如何理解加密貨幣在其中扮演的角色？

理解加密貨幣，不能完全用以前教科書中的定義與傳統貨幣進行對比。

從貨幣的角色來看，大部分傳統教科書對貨幣職能的定位是：價值尺度、流通手段、貯藏手段、支付手段和世界貨幣。價值尺度和流通手段是傳統貨幣最基本的職能，作為流通手段和價值尺度的傳統法幣佔主導地位。因為人們生活中見到的多數商品的價格和勞動者的工資，多以傳統的法定貨幣計價。如果在日常生活中增加其他種類的記帳單位，將大幅度增加經濟主體的成本。

由於各國中央銀行擔任著控制通脹、穩定價格的角色，法定貨幣的通脹情況會被控制在一定水準內[1]。

值得注意的是，我們不能將貨幣的金錢屬性、記帳屬性和支付方

1 Casey, M., Crane, J., Gensler, G., Johnson, S., & Narula, N. (2018, July 16). The blockchain catalyst for change.

式混淆。舉個例子，拿古時候的黃金來說，一盎司黃金是一種資產，也是一種記帳單位，還可以用作支付手段（消費時，直接把黃金交給賣方即可）。目前，我們生活中的大部分貨幣都是電子形式的，以數字的方式存放在銀行帳户裏。

但是傳統金融體系存在一些問題。例如，很多傳統金融機構的用户會遇到銀行轉帳和結算系統較為緩慢，很多金融機構到節假日就停止業務等情況。數字貨幣的出現給大家帶來了一些新的思路，是否可以使用安全可信的區塊鏈，抽取數字貨幣的優勢及其可用的基礎架構承擔部分貨幣的角色，提供支付服務？這也是很多公司正在探索的業務創新。

需要明確的是，以區塊鏈技術作為基礎設施的加密貨幣，其優勢並不是它的電子形式，而是這些加密貨幣提供了一個統一的系統，也就是說所有帳户都位於同一個「帳本」中（有點像我們所有人都在同一家銀行辦理業務）。

之所以強調區塊鏈的創新性質，是因為部分加密貨幣可以作為對傳統貨幣體系存在的固有缺陷進行反思和改善的範本。當然，這種模式也帶來了新的思考方向：交易數據儲存去中心化和帳户的去中心化，是否優於傳統的金融模式？

區塊鏈的確是可能解決支付系統效率低下問題的方式之一，不過，還需要繼續探索各類不同的技術解決方案。目前，許多中央銀行和金融機構正在試驗各種形式的分佈式帳本技術，以及分佈式帳本如何在元宇宙中使用。這些探索為未來金融系統效率的提升帶來了新的可能性。

協作和去中心化的社會思潮的起源與發展

早在 16 世紀，就有學者提出合作社的概念。1829 年，法國的空想社會主義學家傅立葉發表《經濟的和協作的新世界》[2]，提出社會成功的秘訣主要是合作，彼此合作的社會可以提高生產力水準，工人將根據貢獻獲得勞動補償。這是合作經濟最早的思想源頭之一。

之後，資本主義迅速發展，但是人們發現，這種自由市場在促進商業快速發展的同時，也給社會的分配帶來新的問題：分配不公，大型商業平台壟斷等。隨著數字時代的普及，人們的工作方式趨向靈活，單純依賴個人就能夠獨立完成的工作越來越多。隨著交易成本的持續下降，商業經濟體中的原子單位在持續變小，這會產生更多的合作空間。

新冠病毒的流行使線上遠程工作模式得到了普及。以後人們工作的靈活度會越來越高，大家可以將自己的技能應用到不同的公司，其角色將介於外包和全職員工之間。如果我們從更深層次看，這種流動的工作台可以為人們提供更大的選擇性，每個人都可以和其他人協作完成專案，用去中心化的方式構建屬於自己的強大的動態團隊。

中心化與去中心化，並非二元對立

我們一直在討論中心化和去中心化，有時甚至會把兩個概念完全對立，但是還有一種新的理解方式解釋中心化和去中心化的關係。其實，從中心化到去中心化，是一個過渡的頻譜[3]（如圖引 1）。為什麼這麼說？舉個例子，完全的中心化也許只有單點聯繫的一個組織；而完全的非中心化，可能是所有人都分散，沒有任何交集定是大家所希望的結構。在大多數情況下，需要根據業務模式，選擇具體的組織形式。

---

2 https://en.wikipedia.org/wiki/Charles_Fourier

3 https://annikalewis.medium.com/decentralization-is-not-binary-45bbb9946fad

圖引 1　從中心化到去中心化是一個過渡的頻譜

信任問題的解決

倘若剝開比特幣和區塊鏈的技術外殼，從加密領域的社會學意義來看，如何理解加密文化呢？與傳統形式的數字貨幣不同，加密貨幣通過密碼學技術和新的網路模型進行 Token 的發行和價值轉移，而區塊鏈的出現，實質上解決的是信任問題。

我們可以把信任理解為三類（見圖引 2）[4]：第一類是社會中行為個體之間的人際關係信任；第二類是個體行為者和機構或系統間的信任；第三類是機構之間的信任。

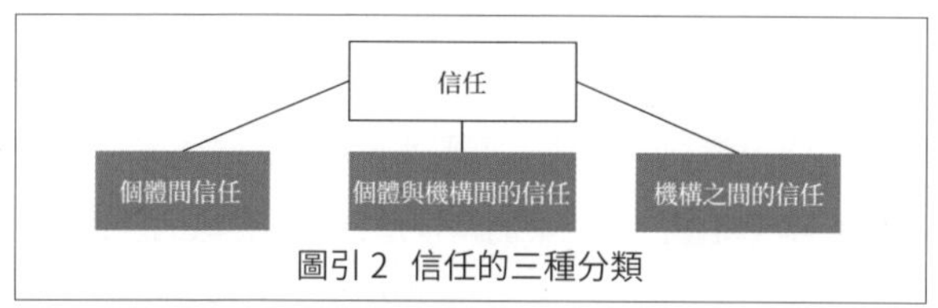

圖引 2　信任的三種分類

在沒有區塊鏈技術之前，信任出現存在幾個條件：一是信任源於一方的態度和信念；二是信任是另一方可以感知到的可信度因素，這種因素通常基於過去的行為和聲譽，可驗證、可感知；三是信任的各

4　https://policyreview.info/glossary/trust-blockchain#:~:text=Blockchain%20technology%E2%80%94which%20was%20first,intermediaries%20such%20as%20banks%20obsolete.

方存在於廣泛制度環境中，有共同的規則，可以為各方提供包括法律文書、合同、監管、行為守則等結構性保證。

理解分佈式技術中的信任，就要理解分佈式技術在社會系統中的角色。分佈式系統如何將人們聯繫起來？如何維護個體在人際信任維度的協作？2008 年區塊鏈技術被比特幣的出現廣泛推廣之後，人們將其稱為基於密碼學的解決信任問題的系統，它有可能取代傳統的仲介。也就是，網路參與者之間的所有交互行為都可以由數學和加密代碼完成，而不是過去的人類來協調。

區塊鏈是可以降低信任成本的機器，將對未來的社會協調產生革命性質的影響。

從密碼朋克的探索到比特幣的誕生[5]

密碼朋克（Cypherpunk）最早用於形容一群熱衷於電腦科學和密碼學的技術專家，其中包括埃里克·休斯（Eric Hughes）、蒂莫西·C·梅（Timothy C.May，英特爾的電子工程師和高級科學家，很早就財務自由退休了）和約翰·吉爾摩（John Gilmor）等。受 20 世紀後期自由軟體運動和開源精神的驅動，密碼朋克們喜歡參與解決軟體系統的局限，用技術解決難題，以探索的精神進行電腦領域的創造。

出於對電腦領域的熱愛，密碼朋克們思考，既然互聯網是無國界和國際化的，那麼，可否存在一種源於電腦網絡的原生貨幣？20 世紀 80 年代，密碼學家大衛·喬姆（David Chaum）就匿名的數字現金和假名系統等主題發表了大量論文。1990 年，大衛·喬姆發明了數字貨幣 eCash，特性是可以用密碼學保護用户隱私。

5　本節內容作者 2022 年 3 月 9 日發表於公眾號「阿法兔研究筆記」，收錄進此書時有刪改

eCash 是數字貨幣的重大飛躍。不過，1998 年，由於越來越多的用户開始使用信用卡和 PayPal，運營 eCash 的 DigiCash 公司面臨激烈的商業競爭，無以為繼，就破產了。密碼朋克們看到了這種失敗，並意識到 eCash 的缺點：數字貨幣不能單純依賴於某家公司，如果數字貨幣想要蓬勃發展，就必須實現真正地去中心化。

密碼朋克們發起了許多實驗，包括 Mojo Nation（Mojo 是一種數字現金貨幣，旨在以完全分佈和激勵相容的方式提供抗攻擊和負載平衡）。除了密碼朋克們，還有很多公司開始致力於構建數字貨幣。1996 年成立的 e-gold 是最早創建數字貨幣的互聯網公司之一，比 PayPal 還早兩年。e-gold 發行了由黃金儲備支持的數字貨幣，任何人都可以持有和轉讓。

鼎盛時期的 e-gold 十分受歡迎，每年處理超過 20 億美元的轉帳。不過，由於它對註冊幾乎沒有限制，因此 e-gold 被詐騙者和網路犯罪分子利用。之後，美國監管部門注意到了這件事，經過漫長訴訟，2008 年 7 月，e-gold 三名董事接受檢察官調查，並最終對「共謀洗錢」和「無牌運營貨幣轉移業務」兩項罪名認罪。2009 年，e-gold 關閉。

1997 年，亞當·巴克（Adam Back）創建了 Hashcash，首次嘗試了匿名交易系統。1998 年，戴偉（Wei Dai）發表了關於 B-Money 的提議。這項提議指出了兩種維護交易數據的方法：（1）網路的每個參與者都將維護一個單獨的資料庫，用於記錄用户的資金數額；（2）所有記錄都由特定的用户組保存。

戴偉提出的方法被稱為「權益證明」（POS），以太坊（ETH）借鑒了這個思路。2004 年，哈爾·芬尼（Hal Finney）借鑒了亞當·巴克的 Hashcash，創建了 RPoW（也就是 BTC 所採納的工作量證明的重要參考要素之一）；2005 年，尼克·薩博（Nick Szabo）發佈了基於哈爾·芬尼和之前很多想法的 Bitgold 的提案。2009 年 1 月 3 日 18 點 15 分，中本聰（Satoshi Nakamoto）創建了比特幣世界的第一個區塊（Block）。

比特幣世界的規則是，所有在 BTC 系統裏的人，都可以通過解數學意義上的謎題，來獲取一些比特幣。算力越強，某種意義上就可以越快獲得比特幣獎勵。

從布雷頓森林體系到金融危機

1944 年 7 月，44 個國家在美國東部召開聯合國和盟國貨幣金融會議，討論戰後國際貨幣應該如何安排。布雷頓森林體系奠定了以「美元 - 黃金」為基礎的金匯兌本位制度，以美元為中心的國際貨幣體系形成。而後，隨著戰後各國經濟發展不平衡，加上布雷頓森林體系本身的制度缺陷，包括美元的角色屬性問題，以及美國出於當時自身利益的考慮等，布雷頓森林體系瓦解。人們開始探討，未來國際貨幣體系除了主權貨幣當道，是否還存在其他可能性。

金融危機的再思考

2007 年，金融危機爆發。次級抵押貸款規則崩潰，違約率開始攀升。同時，全球市場對安全金融資產的需求逐步加大，刺激了華爾街各家金融機構開始銷售複雜的、新的金融工具，而後華爾街巨頭雷曼兄弟破產，引發了全球範圍的經濟危機。部分學者認為，此次金融危機是因為短期流動性問題；還有專家認為，金融危機爆發實質上是因為信任的崩潰，即社會對金融機構喪失了信任，因為就在倒閉幾個月前，雷曼兄弟向社會公佈的財報營收達 40 億美元，很可能當時的財務報表並不真實。

中心化金融機構是否存在問題？貨幣流動性是否有更優的解決方法？就在金融危機大爆發的第二年，2008 年，中本聰在某個密碼學討論小組發佈的比特幣白皮書《比特幣：一種點對點的電子現金系統》（Bitcoin:A Peer-to-Peer Electronic Cash System）中提出：如何不通過銀行這類第三方仲介機構，就能構建可信的交易網路？比特幣電子貨幣系統獨立存在，不需要第三方機構背書，就可以實現點對點的電子貨幣轉帳。至此，比特幣正式誕生。

2009 年 1 月 3 日，中本聰在芬蘭赫爾辛基一個小型伺服器上首次構建、編譯了一項開源代碼，運行了 SHA256 運算。

Bitcoin: A Peer-to-Peer Electronic Cash System

Satoshi Nakamoto
satoshin@gmx.com
www.bitcoin.org

Abstract. A purely peer-to-peer version of electronic cash would allow online payments to be sent directly from one party to another without going through a financial institution. Digital signatures provide part of the solution, but the main benefits are lost if a trusted third party is still required to prevent double-spending. We propose a solution to the double-spending problem using a peer-to-peer network. The network timestamps transactions by hashing them into an ongoing chain of hash-based proof-of-work, forming a record that cannot be changed without redoing the proof-of-work. The longest chain not only serves as proof of the sequence of events witnessed, but proof that it came from the largest pool of CPU power. As long as a majority of CPU power is controlled by nodes that are not cooperating to attack the network, they'll generate the longest chain and outpace attackers. The network itself requires minimal structure. Messages are broadcast on a best effort basis, and nodes can leave and rejoin the network at will, accepting the longest proof-of-work chain as proof of what happened while they were gone.

圖引 3《比特幣白皮書》

（資料來源：比特幣官方網站）

比特幣的技術手段是怎樣的?

比特幣採用了區塊鏈和分佈式帳本的記帳手段，重點是密碼學，比特幣交易驗證時，主要是靠密鑰簽名的方式進行身份驗證。總結一下，比特幣的特性主要有以下幾點。

1. 去中心化：區塊鏈中的去中心化，是指控制決策權不屬於中心體（如個人、組織等），控制決策權轉移至分佈式網路。

2. 無須信任的系統：區塊鏈行業的無須信任，指的是當運行網路或支付系統時，不需要對任何機構、第三方進行唯一信任（授權）。無須信任系統，通過區塊鏈網路資深的代碼、密碼學和協議構建共識。

3. 不可篡改：區塊鏈技術通過隨機、不可逆計算、時間戳來保證不可篡改。

比特幣的價值逐漸被越來越多的人接受，也出現了各式各樣的數字貨幣，區塊鏈作為能解決實際問題（篡改、透明度問題）的技術手段，被更廣泛地應用到了各行各業中。去中心化技術的普及，構建出一個個去中心化的基礎設施和去中心化應用。在去中心化技術的數據傳輸中，所有的記錄都會被留存下來。

比特幣存在的問題

比特幣仍有改善的空間，例如，它的可擴展性相對較弱。舉個例子：每當有人想要新建一個數字資產交易平台，都要重新編寫建立一個類似比特幣的系統。那麼，有沒有一個通用的辦法，可以解決這個問題呢?

以太坊的誕生

2013 年，出生於加拿大的俄羅斯裔工程師維塔利克·布特林（Vitalik Buterin）發佈了以太坊白皮書，創立了以太坊。白皮書提出，通過以太坊，開發者可以構建任意基於共識、可擴展、標準化、特性完備和易於開發及協同的應用。

2014 年，維塔利克在北美比特幣大會上官宣以太坊正式成立。以太坊的初創理念是，通過通用的去中心化網路，以開源的模式，創建一個開放的區塊鏈平台，任何人都可以編寫自己想要編寫的應用。以太坊的目標是打造一個可擴展性強、效率高的基礎協議，通過以太坊，各類分佈式應用程式都可以在以太坊中運行。

2013 年，新聞指出 Google、Microsoft、Facebook、Yahoo、YouTube 等服務商的伺服器直接收集資訊，很多人對用户的數據隱私產生了疑慮。2014 年，以太坊聯合創始人兼首席技術官加文·伍德（Gavin Wood）發表了一篇博客，針對互聯網數據隱私保護問題進行了思考，首次提到了 Web 3.0 這個概念[6]。而後的十餘年，各類新興加密貨幣進一步發展，去中心化技術逐漸成為各類去中心化應用（Dapp：指的是運用區塊鏈技術，運行在分佈式網路上，在不同網路節點，進行去中心化操作的應用）、去中心化金融（DeFi：運用去中心化技術和區塊鏈技術構建的加密金融體系）的核心技術。其中蘊含的去中心化理念，作為新的價值提供範式出現。而越來越多的去中心化技術和加密生態的組成部分[7]，共同構成了新的生態系統，即今天我們所說的 Web 3.0。

---

6 https://gavwood.com/dappsweb3.html

7 https://hackingdistributed.com/2018/01/15/decentralization-bitcoin-ethereum/

第二節
從 Web 1.0 到 Web 3.0

Web 3.0 是以區塊鏈技術為基礎，以去中心化協議為載體的下一代價值互聯網，其特性是數據屬於用戶，網路以去中心化的形式互聯。不同的歷史階段，對互聯網的理解是不同的。理解 Web 3.0，首先要理解前兩代互聯網——Web 1.0 和 Web 2.0。那究竟什麼是 Web 1.0 呢?

Web 1.0：靜態、只讀互聯網

Web 1.0 是互聯網發展的第一階段，最早源於美蘇冷戰期間的軍事領域。當時，為了應對隨時可能爆發的戰爭，保證通信設備在戰爭期間仍然能夠正常運轉，1958 年，美國成立了美國高級研究計劃局 ARPA，創建了 ARPANET（中文稱為「阿帕網」）；1969 年，首台電腦接入阿帕網，實驗正式成功，幾年後，網路進一步普及。

20 世紀 80 年代，為了讓網路的交互標準化，TCP/IP 協議正式發明，

這個協議可以將多個獨立網路彼此連接；之後，在美國國家科學基金會支持下，ARPANET 的應用範圍進一步擴大。HTML（超文本標記語言）的發明，為第一代互聯網在全世界的普及奠定了基礎。

1990 年，歐洲核子研究組織（European Organization for Nuclear Research，簡稱 CERN）的科學家蒂姆·伯納斯·李（Tim Berners-Lee）發明了超文本標記語言（HTML），宣告萬維網（World Wide Web）的發明。1993，隨著聯合國和白宮正式接入整個互聯網，Web 1.0 開始逐漸被大眾接受。

通俗地講，萬維網其實是一個資訊系統，它的架構模式是客户端 / 伺服器，其中的檔和其他資源，由統一資源定位器（URLs）識別，通過超文本傳輸協議（HTTP）傳輸，用户通過網路瀏覽器來訪問，Web 1.0 互聯網是靜態的。

怎麼理解靜態呢？

圖引 4 為 20 世紀 90 年代初 Web 1.0 的形態，可以明顯地看出，這個時期的網站主要提供資訊的閱讀。普通用户在 Web 1.0 時代只能瀏覽網頁，不能留言，也不能和網頁互動。

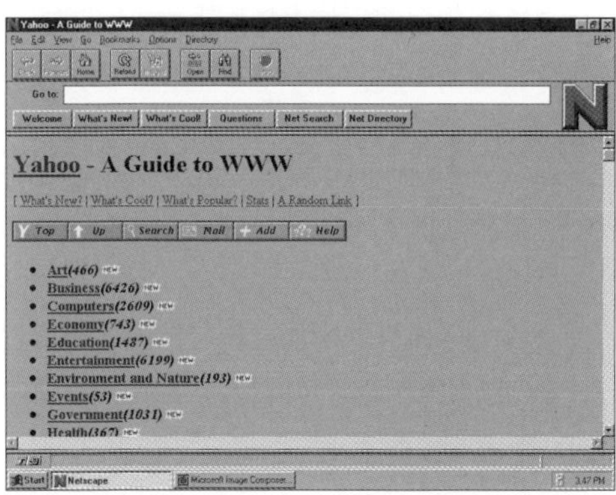

圖引 4 Web 1.0 時期的網站

（圖片來源：https://www.w3.org/）

20 世紀 90 年代，互聯網逐步開始繁榮發展。這個時候，各個網路協議（如 HTTP）和電子郵件協議（SMTP）開始出現，最早它們其實是學界和政府作為一種共用資源所設計的。不過，很多今天的互聯網巨頭，如 Google 這樣的公司，開始也都是在這些協議的基礎上發展起來的。

Web 2.0：可讀可寫的互聯網

2000 年前後互聯網泡沫破裂，很多互聯網公司倒閉，部分人有了改進互聯網的想法。於是，Web 2.0 的模式逐漸產生。Web 2.0 的顯著特徵是，網站內容開始由用户參與創建，社交媒體開始出現。例如，像 Twitter 和 Facebook，開始圍繞社交媒體業務建立起來。這個時期的互聯網不像 Web 1.0 時代那樣只提供網頁資訊供用户閱讀，而是用户可以和互聯網進行交互，自己寫內容（博客）、上傳影片（YouTube）等。具有強大網路效應的企業層出不窮，湧現出各類全新的商業模式。

人們可以通過 Facebook 互動、點讚、加好友，通過 YouTube，人們可以把自己喜歡和創造的影片上傳到平台上。2007 年 iPhone 面世。隨著移動操作系統的發展，移動互聯網也開始迅速發展，如打車軟體 Uber 這類移動互聯網應用和 O2O（Online to Offline）開始進入人們的生活。

不過，這些科技公司也存在潛在的問題。

首先，架構系統呈現高度集中化。用户註冊時需要把個人資訊提供給這些平台，才可以獲得平台的免費服務。於是負面效應就出現了：用户的隱私資訊被這些平台所掌握。

其次，個人數據完全被平台控制。通過控制數據，這些商業公司實際上控制了網路。一個典型的場景就是，用户加入某個互聯網平台建立了自己的帳户，如果平台想給用户推送更多廣告，或者提高服務的價格，由於用户的所有數據都在平台上，通常用户沒有任何反抗之力。

再次，嚴重制約了中小企業的創新。對於中小企業來說，通過巨頭平台進行運營，如果巨頭想要提高廣告費用，或者改變了演算法推送，中小企業沒有任何談判的權力，完全處於弱勢地位。

Web 2.0 的盈利模式通常是先通過大規模行銷投入，或者免費機制吸引用户，提高市場佔有率。然後，等用户數量達到一定量級，就會開始收取高昂的費用。同時，儘管人們每天使用移動互聯網時代的社交媒體，但實際上，用户並沒有參與到整個系統的建設中。這是一個互聯網巨頭壟斷的世界，最大的企業會制定整個世界的商業規則。那麼，是否存在一個打破 Web 2.0 公司壟斷模式的創新，可以改變目前市場參與的規則？這就是 Web 3.0 所賦予未來互聯網的可能性，在 Web 3.0 的世界裏，每個人都有可能擁有 Web 3.0 的數字所有權。

Web 3.0

基於 Web 3.0 的去中心化的價值互聯網，可以支持分佈式基礎設施框架，通過去中心化技術（分佈式帳本和區塊鏈等），保證數據傳輸和交易的透明化、可驗證和不可篡改性。Web 3.0 集成去中心化技術後，能改變 Web 2.0 時代個人數據被巨頭完全壟斷的情況。同時，用户的隱私也會被進一步保護，通過用户數據賣廣告賺錢的情況也將不再出現。

Web 3.0 的三個階段

區塊鏈和加密貨幣提供了構建 Web 3.0 的可能性，代表一個用於重構互聯網的新架構。理解 Web 3.0 需要從以下三個階段開始：第一階段是以比特幣為代表的新興數字貨幣階段；第二階段是新興的金融系統發展模式；第三階段是新興的具備廣泛應用場景的互聯網和應用程式模式。

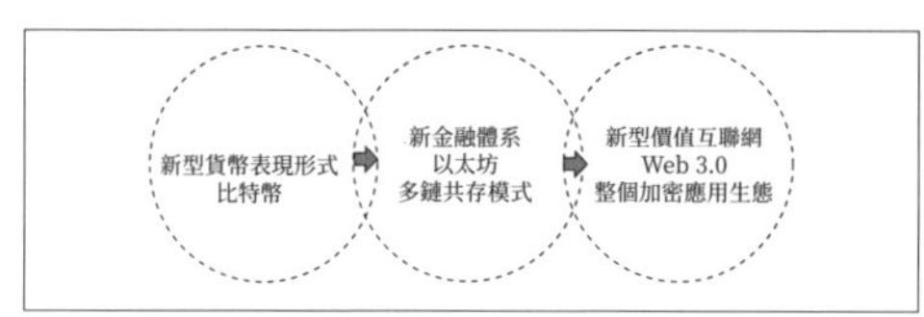

圖引 5 Web3.0 的三個階段

在 Web 3.0 中，有一個非常重要的元素，叫作 Token（通證），包括 FT（Fungible Token）和 NFT（Non-Fungible Token）。Token 的出現，從數字的角度確認了 Web 3.0 用户的創作權利，讓他們真正擁有了不同場景的數字資產。

Web 3.0 的協議商業模式（Protocol）

Web 2.0 時代的協議主要以通信協議為主，還有簡單郵件傳輸協議（Simple Mail Transfer Protocol，簡稱 SMTP），不過從開發者的角度來看，工程師並沒有直接獲得報酬。直到後來 Outlook、Hotmail 和 Gmail 等企業開始廣泛地應用這些協議，開始在 SMTP 上開展業務，這些協議才被廣泛推廣了起來。

到了後來，人們發現，很難在 Web 2.0 時代再創造新的協議。主要原因是並沒有良好的機制激勵工程師去開發新的協議，開發者也無法通過創新和維護協議獲得貨幣化回報。但是，Web 3.0 時代的協議就不同了，開發者創建的協議可以直接以 Token 激勵的商業模式進行協議開發，為團隊和未來維護協議留一部分用於激勵的 Token。這種激勵有很大的想像空間，因為如果協議後來獲得成功，開發者將獲益頗豐，這直接鼓勵了創新。可以想像，所有參與構建 Web 3.0 中未來發展為像 Google、Airbnb、YouTube 這樣體量的巨頭，不論是房東、工程師，還是用户，都可以擁有這個網路（協議）的一部分，可以參與治理，獲得激勵的分配。

如果我們拿比特幣的模式舉個例子，通過下載比特幣的源代碼，所有人都可以成為比特幣節點，比特幣要求加入系統的節點需要用工作量證明，就是用算力解開密碼學難題，這些節點被稱為礦工，比特幣系統會向礦工獎勵比特幣作為工作量的「證明」，本質上是一種激勵機制。同樣，這種商業模式可以被推廣到更多網路和協議中去。對於加密網路來說，創業團隊可以授予貢獻者或者參與者部分基於 Token 的所有權，其本質有點像創業公司的股權，越早加入網路就越有價值，早期成員可以獲得更多所有權。

解決早期冷啟動問題

通常，Web 2.0 的公司在初創階段，會通過股權分紅、期權等吸引員工加入，也會遇到一個模式的冷啟動問題：如何獲得第一批用户？在全網流量還比較便宜的時候，互聯網初創公司可以通過網路行銷、意見領袖廣告投放等方式提高自己的早期知名度，獲得種子用户。但是，隨著平台流量成本越來越高，投放成本越來越高，初創公司今時今日的冷啟動難度要比過去難度高很多。

在 Web 3.0 世界裏，冷啟動有了新的玩法——去中心化應用程式可以用 Token 激勵全球所有的潛在用户在早期階段加入共創。從成本上，Token 比投放要低不少；從空間上，用户獲取的範圍超過了國界，而早期參與建設網路的用户其實是更忠實的應用粉絲。Token 和 Web 3.0 的去中心化模式，也給很多企業帶來了改變的契機——部分基於網路效應的企業將開始去中心化改造。Web 3.0 的發展，給了很多創業者平等獲得投資的機會。因為區塊鏈其實超越了地域，全球任何人都可以為專案做出貢獻。在偏遠地區啟動的 Web 3.0 專案，其實和矽谷啟動的專案位於同一網路（全球區塊鏈）上。

小結

Web 1.0 就如同一條單行道，資訊只能從網站流向用户。（網站→用户）

Web 2.0 像一條雙向的道路，用户既可以訪問 Web 2.0 網路，也可以積極參與 Web 2.0 建設。（雙向交互）

Web 3.0 是一個互聯互通的去中心化式互聯網。

在 Web 1.0 時代，資訊的傳輸是單向的，沒有用户端的交互。

Web 2.0 賦予用户編輯、使用和與資訊交互的權利。然而，隱私保護仍然是一個問題，用户參與的價值沒有得到體現。

Web 3.0 打破了 Web 2.0 帶來的大型仲介平台壟斷，將以平台為中心的價值分配模式轉變為允許每個為平台創造價值的參與者分享利潤的模式。

Web 3.0 具備解決目前的隱私問題、挖掘金融包容性的潛力。去中心化的協議和 Token 分別從技術和金融兩方面為全球化的平等提供了機會。每個人都可以參與貢獻，創新的機會也會增加，消費者和企業也將在這種發展中擁有更多新的選擇。

當然，我們也要清醒地意識到，即將到來的 Web 3.0 浪潮，也會經受各式各樣的考驗，優秀的、真正有應用場景的專案會穿越周期，成長起來。

第三節
從區塊鏈到 DAO

區塊鏈的特徵

從架構和業務上來說，區塊鏈可以解決信任問題。於是，在 Web 3.0 這樣的生態中，價值以可信的形式，交付至所有普通用户。業務被領域專家抽象出來，成為智能合約中的代碼，再與社會關係結合在一起。也就是說，區塊鏈可以用技術替代很多傳統的機構仲介。

什麼是 DAO？

DAO 是 Decentralized Autonomous Organization（去中心化自治組織）的縮寫[8]，是建立在區塊鏈和智能合約基礎上的分佈自治的成長機制，是一個圍繞區塊鏈中編碼的硬編碼規則進行交互的社區。

---

8 https://ethereum.org/en/dao/

我們可以把 DAO 理解為一類全新的組織結構形式，這樣的組織沒有中心管理機構（沒有董事長、總經理這樣的決策層），通過公開透明的方式和區塊鏈上的智能合約，把組織規則前置。像每個公司有著不同的願景一樣，每個 DAO 也有自己的目標，成員們通常會通過投票的方式進行決策。

圖引 6 可以幫助我們瞭解中心化組織和去中心化組織的架構區別：

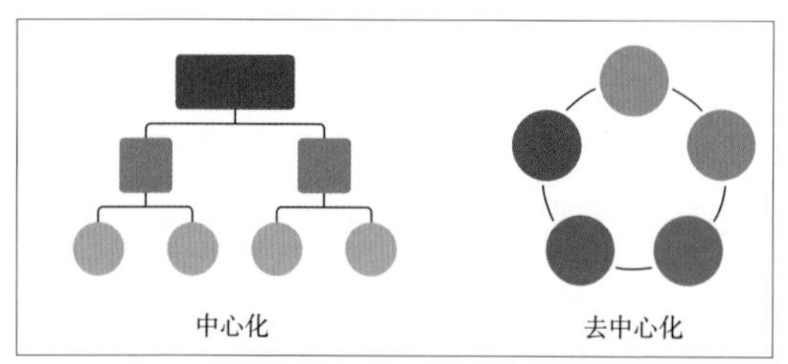

圖引 6　中心化和去中心化組織結構

（資料來源：https://managementweekly.org/centralized-vs-decentralized-organization/ by Arindra Mishra）

圖引 6 中所展示的中心化和去中心化組織結構的區別一目了然。從 DAO 的英文全稱 Decentralized Autonomous Organization 可以看出，從概念分解的角度來看，它包含兩個重要特徵，即去中心化和自治。

去中心化利用分佈式系統的優勢，保證了網路的開放性，這也是區塊鏈的基本性質。Autonomy 一詞源於英語單詞 Autonomous，翻譯為「自治」。需要注意的是，這個詞最開始通常被剛剛接觸區塊鏈及 DAO 的人誤解為自主治理，但實際上，意為「自動自發，無須人工干預」，即無須人工干預的自動運行。可以進一步理解，組織中的具體操作活動是由預先編寫的代碼生成的。組織活動觸發特定條件後，智能合約將自動啟動和執行，組織將自行管理。然而，幾乎所有 DAO 都尚未實現真正意義上的自治，只有通證分發依賴於區塊鏈演算法，人類治理仍然是主要方法。不過這也更符合維塔利克·布特林（Vitalik Buterin，以太坊發明者、創始人）定義的道德三維度：自治為主、人治為輔、擁有內部資本。

理想程度上，DAO 應該是一個基於智能合約公開透明的組織，不受中心化機構影響，由其中的所有利益相關者共同控制。

與傳統意義上中心化和有管理者的組織不同，DAO 的金融交易記錄和程式規則保存在區塊鏈中，組織通過公開的管理規則和 Token 經濟模型的激勵，實現自我經營、自我治理和自我進化，進而實現組織的最大效能和價值流轉。

通過電腦程式和智能合約，DAO 在內部自動化處理原本由人類完成的功能，讓具有共同目標的成員平攤風險，共用回報。DAO 的核心目標，是為未來企業提供一種全新的去中心化商業模式，通過一套可編程的激勵措施，可以在 Token 持有者之間分配，本質其實是一類新型（線上）組織。

DAO 有以下特徵：

1. 清晰的結構和路線圖：組織願景由成員共同設定，成員可以控制並決定 DAO 的未來。

2. 平等投票：所有成員可以通過投票，參與重要決策。

3. 規則前置：自動化決策流程，在一定程度上可以消除人為錯誤、內幕操縱等。DAO 的規則由透明的計算程式抽象化表示。

4. 代碼開源：DAO 的代碼是開源的。

5.Token：很多 DAO 擁有屬於自己的 Token，這些 Token 是可以決定投票權的因素。

區塊鏈和組織模式治理

從管理的角度來看，區塊鏈的應用範式，為人們提供了不同的組織治理模型。那麼，DAO 的治理，是應用了區塊鏈的哪些獨有特性呢？

首先，共識機制逐漸取代工作量證明，這樣可以降低集中程度；其次，直接在區塊鏈中實施治理，創建互操作性協議，促進區塊鏈之間的通信，防止贏家通吃，主要區塊鏈在設計上保持去中心化，單個區塊鏈的主導地位不會成為嚴重的問題。從資訊傳遞模式來說，科技資訊行業通常具備強大的網路效應，包括 AT&T、Microsoft、Google、Meta 在內的企業，可能會對資訊傳遞造成巨大影響。

新型組織模式的思考

DAO 的出現，為我們提供了一個重新思考組織架構模式的角度。對於去中心化自治組織的結構來說，這類系統不存在中心化機構的等級制度和中心資訊系統，DAO 的資訊是分佈在整個系統中的，即資訊和知識可以自然地從系統邊緣進入系統，是最即時的資訊產生的地方。這種方式，可以改善資訊流，因為資訊可以通過動態回饋得到優化。所以，從資訊傳遞架構上來說，這樣的系統，會更加具備抗攻擊性。從治理來說，在傳統等級森嚴的組織形態中，管理能力存在於等級樹狀的結構中。DAO 是經濟組織理念的範式轉變。它提供了完全的透明度、完全的股東控制、前所未有的靈活性和自主治理。

DAO 的組織模式，可以為分佈式的共用經濟提供技術和組織上的支撐，儘管還處於探索階段，但是它和傳統公司、風險投資基金和眾籌平台完全不一樣，代表了經濟組織的範式轉變。因為它的透明度、股東控制的方式和靈活度、自行治理都是新的。也就是說，DAO 可以為新興商業崛起提供新的機會，通過一行代碼來啟動新的組織模式，而且互聯網上的任何人都可成為這些組織的所有者，DAO 可以讓比以往任何時候更多的人充分參與創新經濟並從中受益。

DAO 仍處於初級階段，還有很多需要解決的問題。不過，在一個自動化程度越來越高、人工智慧應用越來越頻繁的世界中，DAO 很可能在未來幾十年內成為一種常態化交易。目前很多金融領域的高頻交易員都已經靠演算法進行交易，DAO 可以為演算法快速無縫地協助公司實體做出日常支出決策乃至治理決策打開大門。人們甚至可以想像一個完全自主的經濟組織與世界上的Google和Amazon競爭的未來。

第四節
DeFi 的原理與應用

什麼是 DeFi？

DeFi（Decentralized Finance）譯為去中心化金融[9]，主要指以區塊鏈技術為基礎，通過智能合約的方式，不需要依靠銀行或交易所等傳統金融仲介的新型金融模式。DeFi 包括一系列傳統金融裏服務的去中心化表現形式和應用。DeFi 旨在建立一個全球化的開放金融模式，建立在開源和開放的原則上，其目標是創造一個更快捷和透明的金融系統。DeFi 的特性是開放、透明，把部分傳統金融的業務和功能，映射到 Web 3.0 和加密系統中。在 DeFi 運行的世界裏，智能合約代替了傳統的金融仲介，旨在將業務抽象，然後編程代碼可以根據條件自動執行，這種場景將運行在金融領域的資金入帳、轉帳、持有和記錄等業務中，並且智能合約是公開的，任何人都可以檢查和審計。

---

9 https://ethereum.org/en/defi/

DeFi 與傳統金融的對比

目前的傳統金融，存在一些問題，例如，並不是所有人都有機會應用我們今天所習以為常的金融服務（例如貧困地區），以及大部分金融服務會存在各種附加費用和服務溢價。2000 年前後的互聯網熱和 2010 年前後的金融科技狂熱，只是將現有的金融體系包了一個數位化的殼。儘管網上銀行和移動支付無處不在。但是，部分金融業務的後端仍然存在緩慢、效率低下的問題。例如：結算時間要很久，週末和假期不營業，以及高昂的仲介費用。

去中心化的 DeFi 是建立在加密數字網絡上的新型資本分配和價值轉移方式，具備變革效應。

從格萊珉銀行到普惠金融

目前金融體同樣存在難以解決的問題，儘管我們經歷了數次股市崩盤，以及 2008 年的金融危機，但是在世界大多數國家和地區，金融部門的規模和金融工具的重要性並沒有降低。孟加拉的穆罕默德·尤努斯（Muhammad Yunus）2006 年獲得諾貝爾和平獎，他創辦的格萊珉銀行（Grameen Bank，孟加拉鄉村銀行）幫助很多貧困地區的人獲得了金融服務。普惠金融，也是聯合國 2030 年可持續發展目標的關鍵目標之一。更具體地說，普惠金融被認為是實現其他可持續發展目標的核心推動因素，包括消除饑餓、消除貧困、實現婦女經濟賦權、實現性別平等、促進就業和經濟增長等。而今天的數字原生金融實踐，也給新的多元化金融或者普惠金融帶來了可以探索的空間。通過 DeFi，世界上所有用户，都可以通過一個簡單的錢包，享受到金融服務，包括基於區塊鏈的轉帳、交易等，還可以進行其他金融活動，例如保險、貸款等，同時保證自己對資產的充分控制。

DeFi 的特徵

DeFi 同樣也起源於比特幣，其核心思想是用户可以擁有金融價值。DeFi 流動性範圍比較大。以太坊的金融系統對比特幣系統進行了改善，並且開了可編程數字貨幣與智能合約相結合的先河，這其實給下一代金融系統帶來了很多全新可能性。那麼，究竟什麼是可編程貨幣呢？可編程貨幣體現的其實是業務邏輯和金融系統在電腦中的結合，這樣一來，我們可以將對貨幣的控制權、安全性與金融機構服務相結合。這樣的結合，可以給新型的金融業務帶來想像空間——例如借貸、支付、投資等。也就是說，如果未來的金融機制靠演算法來調節，那麼直接降低了金融仲介的權重。不過，去中心化金融和這幾年蓬勃發展的金融科技還是有區別的。金融科技公司通過降低交易成本和大幅改善用户體驗，挑戰傳統金融的服務方式，但是它的局限性在於沒有改變傳統金融機構的中心化業務模式。DeFi 的初心，在於努力減少金融摩擦，使金融更具包容性。DeFi 使經濟增長成為可能。

DeFi 有以下具體特徵：一是獨立自主，用户可以自由控制自己資金的使用；二是開放，加密網路和去中心化金融基礎設施是開放的，通過互聯網，DeFi 應用程式可以為世界上的任何人提供服務；三是透明化，去中心化金融的系統相對透明，可以通過公開的技術審計去檢查產品數據和系統的運行方式。軟體的開源性質意味著人們可以隨時對底層代碼進行審計，同時，因為所有交易都會記錄在區塊鏈上，所以 DeFi 的資金全都可以公開進行審計。

Web 3.0 的創新理念和社會意義，可以從兩個方面去理解：貨幣和技術角度。一是關注加密技術對貨幣和金融的影響，特別需要關注後續加密技術與傳統金融和貨幣之間的關係；二是要關注加密技術對當前數字資訊管理模型的影響，以及去中心化技術和價值屬於用户的互聯網與未來的資訊交互方式之間的關係。

與此同時，Web 3.0 中的加密貨幣和 Token 經濟的模型也會被視為新型的金融實踐框架，其本質建立在資訊革命創造的獨特技術（區塊鏈）和組織（開源）模式之上，且更富有顛覆性。與傳統金融數位化和科技創新依舊建立在傳統業務之上不同，Web 3.0 中的去中心化金融涉及兩方面：一是包括智能合約在內的加密協議，二是與區塊鏈網路和開源硬體等基礎設施相結合。第一種情況是加密協議（包括智能合約），第二種情況是區塊鏈網路與先進的 ICT 基礎設施相結合，核心價值觀是開源、共用和透明化。這種模式，為全球金融體系與資訊範式的一致性提供了新方向。

Web 3.0 和加密的模型給很多應用場景都賦予了金融屬性，包括開源協議、基於某個品牌的共識，或者去中心化組織的激勵模式。當交換通過 Token 的方式變得更加普遍，流動性也就更加重要。

DeFi 應用案例

根據 DeFi 的類型，常見的 DeFi 案例主要可以分為以下幾類[10]。

交易所

交易所主要分為去中心化交易所（DEX）和中心化交易所（CEX）。

10 Werner, S. M., Perez, D., Gudgeon, L., Klages-Mundt, A., Harz, D., & Knottenbelt, W. J. (n.d.). SoK: Decentralized finance (DeFi). Imperial College London, Cornell University, Interlay.

在去中心化交易所（DEX）中，會在鏈上結算所有交易，確保所有交易對網路參與者的公開可驗證性。

穩定幣

穩定幣是加密資產的一類，和大多數加密貨幣不一樣，穩定幣的目標，是通過某種機制，保持其價值的穩定（錨定某種法定貨幣，通常是美元）。

資產管理

DeFi 中的資產管理業務，主要是通過 DeFi 協議實現的去中心化的投資基金。其中，Token 以智能合約的模式管理，通過特定的投資策略，與其他 DeFi 協議交易。收益率可以是利息的方式，也可以是 Token 分配模式的獎勵。通過智能合約管理的鏈上資產，其投資策略主要是圍繞不同協議的收益生成機制而定制的，目標是實現資管收益率最大化。

衍生品

衍生品是金融工具的一種，通過協議約定了雙方之間付款的條件（日期、結果值和基礎變數等）。某種資產的價格，由其他資產的價格決定，典型的衍生品包括期貨、期權等。截至 2021 年 2 月，衍生品市場約占整個加密資產交易市場的 51%，大約 99% 的衍生品交易是在中心化交易所實現的。[11]

---

11 CryptoCompare. (2021). Cryptocompare exchange review. https://www.cryptocompare.com/media/37746440/cryptocompare exchange review 2021 02.pdf

不過，DeFi 也面臨著一定的挑戰，首先對於智能合約來說，由於所有代碼都是開源的，因此如果想利用智能合約作惡，其不需要「入侵」即可查看代碼，以及，目前的智能合約可能還不能解決所有的問題，例如業務邏輯錯誤等。

第五節
從元宇宙到金融元宇宙

理解元宇宙：下一個敘事

人類今天的生活與線上世界息息相關，元宇宙代表了整個互聯網體驗的未來。根據彭博行業研究（Bloomberg Intelligence）的預測，2024 年，元宇宙市值將會超過 8000 億美元，目前，NFT 市值已經超過 410 億美元，2021 年的虛擬商品消費達 540 億美元；根據高德納公司（Gartner）預測，到 2026 年，25% 的人將每天至少花一小時在元宇宙工作、購物、學習、社交或娛樂。如果說加密貨幣和 Web 3.0 給我們的新一代互聯網提供了強大的探索空間，那麼元宇宙就是將技術和社會經濟與下一代虛擬空間相結合。

在元宇宙中，人們可以通過共用體驗進入新的世界，而不僅僅局限於今天瀏覽網路和通過手機、電腦等設備與虛擬空間相連，這種場景重新定義了消費者和生產者的概念，開闢了全新的生活方式。人們在元宇宙創造的財富不僅包括傳統意義上的金錢和貨幣，還包括精神和智力上的滿足。元宇宙，作為物理世界逐步進化到虛擬世界的一個介面層，包括軟硬體創新方式的組合，其中需要與傳統金融系統平行的經濟系統，這就是金融元宇宙出現的契機。元宇宙也是由各類先進技術組合起來所創造的全新的商業模式，Web 3.0、DLT（分佈式帳本技術）和 NFT 這樣的去中心化技術生態，為金融元宇宙提供了具備彈性的基礎設施和強大的價值交換機制，AR/VR、觸覺和空間技術這樣的沉浸式技術則為金融元宇宙提供了持久的、增強的虛擬用户體驗。

金融元宇宙（MetaFi），旨在構建元宇宙（Metaverse）中更開放、創新性更強、包容性更強的數字去中心化金融空間。元宇宙的實現，首先需要可以內在迴圈的經濟體系，我們將之稱為元經濟。可以從三方面理解金融元宇宙的架構：

一是金融計算層（Financial Computing Layer）。金融計算層主要用於定義元宇宙的經濟邏輯，特性是去中心化、民主和透明。元宇宙中的用户在規則的基礎上進行商品交換、貨幣交換、金融服務的提供等，金融計算層是為這些活動提供動力的基礎性技術，包括 Web 3.0、新一代數據中心和區塊鏈技術等。元宇宙的金融領域，需要可信的技術提供跨領域的數字資產確權、互操作性和可信價值轉移，這樣元宇宙就可以提供一個與現實世界平行的經濟金融系統，一個全球化的、加密原生的去中心化帳本。通過部分遊戲中的 NFT 案例，我們可以觀察到這樣的應用正在逐步發展。

二是介面層（Interface Layer）。終端用户可以通過硬體和軟體技術，如流覽器、移動應用或擴展現實（XR）、虛擬現實（VR）和增強現實（AR）來體驗元宇宙。不過，介面層的實現和發展是分階段的，不同階段會有不同的表現形式。目前我們會更多地從遊戲、虛擬世界、VR 和 AR 的角度去理解元宇宙。但是，未來還有很多有待想像的元宇宙形式。

三是體驗層（Experience Layer）。隨著元宇宙中虛擬經濟的發展，會出現全新的就業機會和娛樂形式。在元宇宙中創造的財富不僅包括金錢，更包括精神和智力上的滿足，數字狀態在虛擬空間中的重要性甚至會超過現實世界對應的標的。通過 NFT 等新興載體，創作者經濟和數字藝術會繼續蓬勃發展，體驗層藝術 / 虛擬資產的潛在市場也會逐步擴大。結合 Web 3.0 敘事，NFT 受到的關注度和虛擬土地的熱度飆升，包括匯豐銀行（HSBC）和摩根大通（J.P.Morgan）這樣的傳統金融機構，也把元宇宙戰略看作吸引新一代客户的必備手段。

未來虛擬經濟房地產市場也會出現和真實世界類似的服務，包括信貸、抵押貸款和租賃協議。隨著去中心化金融應用範圍的逐步擴大，基於區塊鏈的數字資產具備原生可組合性，新一代的元宇宙金融服務公司就會出現。舉個例子，這類融資公司可以提供基於數字服裝的抵押貸款，或者為虛擬資產提供擔保。

所以說，金融元宇宙的發展，是從區塊鏈技術，到去中心化金融系統，再到價值互聯網，逐步催生出一個全新的經濟模式，釋放市場上數字資產的潛力，包括藝術品、房地產和遊戲等，傳統銀行現在也需要擁抱新戰略來應對數字資產的新客户。

元宇宙中的金融系統

為什麼要擁抱元宇宙金融？作為元宇宙中重要的超級仲介，金融扮演不可或缺的角色。而元宇宙的技術特性、平台性質和商業屬性，也給了金融領域廣泛的想像空間。

2022 年 3 月，匯豐銀行（HSBC）[12] 和沙盒元宇宙遊戲公司（The Sandbox）宣佈了一項合作：匯豐銀行會在沙盒元宇宙中購買一塊虛擬地產。這是銀行業進軍元宇宙的一個重要標誌。匯豐銀行首席行銷官認為，元宇宙是人們通過增強現實和虛擬現實等沉浸技術體驗下一代互聯網 Web 3.0 的方式。匯豐銀行看到了通過新興平台創造新體驗的巨大潛力，通過與 The Sandbox 的合作，匯豐銀行希望可以為新老客户創造新的品牌體驗。

2022 年 2 月，摩根大通（J.P.Morgan）銀行在元宇宙虛擬世界 Decentraland 中開設了一個名為 Onyx 的休息室（見圖引 7）。摩根大通加密和元宇宙負責人認為，目前很多客户有興趣深入瞭解元宇宙，摩根大通會進一步發揮自己在元宇宙中的潛力，並且計劃下一步將加強在技術、商業基礎設施、隱私 / 身份方面的建設。

2021 年，韓國國民銀行（KB Kookmin Bank，韓國較大的金融機構之一），已經開始研究如何將 VR 技術與金融服務相結合。銀行設立了虛擬銀行，並且開辦了用於青少年金融教育和科普的虛擬銀行業務。銀行還和一家 VR 內容初創公司合作，開發基於頭顯設備的用户介面和交互，提供虛擬空間裏一對一諮詢的客户體驗。

自 2021 年起，元宇宙的銀行業也開始發展業務。隨著元宇宙內人、遊戲、工作、社交逐步標準化，金融領域的可信交易需求也會增長。

---

12 https://sandboxgame.medium.com/hsbc-to-become-the-first-global-financial-services- provider-to-enter-the-sandbox-c066e4f48163

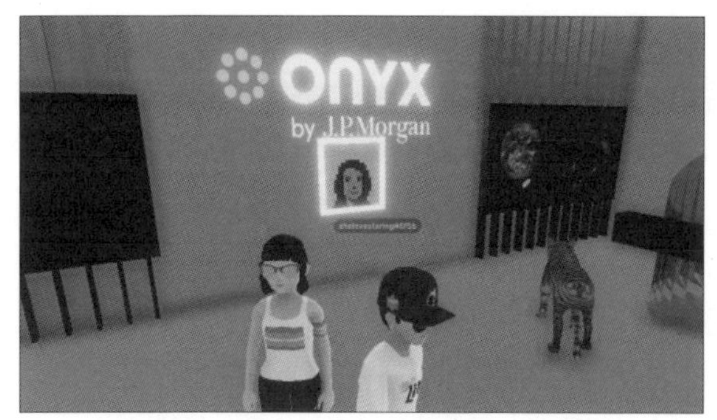

圖引 7 摩根大通（J.P.Morgan）銀行在 Decentraland 中開設的 Onyx 的休息室

（資料來源：https://www.finextra.com/）

元宇宙系統中貨幣化有以下幾個發展方向：第一，技術服務，包括雲和軟體實驗室以及諮詢服務可以通過 Token 模式運營；第二，所有通過區塊鏈構建的業務都可以用 Token 模式賺取費用；第三，Token 可以作為金融元宇宙系統內交換媒介的一種；第四，整個金融元宇宙有各類垂直領域的網路，各自的商業模式可以互補，產生協同經濟價值。Token 相互之間流通（這裏的 Token 主要是指元宇宙中的獨特融資模式），一旦這種金融模式應用範圍擴大，這些 Token 就會成為一種應用更為廣泛的貨幣。系統內的 NFT 可以作為房地產、物品所有權、IP 等各類資產的數字表現形式。此外，整個元宇宙金融系統中的借貸、交易、保險、審計等，都具備帶有互操作特性的市場結構。

當然，元宇宙金融在一開始就應該進行合規監管。目前全世界對於虛擬數字資產的監管還處於發展初期，為了行業的健康發展，需要對元宇宙內的數字資產進行合規管理，需要制定對全世界用户公平的框架。

互聯網和智能手機都給金融業帶來了深刻的影響，而元宇宙中 AR 和 VR 的應用，也會給金融業帶來新的影響。

比如虛擬銀行的建立。虛擬體驗可以賦能實體銀行，客户可以通過虛擬空間的智能眼鏡訪問帳户，部分銀行已經允許客户使用銀行的 app 掃描銀行卡，查看帳户 AR。通過混合現實技術，銀行能夠以虛擬的形式進行遠程運營，例如，客户服務專家和會計師可以和客户進行虛擬會面。客户應用 AR 可以觀測自己的財務狀況。

隨著 AR 應用的普及，金融也可以應用相同的技術為其客户創造有趣和令人興奮的體驗。例如，有的金融投資初創公司可以通過 AR 演示歡迎新客户，用新興方式展示其服務的詳細資訊。

第六節
未來的思考

金融元宇宙代表著未來金融發展的新空間、新方向。我們未來所取得的每一項前沿進步，都將為金融機構提供創新和擴張的新機遇。通過探索新技術帶來的機會，可以創造更具有想像力的未來。不過，我們仍需要思考如何支撐金融元宇宙運行的關鍵基礎設施。例如，如何進行用户身份認證？怎樣證明元宇宙中的用户和真實生活中的用户是同一個人？因為只有這樣，財產才可以相聯結。如何整合傳統金融支付和元宇宙中的金融服務？我們生活中的信用卡如何在元宇宙中使用？這樣，財產的邊界才能打通。加密貨幣如何和央行法定貨幣連接？這樣，才能在合規的條件下擴大數字貨幣的應用範圍。

01 第一章

chapter 1

科技助推金融創新

自人類交換行為始，金融活動就在突飛猛進地發展，當第一個金屬貨幣、第一張紙幣、第一間當鋪、第一家交易所出現時，金融的使命被賦予了新內涵。當互聯網、人工智慧使數千萬乃至數億人，通過大數據把一切都變得更容易時，金融的價值再度被延長。當互聯網支付、數字貨幣方興未艾時，金融，正經歷著巨變。

第一節
金融生態的來龍去脈

貨幣的進化

實物貨幣

在遠古社會，人們想要交換商品，只能用一隻羊或一把石刀等進行物物交換，這些實物既作為一般等價物的貨幣來使用，又可以供人們消費。實物貨幣或體積笨重，不便攜帶；或質地不勻，難以分割；或容易腐爛，不易儲存；或體積不一，難於比較，因此隨著商品交換的發展，實物貨幣逐漸被金屬貨幣代替。

金屬實物

金屬貨幣是以金屬作為材料，充當一般等價物的貨幣。金屬貨幣堅固耐磨，不易腐蝕，可分割復原，既便於流通，也適於保存。到 19 世紀上半葉，世界上大多數國家已進入金銀複本位貨幣制度時期。

圖 1.1 四川出土的北宋政和通寶鐵錢　　圖 1.2 四川省造宣統元寶銀幣

（資料來源：重慶金融博物館館藏）

紙幣

紙幣是以柔軟的材質印製而成的貨幣憑證，以代表原有的金屬貨幣，其貨幣面值與幣材價值不等並可以兌換。北宋時期，在四川成都出現了世界上最早的紙幣——交子，中國也是世界上使用紙幣最早的國家。南宋初年還發行過一種代替白銀流通的銀會子，但只限於一些地區使用。歐洲第一張紙幣則是由斯德哥爾摩銀行（瑞典中央銀行前身）在 1661 年發行的。

電子貨幣

電子貨幣是指用一定金額的現金或存款從發行者處兌換並獲得代表相同金額的數據，或通過銀行及第三方推出的快捷支付服務，通過使用電子化途徑將銀行中的餘額轉移，從而能夠進行交易。

表 1.1 電子貨幣的幾種類型

類型	內容
儲值卡型 電子貨幣	一般以磁卡或者 IC 卡形式出現，其發行主體除了商業銀行之外，還有電信部門（普通電話卡、IC 電話卡）、IC 企業（上網卡）、商業零售企業（各類消費卡）、政府機關（內部消費 IC 卡）和學校（校園 IC 卡）等
信用卡應用型 電子貨幣	指商業銀行、信用卡公司等發行主體發行的貸記卡或者準貸記卡。消費者可在發行主體規定的信用額度內貸款消費之後於規定時間還款
存款利用型 電子貨幣	主要有借記卡、電子支票等，用於對銀行存款以電子化方式支付現金、轉賬結算、劃撥資金。這類電子化支付方式的普及使用能減少消費者往返於銀行的費用，致使現金需求減少，並加快貨幣的流通速度
現金模擬型 電子貨幣	一種是基於互聯網環境使用的且將代表貨幣價值的二進制數據保管在微機終端硬盤內的電子現金；一種是將貨幣價值保存在 IC 卡內並可脫離銀行支付系統流通的電子錢包

數字幣

2008 年，中本聰提出比特幣的概念。2009 年 1 月 3 日，中本聰將一個小型伺服器安置在芬蘭赫爾辛基，創建了比特幣的創世區塊（第一個區塊），系統自動產生了第一筆 50 枚比特幣，標誌著一個獨立的貨幣制度就此誕生。2013 年，維塔利克·布特林提出以太坊概念，認為很多程式可以用比特幣的原理達成進一步的發展。2015 年，以太坊區塊鏈上的代幣「以太幣」發行，截至 2020 年，以太幣成為僅次於比特幣的加密貨幣。

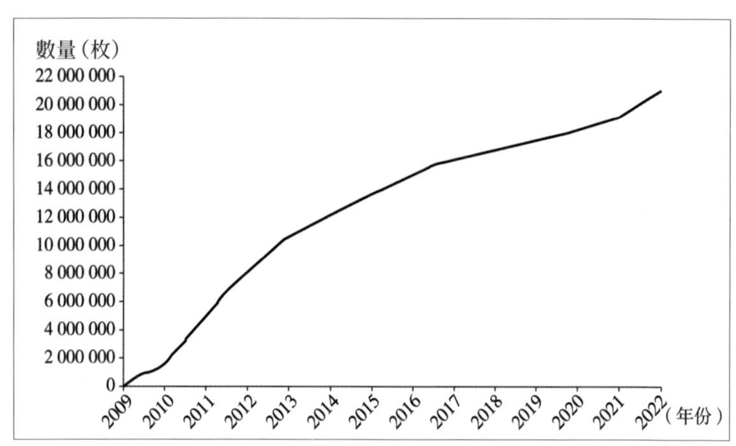

圖 1.3 2009-2022 年，比特幣數量走勢圖

法定數字貨幣

法定數字貨幣，也稱央行數字貨幣（CBDC），是法定貨幣的數位化形式，本質上與現金相同，屬於央行負債，具有國家信用，與法定貨幣等值（或固定的比值），但區別於傳統金融機構在中央銀行保證金帳户和清算帳户裏存放的現金。

央行數字貨幣的使用優勢有：

1. 提升效率和降低支付成本；
2. 傳導至銀行等金融機構尚未覆蓋的用户，提高金融普惠；
3. 利用區塊鏈等技術保護使用者的隱私；
4. 在數字貨幣設計可追溯的情況下，防止犯罪和反洗錢；

5. 在合理設計利率傳導制度的情況下，提升貨幣政策的效果；

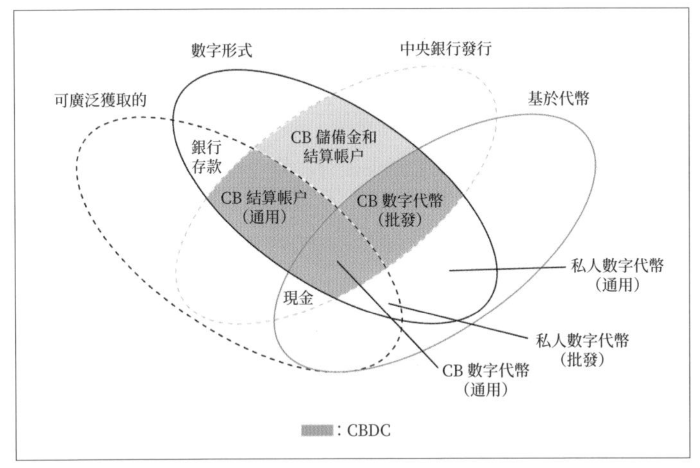

圖 1.4 BIS「貨幣之花」

（註：CB 代表中央銀行，CBDC 代表中央銀行數位貨幣）

6. 提升國家對於經濟的控制能力，提高本國法幣的競爭力。

機構的進化

神廟與寺院

神廟：最早的神廟可以追溯到西元前 9 世紀的希臘。神廟通過城邦或個人捐贈、稅收、廟產等方式聚集大量社會財富，擁有自主鑄幣權。西元前 6 世紀，出現祭司將財富用於信貸的現象。

佛寺：佛寺是佛教僧侶供奉佛像、舍利，進行宗教活動和居住的處所。南北朝時期，佛寺集聚了大量財富，開始設置庫放債，到唐朝發展成為投資事業。唐長安三階教佛寺（唐稱無盡藏院）設有專營高利貸的質庫，以質錢賺取利息，為當時佛寺金融業之首。

當鋪

當鋪是收取動產和不動產作為抵押，向出質方放債的機構。當鋪最早產生於南北朝時期，稱「寺庫」，到唐朝時稱「質庫」，宋朝稱「長生庫」，元朝稱「解庫」、「解碘庫」，明朝正式稱「當鋪」。清朝時典當業已十分普遍。近代當鋪與銀行、錢莊資本建立了借貸關係。

錢莊與票號

錢莊：錢莊在華南地區稱為銀號，業務包括信用貸款、抵押貸款、外幣找換、匯款等。錢莊是中國銀行業的源頭，始於宋代，明代後稱為錢鋪或錢肆。清代乾隆年間開始出現「錢莊」名稱。錢莊最初由個體經營，接受顧客現金存款，開具莊票和錢票證明。後錢莊同業間開始互聯，方便提存、信貸、抵押。

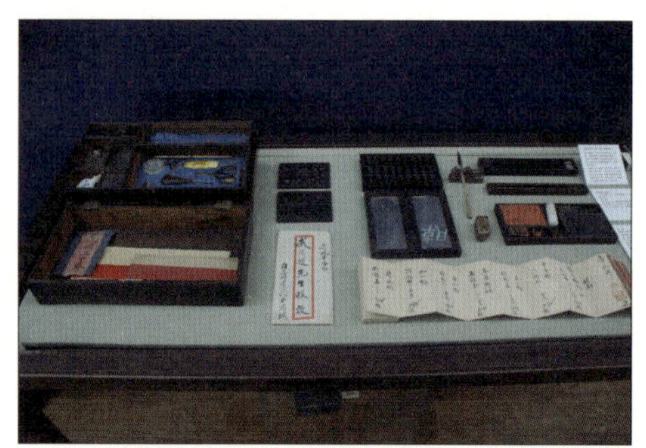

圖 1.5 錢莊票號工具，包括紫盒稱、老虎骨算盤、銀票用防偽牛角印章、銀托眼鏡、墨盒等

（資料來源：天津金融博物館館藏）

票號：票號又稱票莊或匯兌莊，是專門經營匯兌業務的金融機構，興盛於清朝。中國最早的票號「日升昌」票莊，由道光初年山西平遙日升昌顏料莊演變而來，主要放款對象為官吏、貴族、錢莊主、典當老闆及富商。鴉片戰爭前，票號一直是清朝的金融支柱。

19 世紀末 20 世紀初，因外國銀行的擴張，票號開始衰落。

商業銀行

1694 年，英國建立了史上第一家股份制銀行——英格蘭銀行，標誌著現代商業銀行與現代銀行制度的產生，宣告了高利貸性質的舊式銀行業在社會信用領域壟斷地位的結束。銀行一方面通過吸收存款集中社會上閒置的貨幣資金；另一方面又通過貸款投資等方式將集中起來的貨幣資金投放給個人、企業等。同時，還充當支付仲介，通過為社會組織和個人開立帳户，充當經濟活動中的貨幣支付中心和貨幣結算中心。中國現代銀行產生較晚，1897 年在上海成立中國通商銀行，標誌著中國現代銀行的產生。

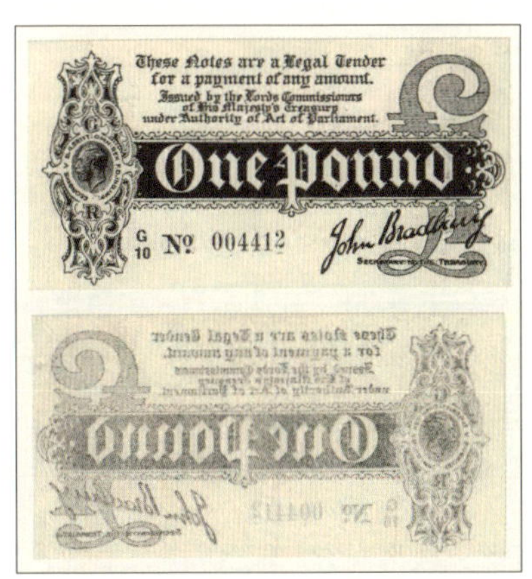

圖 1.6 1914 年英格蘭銀行面額 1 英鎊票據

（資料來源 :https://www.londoncoins.co.uk/?page=Pastresults&searchterm=One+Pound+Treasury +Bradbury&category=1&searchtype=1）

投資銀行

投資銀行是主要從事證券發行、企業重組、兼併收購、投資分析、風險管理、專案融資等業務的金融機構。1933 年，美國的《格拉斯 - 斯蒂格爾法案》獲得通過，首次將投資銀行與商業銀行分業管理。

圖 1.7 1933 年《格拉斯 - 斯蒂格爾法案》簽署現場

（資料來源 :https://www.federalreservehistory.org/essays/glass-steagall-act）

中央銀行

中央銀行產生於 17 世紀，形成於 19 世紀初，誕生於工業革命與資本主義經濟危機的背景之下，是一國最高的貨幣金融管理機構，在各國金融體系中居於主導地位。中央銀行統一貨幣發行, 進行宏觀調控、保障金融安全與穩定並提供金融服務。

網路銀行

銀行利用互聯網技術向客户提供開户、查詢、對帳、投資理財等傳統服務專案，可視為互聯網上的虛擬銀行櫃枱。網上銀行的用户只需要一台可以上網的電腦或手機，就可以通過瀏覽器或專屬客户端使用各類金融服務。1997 年，招商銀行在中國首次推出網上銀行服務。

2008 年 10 月，網路銀行出現了更高級的形態——智慧銀行。

保險

保險是投保人根據合同約定，向保險人支付費用以保障其潛在損失的商業行為。現代保險的最早形式是海上保險，發源於 14 世紀中葉的義大利。1805 年，英商在廣州設立廣州保險公司（又名「廣州保險社」），這是外商在中國開設的第一家保險機構，也是近代中國出現的第一家保險公司。1949 年，中國人民保險公司成立，標誌著中國新的保險體系的形成。

基金

廣義的基金指為興辦、維持或發展某種事業而儲備的資金或專門撥款。狹義的基金主要指證券投資基金。1868 年，世界上第一個信託投資基金「外國和殖民地政府信託」在英國誕生。1987 年，中國銀行和中國國際信託投資公司與國外機構合作推出面向海外投資者的投資基金。1989 年 5 月，香港新鴻基信託基金管理公司設立「新鴻基中華基金」，成為最早推出的中國國家投資基金。

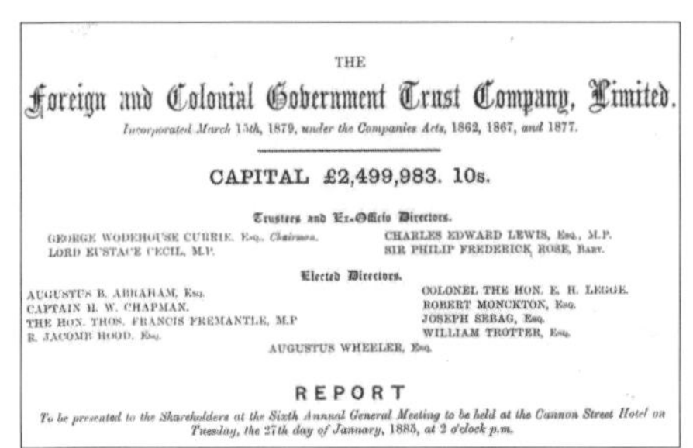

THE

Foreign and Colonial Government Trust Company, Limited.

Incorporated March 15th, 1879, under the Companies Acts, 1862, 1867, and 1877.

CAPITAL £2,499,983. 10s.

Trustees and Ex-Officio Directors.

GEORGE WODEHOUSE CURRIE, Esq., *Chairman.*
LORD EUSTACE CECIL, M.P.
CHARLES EDWARD LEWIS, Esq., M.P.
SIR PHILIP FREDERICK ROSE, Bart.

Elected Directors.

AUGUSTUS B. ABRAHAM, Esq.
CAPTAIN H. W. CHAPMAN.
THE HON. THOS. FRANCIS FREMANTLE, M.P.
R. JACOMB HOOD, Esq.
COLONEL THE HON. E. H. LEGGE.
ROBERT MONCKTON, Esq.
JOSEPH SEBAG, Esq.
WILLIAM TROTTER, Esq.
AUGUSTUS WHEELER, Esq.

REPORT

To be presented to the Shareholders at the Sixth Annual General Meeting to be held at the Cannon Street Hotel on Tuesday, the 27th day of January, 1885, at 2 o'clock p.m.

圖 1.8 英國外國和殖民地政府信託基金單據（1879 年）

（資料來源: https://tecnohotelnews.com/2020/04/asset-management-gestion-activos-hoteleros/）

信託

信託是委託人基於對受託人的信任，將其財產權委託給受託人，由受託人按照委託人的意願以自己的名義，為受益人的利益或特定目的，進行管理和處分的行為。信託的概念起源於《羅馬法》中的「信託遺贈」制度，現代信託制度產生於英國，並在美國和日本得到進一步發展。1979年，中國第一家信托機構——中國國際信託投資公司成立。2001年《中華人民共和國信託法》頒佈，在中國確立了信託制度的法律地位。

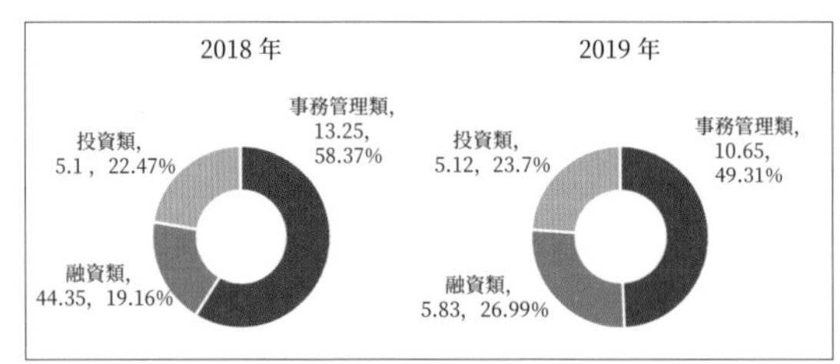

圖 1.9 2018 年與 2019 年中國信託資產規模結構分佈

(依信託功能分佈) (單位：萬億元)

證券公司

證券公司是專門從事有價證券買賣的企業，分為證券經營公司和證券登記公司。在不同國家，證券公司有不同的名稱。在美國，證券公司被稱作投資銀行或者證券經紀商；在英國，證券公司被稱作商人銀行；在歐洲大陸（以德國為代表），由於一直沿用混業經營制度，投資銀行僅是全能銀行的一個部門；在東亞（以中國、日本為代表），人們稱之為證券公司。

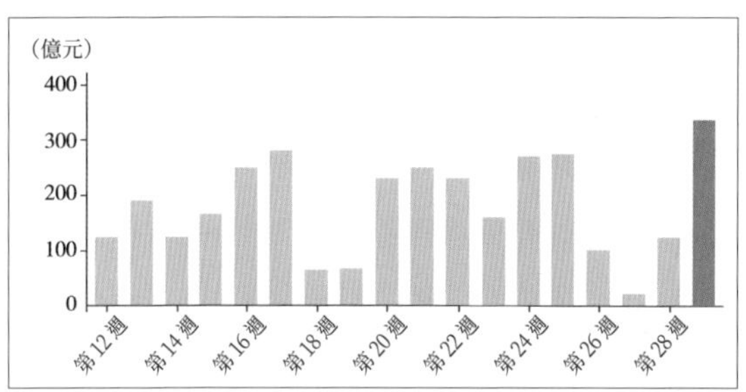

圖 1.10 2020 年中國證券公司短融券週度發行金額

(資料來源：彭博)

市場的進化

集市

集市是指定期聚集進行商品交易活動的形式。中國古代的集市被稱為「墟市」或「集墟」，最早出現於西周，唐中期逐漸增多。到了宋代，集市活動越發頻繁。歐洲的集市起源於古希臘的奴隸市場，中世紀法國的香檳集市成為當時最完善的國際性集市。集市的發展對經濟起著巨大的作用，促進了各地區的經濟文化交流。

圖 1.11 《清明上河圖》中繁華的集市

(資料來源：天津金融博物館館藏)

唐飛錢

中唐以後貿易發達，貨幣以銅錢和布帛為主，長途攜帶既不方便，也不安全，加上貨幣總量不足，導致飛錢和櫃坊的產生。櫃坊經營錢款和貴重品存放業務，所保管物品除了錢帛，還有珠寶玉器、古玩字畫等。客商和富人大量寄存財物，使櫃坊資金非常雄厚，成為錢莊的雛形。飛錢產生於唐憲宗時期，商人在京城把錢交給諸軍、節度使、進奏院、富豪門閥等，得到票券，再攜券到其他地區的辦事處取錢。大額交易時，有些商人也會直接使用飛錢。

交子務

天聖元年（1023 年），北宋朝廷批准在成都設益州交子務，由官方統一發行「官交子」，分為一貫至十貫等面額，每貫徵收紙墨費三十文。官交子發行以「界」為限定，每界限額 125.634 萬貫，並以鐵錢 36 萬貫為準備金，每兩年發行一界，屆滿以舊換新。官交子以國家信用為保證，成為世界上最早由政府發行的紙幣。

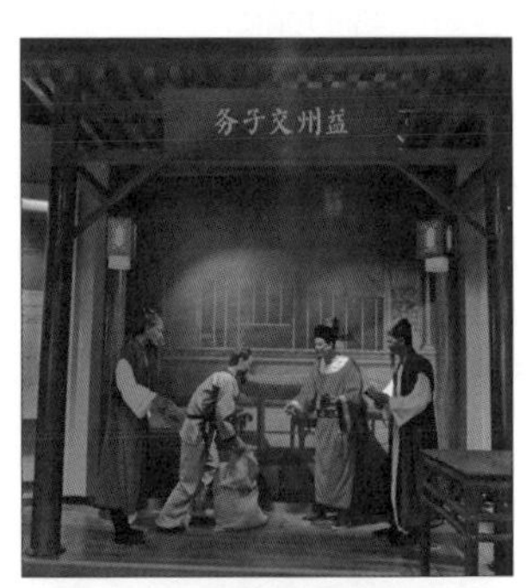

圖 1.12 交子務的場景復原

（圖片來源：中原金融博物館場景還原）

貼現

貼現，也叫票據貼現，是指將未來的貨幣轉換成當前貨幣的實際價值。持票人在需要資金時，將其收到的未到期承兌匯票，經過背書轉讓給銀行，先向銀行貼付利息。銀行以票面餘額扣除貼現利息後的票款付給收款人，匯票到期時，銀行憑票向承兌人收取現款。根據票據的不同分為銀行票據貼現、商業票據貼現、債券及國庫券貼現三種。

票據交易

18 世紀，銀行機構逐漸增多，在英國倫敦最早出現了集中的票據交換業務。1773 年，部分銀行達成一致意見，成立票據交換所，建立票據交換制度：同一城市各銀行對相互代收、代付的票據，按照規定時間通過票據交換所集中進行交換並清算資金的一種制度。

表 1.2 清算業務的分類

分類	內容
集中票據交換	透過組織票據交換所進行。有些國家由各銀行聯合舉辦，如加拿大的票據清算協會；有些國家由中央銀行舉辦，如日本。不管採取上述哪種形式，最後都透過中央銀行轉賬
集中清算交換的差額	各家銀行都在中央銀行開立帳户，保管準備金。各行之間應收應付的差額，利用這個帳户劃轉
辦理異地資金轉移	提供全國性的清算職能

期貨交易

期貨市場最早萌芽於歐洲，人們在市場內就商品或金融工具進行交易，並約定於將來某日進行交收。19 世紀中期，美國芝加哥的糧食商人為規避糧價大幅波動而組建了芝加哥交易所，並後續推出標準化合約，實施保證金制度，標誌著現代意義上的期貨交易正式誕生。

圖 1.13 芝加哥交易所

（資料來源：https://www.andreasgursky.com/en/works/1997/chicago-board-of-trade-1）

表 1.3 中國期貨市場發展歷程

階段	時間	標誌事件
初創階段	1990-1993 年	1992 年，鄭州糧食批發市場以現貨交易為基礎，引入期貨交易機制。中國第一個商品期貨市場開始起步
治理整頓階段	1993-2000 年	1993 年，開始了第一輪治理整頓，首先進行的是對期貨交易所的清理。1998 年 8 月，開始了第二輪整頓，合併部分機構、出台相關法律。2000 年，中國期貨業協會成立
穩步發展階段	2000-2013 年	2006 年 5 月，中國期貨市場監控中心成立。中國金融期貨交易所於 2006 年在上海掛牌成立，並於 2010 年推出滬深 300 股票指數期貨
創新發展階段	2014 年至今	2014 年，國務院出台新「國九條」，明確指出發展商品期貨市場，建設金融期貨市場

證券交易所

證券交易所是集中進行證券交易的場所。最早的證券交易所是1602 年設立的荷蘭阿姆斯特丹交易所，中國第一家正式的證券交易所是 1891 年在香港成立的香港股票經紀協會，1914 年易名為香港證券交易所。中國內地首家證券交易所則是 1918 年開業的中原證券交易所（又稱北京證券交易所）。

納斯達克交易所

1971 年，為了規範混亂的場外交易，並為科技型中小企業提供融資平台，美國建立的全國證券交易商協會自動報價系統納斯達克（NASDAQ），是世界上第一個電子證券交易市場。隨著納斯達克市場的不斷發展，美國政府推行了規範的上市、資訊披露、規範交易、轉板、退市等舉措，為高科技型、高增長性中小企業提供融資市場。在納斯達克交易所上市的公司包括微軟、蘋果、英特爾、戴爾、思科等企業。

表 1.4 1975 年納斯達克的第一套掛牌標準

要求	項目	數目
財務及質量要求	總資產	100 萬美元
流動性要求	股本及資本公積	50 萬美元
	公眾持股數	100 萬股
	股東數	300
	做市商數	2

（資料來源：NASD, NOTICE TO MEMBERS: 81-36）

數據交易所

21 世紀，產業數位化趨勢不可阻擋，數據是數字經濟時代的關鍵性要素。數據交易所是推動數據要素市場建設，充分挖掘數據要素潛力的重要「底座」。近年來，廣東、北京、上海、浙江、貴州等地相繼成立數據交易所。目前全國各地發起的數據交易所超過 30 家。

第二節
金融觀念的演變

物物交換與貨幣產生

在原始社會，人們使用以物易物的方式，交換自己所需要的物資。但受到用於交換的物資種類限制，交易又不方便，人們於是尋找一些能夠為交換雙方都能夠接受的、容易保存的商品作為普遍交換物，這種物品就是最原始的貨幣，這種貨幣本身也是一種商品。牲畜、食鹽、經過挑選的貝殼、珍稀鳥類的羽毛、寶石、沙金、石頭等不容易大量獲取的物品都曾經作為貨幣被使用過。貝殼是原始貨幣中被最廣泛用作貨幣的媒介，幾乎在每一塊大陸，包括亞洲、非洲、美洲和大洋洲，都有貝幣被發現。[1]

兩河流域的蘇美爾人在以物易物時，會將商品的價格與重量刻在泥板上。圖 1.14 為 1929 年，德國考古學家朱利葉斯·喬丹（Julius

1　石俊志（2020 年）。《貨幣的起源》。北京：法律出版社。

Jordan）在伊拉克境內發掘出的蘇美爾楔形文字泥板。

圖 1.14 伊拉克境內發掘出的蘇美楔形文字泥板

（資料來源：https://www.historyextra.com/period/ancient-egypt/cuneiform-6-things-you-probably-didnt-know-about-the-worlds-oldest-writing-system/）

《漢謨拉比法典》與借貸

以蘇美爾人為代表的數位化的金融文明僅僅是一個開始，接下來的 2500 年中，很多地區和國家的人民也都開始依賴金融契約、帳簿記錄和市場。約西元前 1776 年，古巴比倫第六代國王漢謨拉比（Hammurabi）頒佈《漢謨拉比法典》，包含損害賠償、租佃關係、債權債務、財產繼承等內容，用以調解自由民之間的財產繼承、租賃、借貸等多種經濟與社會關係，是世界上第一部系統性的法典。

《漢謨拉比法典》的誕生使人們的私有財產開始享有法律保護。以借貸契約為例，借貸標誌主要是錢款和穀物。簽約後，貸與人把錢款或穀物交給借用人，至一定期限後，借用人將錢款或穀物及其利息一併還給貸與人。為保證契約的履行，借用人以自己或家庭的人身作為清償債務的擔保。在《漢謨拉比法典》以前，允許貸者對無力償債的債務人終身奴役，因而導致大量農民和手工業者因無力償債而淪為債奴。《漢謨拉比法典》為緩和社會矛盾，廢除了終身奴役制度，將債務奴役的期限定為三年。另外，《漢謨拉比法典》中對維護私有財產權所規定的關於盜竊他人財產須受懲罰，損毀他人財產要進行賠償的法律原則，關於財產所有權取得與轉移的方法和原則以及關於法律關係中當事人的權利和義務等，也都為後世有關立法開了先河。[2]

義大利複式記帳法與公司

複式記帳法又稱「複式簿記」，是指對每項經濟業務按相等的金額在兩個或兩個以上有關帳户中同時進行登記的方法。1494 年，義大利數學家盧卡·帕喬利（Lusa Pacioli）在威尼斯出版了數學教科書《算術、幾何、比與比例概要》。書中首次詳盡闡述了複式記帳系統。複式記帳法的誕生，促進了會計制度的進一步改善，也開啟了資本主義經濟發展的現代化歷程。複式記帳法的運用，也促進了股份制經營和兩權管理模式的出現，為西方資本主義經濟的發展奠定了基礎。[3]

股票交易風險與交易所

1791 年，美國聯邦政府前代理財政部長威廉·杜爾投機炒作紐約銀行股票破產，許多聽從小道消息而盲從的投資者也遭受財產損失。在此背景下，華爾街各經紀商決定通過協商的方式制定公共管理條例，實現金融市場的自我規範。1792 年 5 月 17 日，在華爾街一棵梧桐樹下，

2 王海宏（2014 年 1 月 28 日）。〈試述楔形文字法的歷史地位〉。取自 http://www.law-lib.com/lw/lw_view.asp?no=12626

3 戈茲曼 , 威廉（2017 年）。《千年金融史》（張亞光與熊金武譯）。北京：中信出版集團。

紐約市 24 家股票經紀商簽訂了《梧桐樹協議》。1817 年 3 月 8 日，交易者聯盟在此協議基礎上草擬出《紐約證券和交易管理處條例》，並改名為紐約證券交易委員會，1863 年改為紐約證券交易所。2006 年 6 月 1 日，紐約證券交易所與泛歐交易所合併組成紐約—泛歐證交所公司。[4]

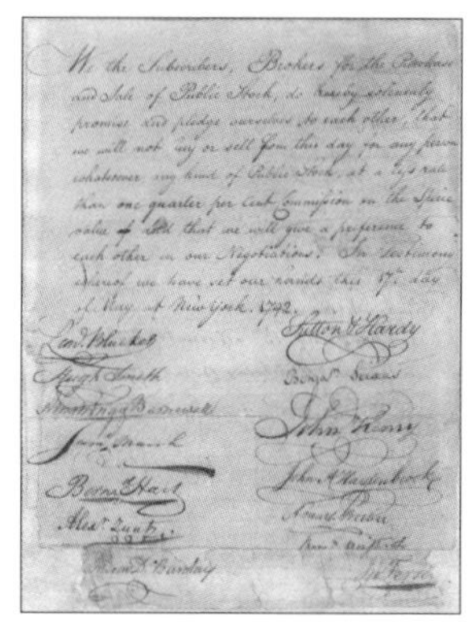

We the Subscribers, Brokers for the Purchase and Sale of Public Stock, do hereby solemnly promise and pledge ourselves to each other, that we will not buy or sell from this day for any person whatsoever any kind of Public Stock, at a less rate than one quarter per cent Commission on the Specie value of and that we will give a preference to each other in our Negotiations. In Testimony whereof we have set our hands this 17th day of May at New York. 1792.

圖 1.15 《梧桐樹協議》原文

（資料來源：https://www.moaf.org/exhibits/trading_street/buttonwood-display）

電子化交易與買賣

迪吉多公司在 1965 年推出的 PDP-8 電腦是第一款小型商品化電腦，被認為是個人電腦的先驅，雖然笨重但已經可以勉強放於桌上。20 世紀 70 年代個人電腦雖有濃厚商業構想但未正式量產。1980 年，IBM 總裁約翰·歐寶（John Opel）意識到進入這個不斷發展的市場的價值，經過 12 個月的開發，IBM PC 於 1981 年 8 月 12 日首次亮相。

4 吳小傑與劉志軍（2018 年）。〈威廉杜爾：坐莊敗北催生梧桐樹協議〉。《法律與生活》，5。

由於 IBM 電腦低廉的售價，讓個人電腦很快進入數據處理需求巨大的金融類企業。同年，波士頓銀行首次設立「首席資訊官（CIO）」這一職務，負責管理公司的資訊資源，標誌著電腦在金融管理層的影響逐漸擴大。[5]

1971 年納斯達克（NASDAQ）成立，最初只是一個報價系統，通過不斷添加交易量報告和自動交易系統，逐漸成為一個股票市場。該市場允許市場期票和股票出票人通過電話或互聯網直接交易，而不用限制在交易大廳，交易的內容大多與新技術尤其是電腦方面相關。納斯達克是世界第一個電子證券交易市場，在納斯達克掛牌上市的公司以高科技公司為主。[6]

圖 1.16 1971 年成立之初的納斯達克交易大廳

（資料來源：https://www.nasdaq.com/articles/nasdaq%3A-50-years-of-market-innovation-2021-02-11）

5 中關村在線（2015 年 5 月 2 日）。〈PC 發展史〉。https://power.zol.com.cn/519/5191311.html

6 納斯達克官方網站：https://www.nasdaq.com/about.

DeFi 的產生

去中心化金融（DeFi）是一種創建於區塊鏈上的金融，它不依賴券商、交易所或銀行等金融機構提供金融工具，而是利用區塊鏈上的智能合約（例如以太坊）進行金融活動。DeFi 平台允許人們不經由銀行向他人借出或借入資金，交易加密貨幣，並在類似儲蓄的帳户中獲得利息。

截至 2020 年 10 月，超過 110 億美元被存入各種去中心化金融協議。目前，DeFi 已形成較為完善的生態體系，涵蓋支付、借貸、穩定幣、去中心化交易所、衍生品及保險等多個領域。[7]

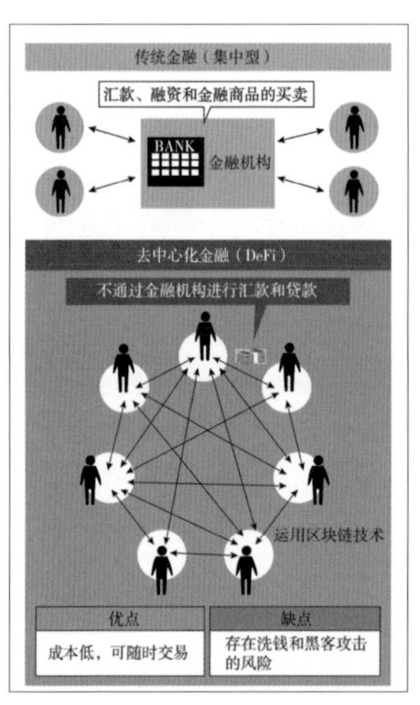

圖 1.17 去中心化金融與傳統金融的比較

7 朱嘉明與李曉（2020）。《數字貨幣藍皮書（2020）》。北京：中國工人出版社。

第三節
金融科技的更新迭代

電腦代替手工處理票據

1955 年 9 月，美國斯坦福研究所首次嘗試使用電腦代替手工處理票據，並公開演示了電子記錄機會計系統 ERMA（Electronic Recording Machine-Accounting），該系統號稱能「讀取」支票資訊並做處理，是應美國銀行要求而設計完成的，共耗時五年。但由於成本過高，同時從支票到穿孔卡片的資訊傳輸問題難以解決，ERMA 不能實際應用。

1968 年，美國銀行業協會又進一步對 MICR 編碼（磁墨字元識別碼，是一種字元識別技術，主要用於銀行業，以簡化支票等檔的處理和清關）的字形和字元大小做出規定，從而構建了銀行業務系統通用的支票處理機器語言。同年，美國銀行安裝了 GE–100，這是一台繼承了 ERMA 的電晶體化的電腦，它滿足了直接從原始檔案（支票）輸入數據的要求，最終使得利用電腦處理支票成為現實。

最早的信用卡與食客俱樂部

信用卡（Credit Card），是一種非現金交易付款的方式，由銀行提供的信貸服務。最早的信用支付出現於 19 世紀末的英國，大約在 19 世紀 80 年代，英國服裝業發展出所謂的信用制度，利用記錄卡購物的時候可以及早帶流行商品回去，旅遊業與商業部門也都跟隨這個潮流搶佔商機。但當時的卡片僅能進行在特定場所的短期商業賒借行為，款項還是要隨用隨付，不能長期拖欠，也沒有授信額度，完全是依賴富裕人口的資本信用而設計。20 世紀 50 年代，第一張針對大眾的信用卡出現。美國曼哈頓信貸專家麥克納馬拉（Frank McNamara）在飯店用餐，由於沒有帶足夠的錢，只能讓太太送錢過來，這讓他覺得很狼狽，於是組織了「食客俱樂部」（Diners Club，即大來卡）。任何人獲准成為會員後，帶一張就餐記帳卡到指定 27 間餐廳就可以記帳消費，不必付現金，這就是最早的信用卡。此後隨著簽約的合作對象越來越多，可供臨時透支的服務範圍也越來越大，人們也習慣了這種不必攜帶現金的方便交易形式，促進了銀行信用卡的到來。美國富蘭克林國民銀行是第一家發行信用卡的銀行，之後其他美國銀行也紛紛效仿。[8][9]

第一台 ATM 機誕生

1967 年 6 月 27 日，英國托馬斯·德納羅（De La Rue）印鈔公司職員約翰·謝菲爾德 - 巴隆（John Adrian Shepherd-Barron）受巧克

---

8 Klaffke,Pamela.（2003, 1 October）.*Spree:A Cultural History of Shopping.* Arsenal Pulp Press.pp.22–24.ISBN 978-1-55152-143-5.

9 Evans,David Sparks&Schmalensee,Richard.（2005）.*Paying With Plastic:The Digital Revolution In Buying And Borrowing.* MIT Press.pp.54.ISBN 978-0-262-55058-1.

力售賣機的啟發，改裝、設計、發明出第一部電腦自動櫃員機，安裝於英國倫敦北部的巴克萊銀行恩菲爾德分行。當時第一位使用此機器的人是英國演員瑞格·瓦尼，他在銀行職員和新聞記者的見證下，從機器中提取了 10 英鎊的紙鈔，完成了 ATM 歷史上的第一筆交易。[10]

圖 1.18 倫敦北部恩菲爾德的巴克萊銀行分行外的自動櫃員機問世的現場發佈會

圖 1.19 第一台 ATM 近景

（資料來源：https://www.telegraph.co.uk/personal-banking/current-accounts/story-behind-worlds- first-cashpoint/）

---

10 Batiz-Lazo,Bernardo;Reid,Robert J.K.（2008, 30 June）.Evidence from the Patent Record on the Development of Cash Dispensing Technology. *Munich Personal RePEc Archive*. p.4.

IC 卡

1974 年，羅蘭·莫雷諾（Roland Mornno）發明了嵌有積體電路晶片的一種可攜式卡片塑膠，將具有存儲加密及數據處理能力的積體電路晶片模組封裝於和信用卡尺寸一樣的塑膠片基中，便製成了 IC 卡。法國布爾電腦公司於 1976 年首先製成 IC 卡產品，並開始應用在各個領域。[11]

直銷銀行與移動支付業務

直銷銀行（Direct Bank）模式最早出現在 20 世紀 90 年代末北美及歐洲等發達國家，是現代快速消費方式以及高效的資訊科技的產物。直銷銀行是指幾乎不設立實體業務網點，而是通過信件、電話、傳真、互聯網及互動電視等媒介工具，實現業務中心與終端客户直接進行業務往來的銀行。在直銷銀行模式發展初期，銀行主要通過電話提供服務。隨著互聯網技術的普及，直銷銀行的服務管道大幅拓展，銀行的人員更加精簡、運營成本進一步降低。

首個區塊鏈平台 Linq

2015 年 10 月，美國納斯達克（NASDAQ）證券交易所推出區塊鏈平台 Nasdaq Linq，實現主要面向一級市場的股票交易流程。它利

11 Davison,Phil.（2012, May 4）.Roland Moreno:Inventor who missed out on global recognition for his computer chip smart card. *The Independent.*

用區塊鏈實現在納斯達克私人市場內私企股票的轉移、發行、分類和交易記錄。通過該平台進行股票發行的發行者將享有「數位化」的所有權。Linq 是首個基於區塊鏈技術建立起來的金融服務平台，能夠在區塊鏈技術上實現資產交易，而且它也是一個私人股權管理工具，作為納斯達克私人股權市場的一部分，可以為企業家和風險投資者提供投資決策服務。

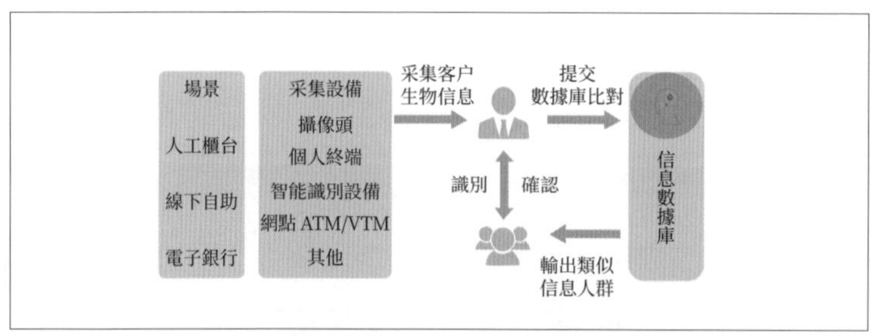

<table>
<tr><th>客户</th><th>渠道</th><th>處理引擎</th><th>客户服務</th><th>信息匯總</th><th>服務管理</th></tr>
<tr><td rowspan="3">潛在客户</td><td>電腦</td><td>服務控制接口</td><td rowspan="3">機器客服</td><td rowspan="3">訪問數據</td><td rowspan="2">知識管理</td></tr>
<tr><td rowspan="2">電話</td><td>分詞標註引擎</td></tr>
<tr><td>語義分析引擎</td><td rowspan="2">智能營銷</td></tr>
<tr><td rowspan="3">普通客户</td><td rowspan="2">郵件</td><td>聊天對話引擎</td><td rowspan="3">人工客服</td><td rowspan="3">知識庫</td></tr>
<tr><td>場景處理模塊</td><td rowspan="2">智能質檢</td></tr>
<tr><td>app</td><td>答案處理模塊</td></tr>
<tr><td>高級客户</td><td>小程序</td><td>知識索引管理</td><td>電話客服</td><td rowspan="2">客户數據</td><td>培訓管理</td></tr>
<tr><td>內部客户</td><td>—</td><td>核心運行框架</td><td>工單客服</td><td>風險防控</td></tr>
</table>

圖 1.20 金融科技在頁面層應用範例：智慧客服與生物認證

首個區塊鏈技術結算的貿易

2016 年 9 月，英國巴克萊銀行和以色列一家初創公司共同在巴克萊銀行下屬的 Wave 公司開發的區塊鏈平台上執行完成了全球第一筆使用區塊鏈技術結算的貿易，擔保了由愛爾蘭 Ornua 公司向離岸群島塞舌耳的貿易商 Seychelles Trading Company 發貨，價值約 10 萬美元的乳酪和黃油產品，結算用時僅不到 4 小時，而採用銀行信用證方式做此類結算則通常需要 7 至 10 天。區塊鏈提供了記帳和交易處理系統，提供信用背書，實現無紙化擔保。

服務領域	客服	風控	營銷	投顧	支付
典型企業	網易七魚 科大訊飛 Desk 雲問科技 Live 800 小 i 機器人 易米雲通 雲知聲 智齒客服 捷通華聲	明略數據 杉數科技 Yonghong Tech (Talk with Data) 同盾科技 普林科技 AURORA 邦盛科技 科大國創 百分點	城外圈 個推 AdMaster 芝麻科技 4Paradigm 時趣 sunteng 舜飛 鉑金分析 宏原科技	因果樹 CLIPPER ADWISOR MICAI 理財魔方 文因互聯 阿爾妮塔 鼎復數據	雲從科技 SMIT 依圖 Linkface 深醒科技 商湯 曠視 貝爾賽克 中科奧森
典型特點	利用大數據和人工智能，透過自動化、智能化，實現客服效率和質量雙提升，並與精準營銷有機結合，助力客服從成本中心向營銷中心轉變	運用大數據、機器學習和人工智能等技術，實現智能風控，降低業務壞帳率，提高放貸效率	利用大數據和人工智能進行智能營銷，建立個性化的顧客溝通服務體系，實現精準營銷	透過基本算法和模型，實現智能投顧，規避實測風險，獲得最大化收益	基於大數據和人工智能技術，將人臉識別、指紋識別等智能識別技術應用於支付領域，實現支付技術的創新發展

圖 1.21 區塊鏈技術在各服務領域中的作用

第四節
金融創新與風險監管：
互聯網金融、P2P、眾籌、加密貨幣

互聯網金融與美國第一安全網絡銀行

互聯網金融（ITFIN）是指傳統金融機構與互聯網企業利用互聯網技術和資訊通信技術實現資金融通、支付、投資和資訊仲介服務的新型金融業務模式。互聯網金融不是互聯網和金融業的簡單結合，而是在實現安全、移動等網路技術水準上，被用户熟悉和接受後，自然而然為適應新的需求而產生的新模式及新業務，是傳統金融行業與互聯網技術相結合的新興領域。1995 年安全第一網路銀行（Security First Network Bank，簡稱 SFNB）成立，宣佈了全球第一家網路銀行誕生。SFNB 在 1995 至 1998 年，充分發揮網路銀行的方便性和安全性，幾個月內就擁有了 6000 多萬美元的存款。

1998 年被加拿大皇家銀行以 2000 萬美元收購了其除技術部門以外的所有部分後，SFNB 轉型為傳統銀行的客户提供網路銀行服務。[12]

---

12 FDIC Banking Review. (1996). Article III. Vol. 8(3).

Paypal

1998 年 12 月，皮特·泰爾（Peter Thiel）和麥克斯·萊維金（Max Levchin）一同建立了康菲尼迪（Confinity）。該公司總部位於美國加州，1999 年，應用 PayPal 正式上線。2000 年，Confinity 與 X.com 合併，後更名為 PayPal。PayPal 的業務主要是以國際線上支付替代傳統的郵寄支票或匯款。PayPal 和大量的電子商務網站合作，為它們提供貨款支付方式。

歷史上早期的眾籌與第一家眾籌網站

靠眾籌矗立的自由女神

美國紐約港入口，著名的自由女神像在這裏矗立了近 130 年。當初如果沒有眾籌，這尊來自法蘭西的自由女神可能就無處安身了。1884 年，為了籌建自由女神像的基座，新聞家約瑟夫·普利策（Joseph Pulitzer）在報紙上發起了一個眾籌專案，鼓勵大家參與。最後，該專案得到了 12 萬人支持，籌款約 100 萬美元，換算到當下市值約 220 萬美元。現在這座作為美國象徵的雕塑已經被列入《世界遺產名錄》。

世界上第一家眾籌網站 ArtistShare

互聯網眾籌始於 2001 年的 ArtistShare，也被譽為「眾籌金融的先鋒」。這家最早的眾籌平台主要面對音樂家及其粉絲。藝術家通過該網站採用粉絲籌資的方式資助自己的專案，粉絲們把錢直接投給藝術家後可以觀看唱片的錄製過程，獲得僅在互聯網上銷售的專輯。2005 年，美國作曲家瑪利亞·施奈德（Maria Schneider）的《公園音樂會》（Concert in the Garden）成為格萊美歷史上首張不通過零售店銷售的獲獎專輯。[13]

Square 手機刷卡器

2012 年，由傑克·多西（Jack Dorsey）創辦的移動支付公司 Square 推出了一種手機刷卡器，並在美國 7000 家星巴克門店開售。顧客花費 9.99 美元購買，啟動後帳户內即有 10 美元餘額，並可通過該設備隨時刷取自己的信用卡用於消費。憑藉這一設備，2013 年 4 月 Square 公司的支付量環比增長 25%，2013 年公司處理金額達 50 億美元。

美國最大 P2P 信貸公司 LendingClub 成立

2007 年借貸俱樂部（LendingClub）成立，首先在臉書（Facebook）上線。2007 年 8 月從諾維斯特風險投資公司（Norwest Venture Partners）和迦南夥伴（Canaan Partners）獲得 1026 萬美元的 A 輪融資後，LendingClub 發展成為一家全面的 P2P 借貸公司。2007 年夏，成立不久的 LendingClub 和美國證券交易委員會（SEC）就投資者權證的問題進行了對話。次年，SEC 認定票據為證券性質，需宣佈完成 SEC 註冊程式，才能恢復全部業務運營。2014 年 12 月 12 日，LendingClub 通過 IPO 獲得大量資金。它是第一家在美國證券交易委員會（SEC）將其產品註冊為證券並在二級市場上提供貸款交易的 P2P 貸方。在鼎盛時期，LendingClub 是世界上最大的 P2P 借貸平台。

13 Don Heckman.（2008, February 10）.Making fans a part of the inner circle . *Los Angeles Times*.

2020 年，LendingClub 收購了數字銀行 Radius Bank，並宣佈將關閉其 P2P 借貸平台。

從密碼學到密碼朋克

1946 年，隨著第一台電子電腦的誕生，以電腦為基礎的現代密碼學研究也開始啟動。1976 年，惠特菲爾德·迪菲（Whitfield Diffie）和馬丁·赫爾曼（Martin Hellman）撰寫的《密碼學的新方向》（New Directions in Cryptography）發表，標誌著密碼學的民用化，其覆蓋了未來幾十年密碼學所有新的進展領域，也對區塊鏈的技術和比特幣的誕生起到決定性作用。1977 年，在這一基礎上，RSA 演算法誕生，即後來區塊鏈技術中常用到的非對稱加密演算法，在公開密鑰加密等場景中廣泛使用。隨著密碼學的民用化，1993 年埃里克·休斯（Eric·Hughes）在《密碼朋克的宣言》一文中首先使用了密碼朋克（Cypherpunk）一詞，以此詞來代指主張使用加密技術手段來捍衛個人隱私和促進社會發展的人。2008 年，中本聰在休斯創立的密碼朋克郵件組中發佈了比特幣白皮書。[14] 密碼朋克郵件組中的知名成員有：

提姆·梅：英特爾前助理首席科學家，密碼朋克郵件組創始成員。

朱迪·米倫：電腦駭客的女性宣導者，密碼朋克郵件組創始成員。

約翰·吉爾摩：升陽電腦系統公司創始人之一，密碼朋克郵件組創始成員。

朱利安·阿桑奇：維基解密創始人。

布萊姆·科恩：開發了內容分發協議 BitTorrent（比特流）。

戴維：創立了加密貨幣早期版本 B-money。

---

14 楊昊（2021）。〈區塊鏈：從密碼朋克到人類命運共同體〉。《國際論壇》，2。

中本聰：比特幣創始人。

馬克·安德里森：網景瀏覽器創始人。

亞當·貝克：哈希現金（Hashcash）和 Blockstream 公司創始人。

羅伯特·海廷加：國際金融密碼學會議創始人。

亞當·貝克與哈希現金

1997 年，英國的密碼學家亞當·貝克（Adam Back）發明了哈希現金，其中用到了工作量證明系統（Proof of Work）。該概念最早出現在 1993 年，Hashcash 是工作量證明的早期應用，它要求電子郵件發件人在發送之前對電子郵件的標頭進行有效性驗證，而且這種工作量證明發送方的電腦在一分鐘內就能得出計算結果，不會讓發送者感到很慢。工作量證明系統是日後比特幣的核心理念之一，密碼學貨幣的思想已經逐漸形成。[15]

戴偉與 B-money 白皮書

1998 年，戴偉在密碼朋克郵件組中發表了關於 B-money 的論文。在其設想中，B-money 是一個匿名分佈式電子現金系統，採用 POW 造幣來生產加密貨幣，交易過程則以分佈式記帳的方式來追蹤加密貨幣的交易，發送方和接收方都沒有真實姓名，都只是公鑰。B-money 是對數字世界中獨立貨幣研發的又一次探索。但它並沒有鏈的概念，對於如何控制發行總量也沒有明確的規定，也不能對交易進行排序。[16]

---

15 參見哈希現金官網：http://hashcash.org/

16 Nathan Reiff. (2021, October 25). B-Money. https://www.investopedia.com/terms/b/bmoney.asp

區塊鏈與比特幣

區塊鏈（BlockChain）是借助密碼學與共識機制等技術創建與存儲龐大交易資料的點對點網路系統。目前區塊鏈技術最大的應用是數字貨幣，如 2008 年由中本聰創立的比特幣網路。區塊鏈為參與的全部帳户提供了一個公用帳本，記錄了所有帳户的全部交易，內容難以篡改且可追溯。在比特幣的系統中，比特幣的地址相當於帳户，比特幣的數量相當於金額。隨著區塊鏈生態的進化，還出現了首次代幣發售 ICO、智能合約區塊鏈以太坊、「輕所有權、重使用權」的資產代幣化共用經濟等。[17]

圖 1.22 中本聰的創世區塊（框中：「The Times 03/Jan/2009 Chancellor on brink of second bailout for banks」來自泰晤士報當天頭版標）

比特幣的改進：萊特幣

比特幣誕生後，由於挖礦主要由 GPU 執行，使得挖礦進入門檻很

17 柏亮（2021）。《數字金融——科技風賦能與創新監管》。北京：中譯出版社。

高，CPU 資源變得過時且對挖礦毫無價值。2011 年，前 Google 員工李查理（Charlie Lee）在 Bitcointalk 論壇上發佈萊特幣（Litecoin）。萊特幣在其工作量證明演算法中使用了 scrypt 加密演算法，這使得相比於比特幣，在普通電腦上進行萊特幣挖掘更為容易（在 ASIC 礦機誕生之前）。通過改進的演算法，網路大約每 2.5 分鐘（而不是 10 分鐘）就可以處理一個塊，因此可以提供更快的交易確認。基於此，萊特幣主要面向小型交易，在日常生活中使用起來更為高效。[18]

維塔利克·布特林與以太坊

以太坊是一個去中心化開源的有智能合約功能的公共區塊鏈平台，首次在 2013 年由維塔利克·布特林受比特幣啟發後提出，2014 年通過 ICO 眾籌後開始發展，其原生加密貨幣是以太幣。以太坊最重要的技術貢獻是智能合約，即存儲在區塊鏈上的程式，可以協助和驗證合約的談判與執行。以太坊的潛在應用很多，目前較成熟的應用涵蓋遊戲、虛擬交易平台、去中心化創業投資、去中心化市場預測、智能電網、移動支付等領域。

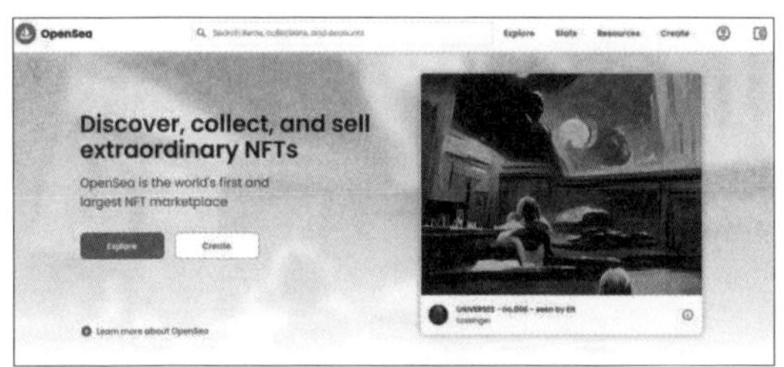

圖 1.23 OpenSea 是目前以太網路上最大的 NFT 交易平台

18 Lee, David, ed.（2015, May 5）. Handbook of Digital Currency: Bitcoin, Innovation, Financial Instruments, and Big Data. *Elsevier Science.*

穩定幣 USDT

比特幣、以太坊等數字貨幣，在價格上波動劇烈，要實現數字貨幣的支付屬性，首先要維持價格穩定。穩定幣的出現，架起了數字貨幣與法定貨幣之間的橋樑。2014 年，Tether 推出了泰達幣（USDT），通過與美元錨定實現自身價格的相對穩定。起初承諾每 1 枚 USDT 都對應著其銀行帳户的 1 美元等值資金擔保。雖然這一模式與區塊鏈去中心化思想相悖，但 USDT 通過美元傳遞的信任及進入市場的先發優勢，很快成為穩定幣市場的龍頭。2019 年，Tether 將官網陳述的 1 比 1 美元儲備改為有 100% 的儲備支持，包括傳統貨幣和現金等價物。[19]

證券型代幣

證券型代幣（Security Tokens）即具有證券性質的虛擬通貨，包括權益代幣和其他資本代幣，其持有者擁有對特定資產、權益和債務工具的所有權，會對投資人允諾未來公司收益或利潤，功能類似於證券、債券或其他金融衍生品，其首次發行被稱為 STO。證券型代幣屬於證券監管對象，但如何判斷一種加密貨幣屬於證券型代幣，各國並沒有統一標準。例如按照美國證券交易委員會（SEC）的標準，2017 年發佈的眾多數字貨幣稱自己為功能型代幣，實際大多數是證券型代幣。[20]

19 朱嘉明與李曉（2020）。《數字貨幣藍皮書（2020）》。北京：中國工人出版社。

20 徐忠與鄒傳偉（2021）。《金融科技——前沿與趨勢》。北京：中信出版集團。

比特幣期貨

比特幣期貨的交易模式不同於傳統期貨以美元為本位，以商品（金銀、銅鉑、石油、天然氣等）為對象來進行交易，它是一種以比特幣價格指數為標準的交易合約，投資者無須擁有基礎加密貨幣即可參與比特幣期貨的投資。對於比特幣礦工來說，期貨是一種鎖定價格的手段，以確保他們的採礦投資獲得回報，而不管加密貨幣的未來價格軌跡如何。投資者則使用比特幣期貨來對沖他們在現貨市場的頭寸（款項）。由於期貨是現金結算的，因此不需要比特幣錢包。交易中不發生比特幣的物理交換。

EOS 區塊鏈操作系統誕生

企業區塊鏈操作系統（Enterprise Operation System）誕生於2017 年，由 block.one 公司提出，主旨是創造一個操作系統來簡化開發者搭建去中心化組織的過程。EOS 提供了帳户、身份驗證、資料庫、非同步通信以及跨多個 CPU 核心或集群的應用程式調度支持。按照官方規劃，EOS 會具有強大的橫向擴展和縱向擴展能力，每秒可以支持數百萬個交易，同時普通用户無須支付使用費用。2018 年該操作系統發佈，block.one 負責 EOS 的技術開發，EOS 的運作主要依賴超級節點和社區。

Facebook 與天秤幣

2019 年 Facebook 公司提出天秤幣（Libra）設想，其意圖設計一種簡單、包容和全球性的數字貨幣，旨在促進低成本和用户友好型交易，整個過程均沒有傳統的金融仲介。其特徵主要有無信任驗證與去中心化管理、風險性不確定、獨特的自治管理等。天秤幣自治管理委員會皆為互聯網巨頭，其影響覆蓋了全世界人口的 40%。該專案引起了美國、歐盟以及其他國家（地區）的政府監管機構和公眾對貨幣主權、金融穩定、隱私和反壟斷問題的強烈反對，最終導致該專案在 2022 年被扼殺。[21][22]

非同質化通證 NFT

非同質化通證（Non-Fungible Token，NFT），是一種區塊鏈數字帳本上的數據單位，每個通證可以代表一個獨特的數字資料，作為虛擬商品所有權的電子認證或證書。非同質化通證無法互換，因此可以代表數字資產，如畫作、藝術品、聲音、影片、遊戲中的專案或其他形式的創意作品。雖然作品本身可無限複製，但這些代表它們的通證在其底層區塊鏈上能被完整追蹤，故能為買家提供所有權證明。2014 年 5 月，凱文·麥考伊（Kevin McCoy）和安尼爾·達什（Anil Dash）創造了第一個已知的 NFT，其中包括麥考伊的妻子珍妮佛（Jennifer）製作的一個影片剪輯。麥考伊在 Namecoin 區塊鏈上註冊了這個視頻，並以 4 美元的價格賣給達什。[23][24]

---

21 Hoffman, Peter Rudegeair and Liz.（2022, January 27）.WSJ News Exclusive | Facebook's Cryptocurrency Venture to Wind Down, Sell Assets . *Wall Street Journal.* ISSN 0099- 9660.

22 Facebook's cryptocurrency failure came after internal conflict and regulatory pushback. *Washington Post.* ISSN 0190-8286.

23 Cascone,Sarah.（2021, May 7）.Sotheby's Is Selling the First NFT Ever Minted-and Bidding Starts at$100. *Artnet News.*

24 Dash,Anil.（2021, April 2）.NFTs Weren't Supposed to End Like This. *The Atlantic.*

表 1.5　同質化通證 (FT) 與非同質化通證 (NFT) 對比

同質化通證	非同質化通證
	NFT
錨定同質化的資產	錨定不同的資產
同種 FT 具有統一性	各個 NFT 各不相同
可與同種 FT 互換，不影響價值	NFT 是獨一無二的，不可互換
可拆分為更小單元	不可拆分，基本單元為一個代幣

第五節
國外金融科技監管概覽

美國

2017 年，美國國家經濟委員會發佈《金融科技白皮書》，為監管機構評估新興金融科技系統提供了 10 項原則，包括將消費者放在首位、對金融生態系統給予廣泛思考、促進安全的普惠金融和財富健康的發展、認識和克服潛在技術偏見、提高透明度與保護金融穩定等。同時美國整合金融消費者保護體系，單獨設立金融消費者保護局（CFPB），先後頒佈了《2009 年金融消費者保護局法》《多德 - 弗蘭克華爾街改革和消費者保護法案》。

英國

2015 年，英國科學辦公室發佈《金融科技的未來》，首次提出「監管沙盒」概念，此後英國金融行為監管局（FCA）將其作為治理工具引入到金融市場監管語境下。2019 年英國資訊專員辦公室發起隱私監管沙盒，旨在探究「隱私保護與激發科技創新」兩者的良性互動。沙盒僅適用於在英國境內提供的產品與服務。從流程上看，分為報名、篩選、入選、確定監管沙盒計劃、具體執行、出盒和公佈報告等 7 個主要階段。

新加坡

2017年，新加坡金融監管局（MAS）設立監管科技辦公室（SupTech Office），旨在與金融監管局其他部門合作，對監管和金融部門的數據進行分析。該部門使用數據驗證技術，以提高效率、節省時間，使監管者能夠更多地關注調查。如手動創建一個識別潛在反洗錢違法行為的網路大約需要兩年時間，使用人工智慧（AI）或機器學習（ML）做同樣的事情只需要幾分鐘。新加坡在 2018 年已經投入使用自行開發的 SUPTECH 應用。

澳大利亞

澳大利亞證券和投資委員會（ASIC）開發的市場分析和智能系統（MAI）可以即時監控澳大利亞一級和二級資本市場，該系統接收來自所有股票和股票衍生品的產品和即時交易數據，並隨時提供警報，識別市場中的異常情況。這些即時警報與日常操作和員工工作流程相集成，形成工作鏈，警報觸發後將引發進一步的調查和分析，以確定事態根本原因，其最終結果回饋到一個確定優先順序的分類組中，並在適當情況下觸發深入調查。該系統同時具有大數據歷史分析能力，能夠提供完整的市場報告以及對大型和複雜風險的評估。

歐盟委員會

2020 年 9 月 24 日，歐盟委員會通過了新數字金融一攬子計劃，包括數字金融和零售支付策略及關於加密資產的立法建議。該提案的目的是在資本、投資者權利和監管方面對穩定幣發行人引入更嚴格的要求。如果穩定幣的發行額超過 500 萬歐元，則要求發行人完成國家主管部門的授權。此外，該機構還要求加密資產發行者發佈白皮書，對資訊披露提出強制性要求。在 12 個月內，提供加密資產總額不超過 100 萬歐元的中小企業可不發佈白皮書。

日本

2016 年 5 月 25 日，日本國會通過《資金結算法》修正案，確定於 2017 年 4 月 1 日起正式實施，標誌著日本承認數字貨幣為合法支付手段，並將其納入法律規制體系之內，成為全球第一個為數字貨幣交易所提供法律保障的國家。2018 年，日本金融廳（FSA）成立戰略發展和管理局，專職處理涉及數字貨幣市場洗錢等問題。2021 年，為應對數字貨幣蓬勃發展，成立了監管去中心化金融及數字貨幣的委員會。

俄羅斯

2020 年 8 月 2 日，俄羅斯《數字金融資產法》通過，允許從 2021 年起在俄羅斯進行數字金融資產（CFA）交易，但禁止在俄羅斯境內將數字貨幣作為支付手段。法案中，俄羅斯銀行和交易所將能夠成為數字金融資產交換運營商，並有權進行買賣交易和此類資產的交換，但必須在俄羅斯央行進行特別註冊登記。俄羅斯銀行有權確定數字金融資產的標誌，只有合規投資者（包括個人投資者）才能購買一定數量內的數字金融資產。該法律還將禁止官員和其他無權在國外擁有帳户（存款）的人，在外國資訊系統中發行數字貨幣。

荷蘭

荷蘭在 1998 年和 2007 年先後通過有關法律，形成荷蘭獨特的金融監管體制——「雙峰模式」。荷蘭中央銀行（DNB）是「雙峰」中的審慎監管機構，統一負責宏觀審慎監管和微觀審慎監管；金融市場監管局（AFM）是「雙峰」中的行為監管機構，負責金融機構的行為監管和金融消費者保護。荷蘭財政部並非「雙峰」監管機構，但在金融監管框架中具有承上啟下的作用，連接荷蘭金融市場、「雙峰」機構和歐盟監管機構。金融穩定委員會是荷蘭「雙峰」監管機構和財政部進行金融監管協調與資訊交換的重要平台。[25] [26]

25 歐陽日輝（2021）。《中國數字金融創新報告（2021）》。北京：社會科學文獻出版社。

26 柏亮（2021）。《數字金融》。北京：中譯出版社。

第六節
中國金融科技的監管政策

中國人民銀行發佈的三項行業標準

2020 年 10 月 21 日，中國人民銀行發佈《金融科技創新應用測試規範》、《金融科技創新安全通用規範》、《金融科技創新風險監控規範》三項行業標準。

《金融科技創新應用測試規範》從事前公示聲明、事中投訴監督、事後評價結束等全生命周期對金融科技創新監管工具的運行流程進行規範，明確聲明書格式、測試流程、風控機制、評價方式等方面要求，為金融管理部門、自律組織、持牌金融機構、科技公司等開展創新測試提供依據。

《金融科技創新安全通用規範》從交易安全、服務品質、演算法安全、架構安全、網路安全、業務連續性保障等方面，明確對金融科技創新相關科技產品的基礎性、通用性要求，為金融科技創新應用健康上線把好安全關口。

《金融科技創新風險監控規範》明確了金融科技創新風險的監控框架、對象、流程和機制，要求採用機構報送、介面採集、自動探測、資訊共用等方式即時分析創新應用運行狀況，實現對潛在風險的動態探測和綜合評估，確保金融科技創新應用的風險總體可控。

2020 年 11 月 2 日國家金融監督管理總局、中國人民銀行就《網路小額貸款業務管理暫行辦法（徵求意見稿）》公開徵求意見，該辦法旨在規範小額貸款公司網路小額貸款業務，防範網路小額貸款業務風險，保障小額貸款公司及客户的合法權益，促進網路小額貸款業務規範健康發展。

國家金融監督管理總局發佈的規章

2020 年 4 月 22 日，國家金融監督管理總局公佈《商業銀行互聯網貸款管理暫行辦法》，該辦法成為中國有關部門完善商業銀行互聯網貸款監管制度的重要舉措，有利於補齊制度短板，防範金融風險，提升金融服務質效。

2022 年 1 月 26 日，國家金融監督管理總局印發《關於銀行業保險業數位化轉型的指導意見》，這是國家金融監督管理總局出台的關於銀行業保險業數位化轉型的首份專門檔，在機制、方法等方面對銀行業保險業數位化轉型予以規範和指導。

工信部印發《「十四五」大數據產業發展規劃》

2021 年 11 月 30 日，工信部印發《「十四五」大數據產業發展規劃》，該規劃做出 6 項重點任務要求，包括加快培育數據要素市場、加強數據「高質量」治理、夯實產業發展基礎、構建穩定高效產業鏈、打造繁榮有序產業生態、築牢數據安全保障防線等。

網信辦起草的規定

2021 年 8 月 27 日國家互聯網資訊辦公室起草《互聯網資訊服務演算法推薦管理規定（徵求意見稿）》（以下簡稱《意見稿》），提出不得實施流量造假、控制熱搜等影響網路輿論，外賣及網約車平台對勞動者、消費者的雙重演算法需規範，保證勞動者演算法的公正透明，抵制演算法對消費者「大數據殺熟」等。相關規定給演算法推薦服務戴上「緊箍咒」。此外，《意見稿》對包括用户註冊、資訊發佈審核、演算法機制機理審核、安全評估監測、安全事件應急處置、數據安全保護和個人資訊保護等在內的方方面面做出規定。

中國的金融科技沙盒監管

北京

2019 年 12 月 5 日，中國人民銀行宣佈支持北京啟動金融科技創新監管試點工作。2020 年 1 月 14 日，央行營業管理部向社會公示 6 個由持牌機構申報的試點應用專案，這一在傳統「行業監管 + 機構自治」監管模式基礎上引入社會監督和行業自律的中國金融科技的監管創新正式登場。至 2022 年，北京版「監管沙盒」累計發佈 3 批 22 個專案；資本市場金融科技創新試點首批的 23 個專案已經啟動。[27]

27 同25

中國結算「e 網通」
證券行業數字人民幣應用場景創新試點
基於人工智能的單帳户配資異常交易檢測系統
證券交易信用風險分析大數據平台
基於信創的金融混合雲構建項目
基於區塊鏈和隱私保護技術的行業風險數據共享平台
基於區塊鏈的客户交互行為體系管理系統項目
基於區塊鏈的證券業電子簽約與存證服務平台
基於隱私計算的債券估值體系建設項目
探研服務數字化解決方案——機構間數據流通解決方案
銷售清算自動化項目
智能排雷項目
基於大數據的智能投資與風險管理平台
基於零售業務敏捷化的雲原生架構實踐
基於區塊鏈的私募基金份額轉讓平台
基於聯邦學習技術的強監管營銷模型的探索

圖 1.24 北京版「監管沙盒」首批 16 個試點項目

上海

2020 年 7 月，中國人民銀行上海總部發佈了上海金融科技創新監管試點應用公示（2020 年第一批），對 8 個擬納入金融科技創新監管試點的應用向社會公開徵求意見，標誌著上海數字金融沙盒監管試點啟動。2021 年 7 月 28 日，上海國際金融科技創新中心啟用。該中心承擔了上海市金融科技創新監管試點，即上海版「監管沙盒」的輔導工作。上海「沙盒」側重於基於區塊鏈和大數據的產業鏈金融風控技術，促進金融和產業鏈及數字政務的融合。

廣州

2020 年 7 月，廣州開始徵集金融科技「監管沙盒」試點專案，截至 2022 年，廣州市已經完成三批金融科技「監管沙盒」試點。該市「監管沙盒」涉及參與主體涵蓋了監管部門、商業銀行、科技公司、科研院所等，專案類型包括金融服務和科技產品，應用場景聚焦監管科技、普惠金融、風險防控等領域。作為外貿金融服務較多的城市，廣州「沙盒」側重於跨境金融服務安全和小微金融風控。

深圳

2020 年 7 月，深圳市公佈首批創新監管試點應用，首批 4 項應用中，3 項應用類型是金融服務，總體偏向於具體的金融業務服務。深圳作為對外開放的前沿城市，其創新應用服務於獨特的城市定位，例如基於區塊鏈技術做境外人士薪酬驗證等。2021 年，深圳市著手探索在前海及深港科技創新合作區等率先試點跨境金融創新「沙盒監管」管理模式，央行深圳支行計劃與香港率先開展跨境監管沙盒試點。

蘇州

2020 年 8 月，蘇州公示首批「監管沙盒」應用，從業務類型看，蘇州首批試點創新應用專案涵蓋徵信、小微信貸等領域，聚焦金融服務難點痛點，特別是金融支持疫情防控和復工複產、長三角一體化等國家政策和戰略。2021 年，蘇州將數字人民幣初創企業引入「監管沙盒」。

杭州

2020 年 6 月，杭州市宣佈徵集首批金融科技創新監管試點創新應用專案。根據《杭州國際金融科技中心建設專項規劃》目標，杭州計劃將探索借鑒英國、新加坡等地沙盒監管實踐經驗，確定特定區域，制定透明化、標準化、科技化的沙盒監管流程。杭州作為電商大數據比較發達的地區，其沙盒應用側重於大數據、區塊鏈和分佈式帳本技術。

重慶

2020 年 8 月，重慶市公佈首批「沙盒」試點名單，重點圍繞小微企業融資、涉農金融服務等痛點難點問題展開。重慶作為西部直轄市，地方特色鮮明，對「三農」問題著力頗多。在 2020 年，重慶著手建設國家金融科技認證中心，探索發展金融科技新業態。重慶市總體傾向於金融標準化創新，打造國家金融科技認證中心。

雄安新區

2020 年 8 月，雄安新區金融科技創新監管試點工作組面向社會公示首批 5 個創新應用。雄安新區的「沙盒」傾向於結合該區大規模建設實際需求，依託科技公司創新優勢，運用現代資訊技術賦能金融，惠民利企、提質增效。第二批則進一步探索將 5G 切片、電子圍欄、大數據、端到端加密等先進技術應用於銀行業務辦理、金融交易反欺詐等場景。

02 第二章

chapter 2

數字金融生態：從帳本到投資

第一節
數據與金融：帳本、複式記帳法、現金流量表

複式記帳法和傳統帳本

我們在上一章提到了複式記帳法，它創造了一種科學地從會計憑證中獲取有關經濟往來和經營成果的重要資訊的記帳方法，為現代企業和商業社會的形成準備了一個完美的記帳方法論。德國哲學家歌德（Johann Wolfgang Von Goethe）讚譽它為「人類智慧的絕妙創造之一，每一個精明的商人從事經營活動都必須利用它」。

複式記帳法是指以資產與權益平衡關係作為記帳基礎，對於每一項經濟業務，都要在兩個或兩個以上的帳户中相互聯繫地進行登記，系統地反映資金運動變化結果的一種記帳方法，即「有借必有貸，借貸必相等」。記帳是指將經濟活動的數據記錄在帳本上。帳本是具有一定的格式，以原始憑證為依據，對所有經濟業務按序分類記錄的帳冊。原始憑證則是在經濟業務發生或完成時取得，用以記錄或證明經濟業務的發生或完成情況的憑據，它是進行會計核算工作的原始資料

和重要依據，反映了最原始的交易資訊，是明確經濟責任的核心。隨著資訊技術的發展，帳本逐漸向數位化演進，出現了各類會計資料庫。帳本的數位化節省了人工、便於查詢、檢索能力強、效率高、綠色環保。會計電算化已成為當今會計工作的主要工具。

傳統帳本的核心資訊：現金流量表分析

現金流量表是對資產負債表、利潤表反映企業價值時過分注重淨資產、淨利潤的校正。企業的價值實現不僅體現在利潤的高低上，也體現在現金流上；現金流的水準能夠反映企業實現價值能力的高低；經營活動、投資活動、籌資活動的現金淨流量能反映企業的經營狀況。如果公司經營狀況正常，經營活動產生的現金流量應佔主要部分。

具體來說，現金流量表的分析可從以下五個方面進行。

1. 流入、流出原因的分析

現金流量表將現金流量劃分為經營活動、投資活動和籌資活動所產生的現金流量，並按現金的流入、流出專案分別反映，有利於報表使用者對其流動原因進行分析。通過該表，報表使用者可以清楚地瞭解企業當期現金流入、流出的原因，即現金的來源和去向。

2. 償債能力的分析

在分析企業償債能力時，首先要看企業當期取得的現金收入在滿足生產經營所需現金支出後，是否有足夠的現金用於償還到期債務。在資產負債表和利潤表的基礎上，可以用短期償債能力、長期償債能力兩個比率來分析。

3. 利潤品質的分析

利潤表是企業根據權責發生制原則和配比原則編制的，利潤品質往往受到一定的影響，它不能反映企業生產經營活動產生了多少現金，但通過經營活動的現金流量與會計利潤進行對比，就可以對利潤品質進行評價。

4. 適應能力與變現能力分析

企業的財務適應性和變現能力可以通過經營活動的現金流量佔全部現金流量的比例進行分析。其比例越高，說明企業經營活動的現金流量越大，流速越快，企業的財務基礎越穩固，從而企業的適應能力與變現能力越好，抗風險能力也就越強。

5. 企業未來狀況分析

評價過去是為了預測未來，雖然現金流量表反映的是企業過去一定時期內現金流量變化的動態資訊，但它卻為預測企業未來的財務狀況提供了較可靠的數據。

分佈式帳本

隨著資訊技術的發展，帳本逐漸向數位化演進，分佈式帳本是帳本技術繼數位化之後又一次重大飛躍。分佈式帳本技術（Distrubuted Ledger Technology，簡稱 DLT）不僅傳承了傳統的記帳哲學，而且因其技術創新具有獨特優勢。在工作量證明機制中，礦工通過「挖礦」完成對交易記錄的記帳過程，為網路各節點提供了公共可見的去中心化共用總帳（Decentralized Shared Ledger，簡稱 DSL）。每條區塊鏈即是一本帳本，在會計意義上與傳統帳本無本質差別，但從技術角度看，DLT 帳本不僅傳承了傳統的記帳哲學，又以其獨特的創新，具有一些傳統帳本無法比擬的優點，不僅可以在公司帳本，還可以在國家帳本和行業帳本編制上發揮所長，解決痛點，傳承歷史。以下介紹的是兩種主要的分帳式帳本技術：比特幣和以太坊。

傳統的記帳模式基於帳户。在會計上，帳户（Account）是根據會計科目設置的用於反映會計要素的增減變動情況及其結果的載體；在系統實現上，帳户是一系列服務合約（Agreement）的承載體，一個帳户中可能集合了多種產品或者服務，帳户餘額的變化是機構對產品或者服務產生的原始交易數據進行記錄、匯總、分類、整理後反映在帳户上的結果。傳統的電子支付通過開立在中心化機構的帳户餘額的變化而實現，完全依賴於中心機構。與之不同，比特幣系統在帳本處理上採用了另一種新的模式，即未花費的交易輸出（Unspent Transaction Output，簡稱 UTXO）模式。

從經濟學角度看，UTXO 實質上是經公眾一致同意後的未來價值索取權。具體而言，當一筆交易完成後，各節點對這筆交易行為及其結果形成共識，一致同意賣方在賣出商品後從買方手中獲得在未來某一時刻向其他賣方買入相同價值商品的權利，這一未來價值索取權被廣泛接受，無人反對，在下次交易中用於支付，無人拒絕。得到這一權利的充要條件是，有相應的已獲得節點共識的交易發生。用相關術語來說，就是需要有交易輸入，才能得到交易輸出。

比特幣區塊鏈不需要帳户，卻通過 UTXO 完成了「價值」的轉移，UTXO 扮演了「貨幣」的角色。實質上，貨幣的本質是一種獲得社會廣泛共識的未來價值索取權。而 UTXO 則是一種在區塊鏈網路裏獲得參與者共識的未來價值索取權，較為接近貨幣的本質。不過，它僅在有限的共識範圍內發揮著交易媒介和支付功能。比特幣系統還規定了UTXO 的計價單位是「聰」，10 的 8 次方聰等於一個比特幣，以更好地發揮 UTXO 的貨幣功能。這就是比特幣的本質。比特幣是一種價值符號或價值單位，代表了一定價值的已得到共識的未來價值索取權。

UTXO 資訊與交易資訊是一體的，因此，沿用傳統帳户處理的思路，UTXO 表達的價值形式也可以轉換成帳户的形式。比如，比特幣錢包裏的帳户餘額就是 UTXO 聚合計算的產物。而以太坊則在區塊鏈的基礎上引入傳統帳户的概念，將交易作用於帳户的過程描述為狀態轉換函數：appLY（S,TX）→ S，其中 TX 代表交易，S 代表狀態（State）。根據以太坊的定義，狀態是由被稱為「帳户」的對象和在帳户之間轉移價值和資訊的狀態轉換構成。每個帳户是一個 20 位元組的地址，可以是交易者的地址，也可以是合約的地址。通過狀態轉換，系統自動算出每個帳户的餘額。顯然，這與原來由中心機構承擔的帳户處理工作沒有差異，只是此時承擔者改為了演算法代碼。於是，繼 UTXO 模式之後，DLT 帳本出現了類似於傳統帳本的 Account 模式。

與 Account 模式相比，UTXO 模式的優勢在於，可以並行處理，提高效率。但是，UTXO 模式要存儲所有流量資訊，數據存儲壓力較大，Account 模式只請求當前的存量資訊，忽略所有流量資訊，但前提是，當前的存量資訊是可信的。從監管角度看，UTXO 模式存儲了所有流量資訊，更有利於監管和審計。但 UTXO 與 Account 各有優劣，可以將兩種模式進行融合，發揮各自所長。比如，為了加快同步速度，可以在 UTXO 模式中引入 Account，典型代表是以太坊；為了進行併發處理，Account 模式可以參考 UTXO 的理念對帳户進行拆分，即不同的部門創建不同的帳户，一個用户擁有多個帳户，各自帳户的交易自然就可以並行處理，處理完之後再將所有帳户的餘額相加獲得總餘額。

就像傳統記帳既核算存量資訊，又核算流量資訊一樣，UTXO 模式與 Account 模式的融合為資訊需求者提供了更加完整、立體的帳本資訊，正成為當前 DLT 帳本的發展趨勢。

UTXO 與傳統的複式記帳法內涵一致，但 DLT 帳本對傳統帳本技術做了如下改進。

第一，不易偽造，難以篡改，效率高，且可追溯，容易審計。傳統帳本，無論是紙質的帳本，還是電子化的帳本，均容易偽造和篡改。而且從原始憑證到會計帳本的帳務處理，容易出錯。而區塊鏈技術的 UTXO 設計通過哈希函數、時間戳、默克爾樹等巧妙的數據結構設計並輔以密碼學和共識演算法，實現歷史交易記錄的難以篡改和不易偽造，並利用演算法函數（比如以太坊的狀態轉換函數）自動計算出帳户餘額，效率高，又不出錯。UTXO 記帳模式還具有可追溯特點，容易審計。

第二，通過交易簽名、共識演算法和跨鏈技術保障分佈式帳本的一致性，自動即時完成帳證相符、帳帳相符、帳實相符。應該說，任何主體都有記帳的權利，有自己的一本帳。而且同一主體通常持有多種帳本，比如企業有出納帳、現金日記帳、銀行存款日記帳、存貨日記帳、進銷存日記帳、營業費用明細帳、總分類帳、管理費用明細帳、應收帳款明細帳、固定資產明細帳、應付帳款明細帳、無形資產明細帳、實收資本明細帳等多種帳本。從這個角度看，帳本從來就是「分佈式」帳本，沒有所謂的中心化帳本。由於帳本的易偽造和易篡改，如何保障和維持各類「分佈式」帳本的一致性則成為會計工作的關鍵，以及審計的重點。可以說，通過特有的單鏈記帳技術和跨鏈記帳技術，DLT 帳本省去了大量既費時間，又耗成本，還容易出錯的對帳工作，自動即時達成了各類「分佈式」帳本的一致性。

第三，將數據權利交還給個體。之前，許多參與者的個體資訊在各類帳本上「留痕」，尤其是隨著數字經濟的發展，個人數據隱私保護問題越來越突出。我國《網路安全法》和歐盟通用數據保護法案GDPR（General Data Protection Regulation）從法律角度規定了數據主體享有知情權、訪問權、反對權、可攜權、被遺忘權等多項權利，以加強個人隱私保護。而 DLT 則從技術層面著手，採用數字簽名及加密等技術手段，把數據權利真正交還給了個體。通過採用零知識證明、同態加密、安全多方計算、環簽名、群簽名、分級證書、混幣等密碼學技術及解決方案，還可實現交易身份及內容的隱私保護。

第四，提高財務報表資訊的價值。DLT 帳本具有可追溯、難以篡改和不易偽造的特性，可以保障財務報表資訊的真實性和可靠性，不僅如此，DLT 帳本還可以在以下方面進一步提高財務報表資訊的價值。一是提高財務報表資訊的及時性。傳統的會計處理、記錄和對帳需要成本，因此基於成本收益原則，傳統會計核算一般是按月度、季度、半年度或年度來編制披露會計報表，這種基於會計分期假設定期編制的財務報表具有嚴重滯後性，影響了財務資訊的及時性。投資者、債權人、財務分析人員、企業管理者等相關資訊需求主體的決策是不間斷地進行的，他們希望隨時都能得到決策所需要的資訊。財務資訊的及時性至關重要。從技術可行性看，基於自動化執行、即時記帳又能實現全局一致性的 DLT，暫態的資產負債表編制已成為可能。這或許將是財務會計的一次重大變革。當然，這還需要滿足一些必要前提條件，比如，DLT 帳本應有足夠的泛在性，能夠全面覆蓋各類會計要素。二是，提高財務報表資訊的相關性。根據財務報告的滿足需求原則，財務報表是為了滿足資訊使用者的決策需求，因此財務報表資訊應與資訊使用者的決策相關。與歷史成本資訊相比，公允價值資訊更具有相關性。然而，傳統記帳方式，由於前述所言財務報表的編制和披露難以做到及時性，不得不更多依靠歷史成本計量法，影響了財務資訊與使用者決策的相關性。而利用 DLT，不僅可以實現財務資訊的可靠性，還能實現財務報表編制的及時性，使基於公允價值的計量變得更加可行，從而更好地滿足資訊使用者的需求。三是，提高財務報表資訊的全局性。同樣，由於記帳需要成本，因此基於成本收益原則，傳統財務報表通常有選擇地反映預先認為對決策者有用或重要的資訊。資訊使用者僅能掌握企業經營活動的部分資訊，而非全局資訊。而 DLT 的應用不僅可以降低記帳成本，提高效率，還可以讓資訊使用者穿透式獲得企業運營的全局資訊，提高決策效率。不過在此過程中，可能會涉及相關利益主體的知情權和企業商業機密之間的資訊披露邊界問題，需要進一步權衡。此外，全局資訊的獲取意味著資訊的大規模增長，如何更好地提取資訊價值則成為關鍵。從這個角度看，DLT 與大數據分析、雲計算、人工智慧等科技的融合很可能會成為未來帳本技術的發展方向。

綜上，帳本技術現代化是公司治理乃至國家治理現代化的基礎。DLT 有其獨特的優勢，有望發揮重要作用，當然它也存在不足，比如擴展性尚不能滿足要求，數據隱私和訪問控制有待改進，如何與現有會計核算體系相融合，如何更好地將其應用於各類帳本編制，需要進一步試錯和探索。因此應注意發揮技術應用的規模效應和協同效應，從而最大限度地釋放出 DLT 帳本的正能量。

數據要素與數字金融

數據作為生產要素，是數字經濟的基礎。數字金融就是金融業對數據要素提供的金融服務。數據發揮作用的前提是流通、定價、融合，打造數據生態。在數據要素和資本相結合的過程中，金融業是核心支撐和基礎設施。但目前金融業為數據服務還存在數據確權、數據資產化和數據流通定價等問題。數據資產化能夠加快數據確權，由於數據存在可用可不見的屬性，因此未來數據流通的主體應該是數據的特定使用權而不是數據本身。因此，要建設數字金融和數據生態，必須從數據的使用權和受益權入手進行有益探索。

數據是社會個體和政府對自然資源和社會資源進行優化的決策依據。社會個體是生產數據和提供決策依據的「神經末梢」，同時也不斷利用數據進行自身的「局部優化」。政府則是進行「整體優化」的「大腦」。

數據要素服務於實體經濟，是數字經濟的基礎。數據對實體經濟有著重要的驅動作用，是優化資源、連接創新、啟動資金、培育人才、推動產業升級和經濟增長的關鍵生產要素。數據流是引領物資流、服務流、資金流、人才流、技術流和知識流的中樞。

金融數據是金融業在提供服務時所產生的和所需要使用的數據。數字金融是金融業對數據要素提供的金融服務。

單個生產要素無法獨立產生價值，不同的生產要素只有相互結合才能發揮作用。在市場經濟中，資本和金融業是最直接的經濟利益傳導機和資源效率放大器。數據要素與資本和金融業相結合是貫徹「健全數據要素由市場評價貢獻、按貢獻決定報酬的機制」的必然道路。

數據真正成為社會化的生產要素需要金融支撐和金融服務。數據要素化需要進行數據建設、數據要素化基礎設施建設和數據生態建設，需要大量投資。數據作為有價值的「資產」，需要金融業為其投資、持有和流通提供全方位的金融支撐和資產服務。數字金融是數據要素化的關鍵基礎設施之一。

數據要素，是現代金融業必須正視的、在可見的未來最大最重要的新資產類別，也將成為實體經濟和現代金融業大多數客户的核心資產。數字金融的未來已來。

數字金融生態：大數據、雲計算、人工智慧、區塊鏈

20世紀90年代，隨著互聯網的發展及其在經濟生活中的廣泛應用，數字經濟已經在全球興起，成為推動經濟增長的重要動力。

數字經濟的基礎在於數字金融，其主要是利用技術創新金融產品、商業模式、技術應用和業務流程。金融最根本的問題就是資訊不對稱，資訊不對稱會導致逆向選擇，或者是道德風險的問題，數字技術（大數據、人工智慧、雲計算、區塊鏈等）正在從根本上幫助解決上述系列基本問題。

大數據

大數據指的是所涉及的資料規模巨大到無法透過目前主流軟體工具，在合理時間內達到擷取、管理、處理並整理成為幫助企業經營決策更積極目的的資訊。在維克托·邁爾 - 舍恩伯格（Viktor Mayer-Schönberger）及肯尼斯·庫克耶（Kenneth Cukier）編寫的《大數據時代》（Big Data:A Revolution That Will Transform How We Live,Work,and Think）中，大數據指不用隨機分析法（抽樣調查）這樣的捷徑，而對所有數據進行分析處理。大數據可歸納為五大特點：大量（Volume）、高速（Velocity）、多樣（Variety）、低價值密度（Value）、真實性（Veracity）。

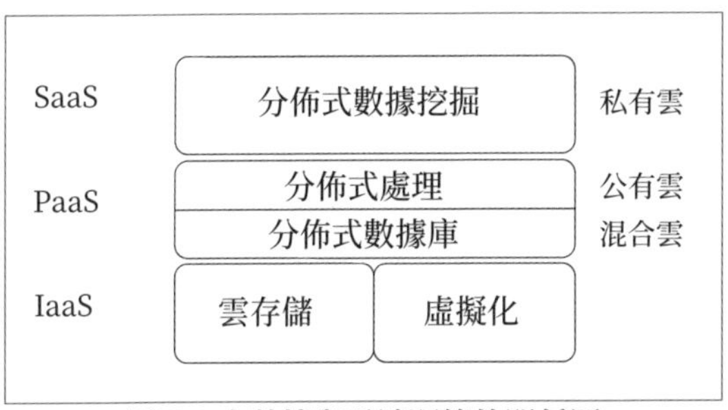

圖 2.1 大數據與雲端運算的關係圖

註 :SaaS(Software-as-a-Service) 軟體即服務 ;PaaS(Platform as a Service) 平台即服務 ; IaaS(Infrastructure as a Service) 基礎架構即服務

麥肯錫全球研究所給出的大數據定義是：一種規模大到在獲取、存儲、管理、分析等方面大大超出了傳統資料庫軟體工具能力範圍的數據集合，具有海量的數據規模、快速的數據流轉、多樣的數據類型和價值密度低等四大特徵。

大數據技術的戰略意義不在於掌握龐大的數據資訊，而在於對這些含有意義的數據進行專業化處理。換而言之，如果把大數據比作一種產業，那麼這種產業實現盈利的關鍵在於提高對數據的「加工能力」，通過「加工」實現數據的「增值」。

從技術上看，大數據與雲計算的關係就像一枚硬幣的正反面一樣密不可分。大數據必然無法用單台的電腦進行處理，必須採用分佈式架構。它的特色在於對海量數據進行分佈式數據挖掘，但它必須依託雲計算的分佈式處理、分佈式資料庫和雲存儲、虛擬化技術。

隨著雲時代的來臨，大數據需要特殊的技術，以有效地處理大量的容忍經過時間內的數據。適用於大數據的技術，包括大規模並行處理（MPP）資料庫、數據挖掘、分佈式檔系統、分佈式資料庫、雲計算平台、互聯網和可擴展的存儲系統。結構如圖 2.2 所示。

理論 Theory	實踐 Utilization	技術 Technology
1. 特徵定義	1. 互聯網的大數據	1. 雲計算
2. 價值討論	2. 政府的大數據	2. 分佈式處理平台
3. 現在和未來	3. 企業的大數據	3. 存儲技術
4. 大數據隱私	4. 個人的大數據	4. 感知技術

圖 2.2 大數據的結構圖

大數據包括結構化、半結構化和非結構化數據，非結構化數據越來越成為數據的主要部分。大數據就是互聯網發展到現今階段的一種表像或特徵而已，在以雲計算為代表的技術創新大幕的襯托下，這些原本看起來很難收集和使用的數據開始容易被利用起來了，通過各行各業的不斷創新，大數據會逐步為人類創造更多的價值。

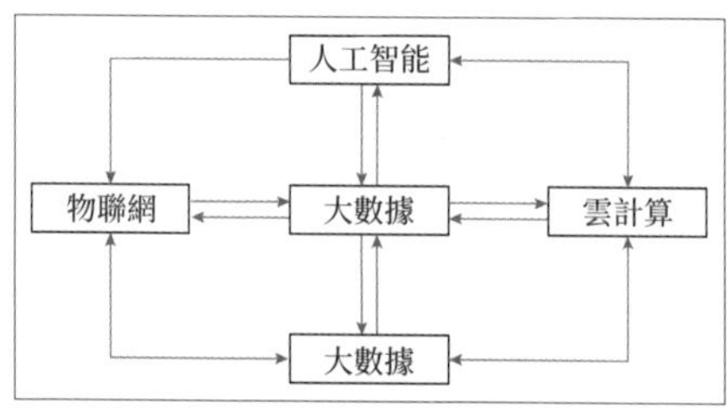

圖 2.3 大數據的價值

不過，「大數據」在經濟發展中的巨大意義並不代表其能取代一切對於社會問題的理性思考，科學發展的邏輯不能被湮沒在海量數據中。著名經濟學家路德維希·馮·米塞斯（Ludwig Heinrich Edler von Mises）曾提醒過：「就今日言，有很多人忙碌於資料之無益累積，以致對問題之說明與解決，喪失了其對特殊的經濟意義的瞭解。」

隨著大數據的快速發展，就像電腦和互聯網一樣，大數據已成為新一輪的重要技術革命。隨之興起的數據挖掘、機器學習和人工智慧等相關技術，將改變數據世界裏的演算法和基礎理論，實現科學技術上的突破，從而使數字資產成為推動全球增長的核心引擎。

雲計算

雲計算是分佈式計算技術的一種，它的原理是通過網路「雲」，將所運行的巨大的數據計算處理程式分解成無數個小程式，再交由計算資源共用池進行搜尋、計算及分析後，將處理結果回傳給用户。

雲連接著網路的另一端，為用户提供了可以按需獲取的彈性資源和架構。用户按需付費，從雲上獲得需要的計算資源，包括存儲、資料庫、伺服器、應用軟體及網路等，大大降低了使用成本。

雲計算的本質是從資源到架構的全面彈性，這種具有創新性和靈活性的資源降低了運營成本，更加契合變化的業務需求。

雲計算有三個種類：

1. 公有雲：公有雲通常指第三方提供商提供給用户使用的雲端，公有雲一般可通過互聯網使用。借助公有雲，所有硬體、軟體及其他支持基礎架構均由雲端提供商擁有和管理。

2. 私有雲：私有雲是為一個客户單獨使用而構建的雲端，因而提供對數據、安全性和服務品質的最有效的控制。使用私有雲的公司擁有基礎設施，並可以控制在此基礎設施上部署應用程式的方式。

3. 混合雲：混合雲是公有雲和私有雲這兩種部署方式的結合。由於安全和控制原因，企業中並非所有的資訊都能放置在公有雲上。因此，大部分已經應用雲計算的企業將會使用混合雲模式。

雲計算的服務類型也可分為三種：

1. 基礎設施即服務（IaaS）：為企業提供計算資源——包括伺服器、網路、存儲和數據中心空間。

2. 平台即服務（PaaS）：為基於雲端的環境提供了支持構建和交付基於 Web（雲端）的應用程式的整個生命週期所需的一切。

3. 軟體即服務（SaaS）：在雲端的遠程電腦上運行，這些電腦由其他人擁有和使用，並通過網路和 Web 瀏覽器連接到用户的電腦。

總之，雲計算是當前最火爆的三大技術領域之一，其產業規模增長迅速，應用領域也在不斷擴展，從政府應用到民生應用，從金融、交通、醫療、教育領域到創新製造等，全行業延伸拓展。

人工智慧

人工智慧亦稱智械、機器智能，指由人製造出來的機器所表現出來的智能。通常人工智慧是指通過普通電腦程式來呈現人類智能的技術。隨著醫學、神經科學、機器人學及統計學等學科的進步，人工智慧已進入大規模應用推廣的階段，有些預測甚至認為人類的無數職業將逐漸被人工智慧取代。

美國斯坦福大學人工智慧研究中心約翰·尼爾遜（Nils John Nilsson）教授在其著作《理解信念：人工智慧的科學理解》（Understanding Beliefs）對人工智慧下了這樣一個定義：「人工智慧是關於知識的學科——怎樣表示知識以及怎樣獲得知識並使用知識的科學。」而另一位美國麻省理工學院的帕特里克·亨利·溫斯頓（Patrick Henry Winston）教授在其著作《人工智慧》（Artificial Intelligence）中指出：「人工智慧就是研究如何使電腦去做過去只有人才能做的智能工作。」這些說法反映了人工智慧學科的基本思想和基本內容，即人工智慧是研究人類智能活動的規律，構造具有一定智能的人工系統，研究如何讓電腦去完成以往需要人的智力才能勝任的工作，也就是研究如何應用電腦的軟硬體來模擬人類某些智能行為的基本理論、方法和技術。

人工智慧是研究使用電腦來模擬人的某些思維過程和智能行為（如學習、推理、思考、規劃等）的學科，主要包括電腦實現智能的原理、製造類似於人腦智能的電腦，使電腦能實現更高層次的應用。人工智慧涉及電腦科學、心理學、哲學和語言學等學科，幾乎涵蓋了自然科學和社會科學的所有學科，其範圍已遠遠超出了電腦科學的範疇。人工智慧與思維科學的關係是實踐和理論的關係，是處於思維科學的技術應用層次，是一個應用分支。從思維觀點看，人工智慧不僅限於邏輯思維，更要考慮形象思維、靈感思維，這樣才能促進人工智慧實現突破性的發展。數學常被認為是多種學科的基礎科學，數學已進入語言和思維領域，因此人工智慧學科必須借用數學工具，使其在標準邏輯、模糊數學等方面發揮作用。數學進入人工智慧學科後，它們將互相促進而實現更快地發展。通常，「機器學習」的數學基礎是「統計學」「資訊理論」和「控制論」，當然還包括其他非數學學科。這類「機器學習」對「經驗」的依賴性很強。電腦需要不斷從解決一類問題的經驗中獲取知識和學習策略，在遇到類似的問題時，運用經驗知識解決問題並積累新的經驗，就像普通人一樣。這樣的學習方式被稱之為「連續型學習」。但人類除了會從經驗中學習之外，還會創造，即「跳躍型學習」，這在某些情形下可以被稱為「靈感」或「頓悟」。一直以來，電腦最難學會的就是「頓悟」，或者再嚴格一些來說，電腦在學習和「實踐」方面難以學會「不依賴於量變的質變」，很難從一種「質」直接到另一種「質」，或者從一個「概念」直接到另一個「概念」。正因為如此，電腦的「實踐」並非和人類的實踐一樣。人類的實踐過程同時包括經驗和創造。

從人工智慧的發展過程來看，1956 年夏季，以麥卡賽、明斯基、羅切斯特和申農等為首的一批有遠見卓識的年輕科學家在一起聚會，共同研究和探討用機器模擬智能的一系列有關問題，並首次提出了「人工智慧」這一術語，標誌著「人工智慧」這門新興學科的正式誕生。IBM 公司「深藍」電腦擊敗了人類的世界國際象棋冠軍更是人工智慧技術的一個完美表現。

從 1956 年正式提出人工智慧學科算起，50 多年來，該學科已取得長足的發展，成為一門廣泛的交叉和前沿科學。總的說來，人工智慧的目的就是讓電腦這台機器能夠像人一樣思考。如果希望做出一台能夠思考的機器，那就必須知道什麼是思考，更進一步講就是什麼是智慧。2019 年，人工智慧 Pluribus 在六人桌德州撲克比賽中擊敗多名世界頂尖選手，突破了人工智慧僅能在國際象棋等二人遊戲中戰勝人類的局限。

美國認知模擬經濟學家、1975 年圖靈獎得主、1978 年諾貝爾經濟學獎獲得者赫伯特·西蒙（Herbert Alexander Simon）和電腦科學認知資訊學領域的科學家艾倫·紐厄爾（Allen Newell）研究人類解決問題的能力和嘗試將其形式化，同時他們為人工智能的基本原理打下了堅實基礎，如認知科學、運籌學和經營科學等。他們的研究團隊使用心理學實驗的結果來開發模擬人類解決問題的方法的程式。這種方法一直在美國卡內基梅隆大學被沿襲下來，並在 20 世紀 80 年代發展到高峰。不同於艾倫·紐厄爾和赫伯特·西蒙，美國斯坦福大學人工智慧實驗室主任約翰·麥卡錫 (John Mccarthy Joseph Raymond McCarthy）教授則基於邏輯，認為機器不需要模擬人類的思想，應嘗試找到抽象推理和解決問題的本質，而不管人們是否使用同樣的演算法。他在斯坦福大學的實驗室致力於使用形式化邏輯來解決多種問題，包括知識表示、智能規劃和機器學習。致力於邏輯方法的還有英國愛丁堡大學，這也促成了歐洲的其他地區開發編程語言 PROLOG 和邏輯編程科學。而「反邏輯」的研究者，如斯坦福大學教授馬文·閔斯基（Marvin Lee Minsky）和西摩爾·派普特 (Seymour Aubrey Paper）發現要解決電腦視覺和自然語言處理的困難問題，則需要專門的方案。他們主張不存在簡單和通用的原理能夠達到所有的智能行為。而羅傑·香克（Roger Schank）在美國西北大學成立了學習科學研究所 ILS，他將他們的「反邏輯」方法描述為 SCRUFFY，斯坦福大學電腦科學家道格·萊納特 (Douglas Lenat) 的 CYC 就是 SCRUFFY AI 的例子，因為他們必須人工一次性編寫一個複雜的概念。在 1970 年出現大容量記憶體電腦後，研究者分別以三個方法開始把知識構造成應用軟體，這就是基於知識的方法。這場「知識革命」促成了專家系統的開發與規劃。「知識革命」同時讓人們意識到許多簡單的人工智慧軟體可能需要大量的知識，包括哲學和認知科學、數學、神經生理學、心理學、電腦科學、資訊理論、控制論、不定性論、仿生學和社會結構學等。

人工智慧具有廣泛的應用領域，包括機器翻譯、智能控制、專家系統、機器學習、語言和圖像處理等，產生了遺傳編程機器人工廠、自動程式設計、航太應用、龐大的資訊處理、儲存與管理、執行化合生命體無法執行的或複雜或規模龐大的任務等。

人工智慧在實踐中包括兩種觀點：弱人工智慧（Top-Down AI）的觀點認為不可能製造出能真正地推理（Reasoning）和解決問題（Problem-Solving）的智能機器，這些機器只不過看起來像是智能的，但是並不真正擁有智能，也不會有自主意識。強人工智能（Bottom-Up AI）的觀點認為有可能製造出真正能推理（Reasoning）和解決問題

（Problem-Solving）的智能機器，這樣的機器將能被認為是有知覺的，有自我意識的。強人工智能可以有兩類：類人的人工智慧，即機器的思考和推理就像人的思維一樣；非類人的人工智慧，即機器產生了和人完全不一樣的知覺和意識，使用和人完全不一樣的推理方式。弱人工智慧如今不斷地迅猛發展，隨著機器人等實現再工業化，工業機器人以比以往任何時候更快的速度發展，更加帶動了弱人工智慧和相關領域產業的不斷突破，很多必須由人來做的工作如今已經能用機器人實現。強人工智能則隨著算力和演算法的提升，其運用也在廣泛的領域中取得了重大進展，如無人駕駛、機器學習、腦機介面等。

伴隨著人工智慧和智能機器人的發展，人類將面臨的是人工智慧本身就是超前研究，需要用未來的眼光開展現代的科研，因此很可能觸及倫理底線。作為科學研究可能涉及的敏感問題，就需要針對可能產生的衝突及早採取預防措施，而不是等到問題和矛盾到了不可解決的時候才去想辦法化解。

英國知名物理學家霍金（Stephen William Hawking）表示：「電腦具備的人工智慧將會在未來 100 年中的某個時點超越人類的智能。當這種情形發生時，我們必須確保電腦是站在人類這邊的。」霍金說道：「我們的未來是在日益崛起的科技力量與我們試圖掌控它們之間的一場競賽。」同時，霍金還警告稱：「發明 AI（人工智慧）可能會成為人類歷史上最大的災難，如果管理不善，會思考的機器可能會為文明畫上句號。」

隨著區塊鏈技術的產生和應用，區塊鏈與人工智慧的融合將成為建立數據安全和可信社會的基礎。

區塊鏈

區塊鏈技術是指多個節點間，基於加密鏈式區塊結構、分佈式節點共識協議、P2P 網路（對等網路）通信技術和智能合約等技術，組合而成的一種去中心化基礎架構。區塊鏈技術是多項成熟技術的一次整合。區塊鏈技術源於比特幣系統的底層框架，是具備去中心化、去信任化、集體維護、時序數據、可編程和不可篡改等特點的分佈式存儲框架，對於金融領域乃至整個宏觀社會系統具有重大現實意義。區塊鏈是由一些已經成熟的技術整合而成，區塊鏈目前主要有公有鏈、聯盟鏈及私有鏈三類，數據層、網路層、共識層、激勵層、合約層和應用層構成了區塊鏈底層基礎架構。除了比特幣系統外，區塊鏈主流開發平台還包括以太坊和超級帳本。

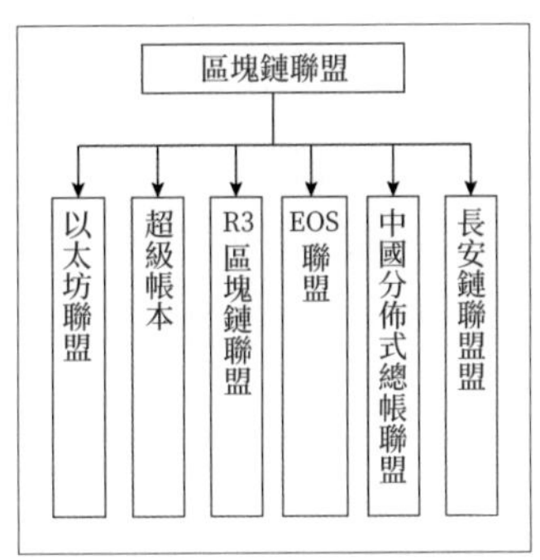

圖 2.4 區塊鏈聯盟組織

區塊鏈技術表面只是一個分佈式環境下的塊鏈式結構存儲技術，而實際內涵卻十分豐富，講述區塊鏈的發展史可分為以下三個階段。

區塊鏈 1.0 階段：2009 年至 2014 年底。進入 21 世紀的華爾街，金融衍生品如雨後春筍般發展並氾濫，由於美國政府濫發鈔票引發次貸危機，最終導致 2008 年的金融危機爆發。此時，一個叫中本聰的人，為了抗議政府濫發鈔票所造成的通脹而發明了比特幣（BTC），第一次提出了區塊鏈的概念。比特幣的「去中心化」思想迎合了人們對自由財富權利的需求，1.0 階段的區塊鏈由此誕生。這一階段，大部分區塊鏈應用主要以比特幣網路為基礎，或者直接修改比特幣源代碼實現應用（即可編程貨幣）。區塊鏈技術的主要應用是去中心化的數字支付系統。2010 年 5 月，程式員 Laszlo Hanyecz 用 1 萬枚比特幣購買了兩個比薩，完成了首個比特幣真實交易。

區塊鏈 1.0 的特點：以區塊鏈為單位的塊鏈式數據結構，全網共用帳本、非對稱加密及源代碼開源，具備去中心化的數字貨幣和支付平台的功能。區塊鏈 1.0 的意義是創造了區塊鏈技術和落實了數字貨幣，解決了貨幣支付的安全問題和信任問題。但是區塊鏈 1.0 的應用還很狹隘，只滿足數字貨幣的交易和支付功能並且交易速度比較慢，因此該階段的區塊鏈難以深入人心，從而發展到了區塊鏈 2.0 階段。

區塊鏈 2.0 階段：2015 年底至 2017 年底。區塊鏈 2.0 是指智能合約與數字貨幣相結合，給金融領域提供了更加廣泛的應用場景。這一階段中，以太坊（ETH）最為典型。以太坊是一個開源的有智能合約功能的公共區塊鏈平台。以太坊最大的成功是在比特幣系統的基礎上，增加了智能合約，使區塊鏈的應用從貨幣體系發展到了股票、債券、期貨、貸款、抵押、產權、保險等金融和商業領域，這樣就極大地擴展了區塊鏈技術的應用範圍。例如一度火爆的 ICO（Initial Coin Offering）被認為是帶來 2017 年數字貨幣大牛市的主要原因。ICO 是一種為數字貨幣 / 區塊鏈專案籌措資金的方式。通過 ICO，許多國內巨頭公司和政府機構紛紛開啟了區塊鏈技術的研發。

區塊鏈 2.0 的特點：各種數字權益開始上鏈，將區塊鏈技術應用到了數字貨幣以外的領域，在人類歷史上首次出現了可編程金融。以太坊作為一種圖靈完備的底層協議，相對於區塊鏈 1.0 具有較大的優勢。

比特幣是事先設定好系統，而以太坊則是一種靈活的、可編程的區塊鏈。在以太坊網路中，開發者可以創建符合自己需要的、具備不同複雜程度的區塊鏈去中心化應用（Dapp）。隨著技術應用的擴大，區塊鏈深入到各行各業，因此迎來了一個新的時代，即區塊鏈 3.0 時代。

區塊鏈 3.0 階段：2018 年至今。基於區塊鏈技術的基礎設施不斷牢固，以及各國政府更加趨於合理的監管政策，市場上出現了一個更加強大的物種——EOS，其定位於企業級的區塊鏈操作系統，如 EOS 系統是商用分佈式應用設計的一款區塊鏈操作系統。區塊鏈 3.0 是價值互聯網的核心，超越了數字貨幣（1.0）智能合約（2.0）範圍的應用，它是用來解決各行各業的互信問題與數據傳遞安全性的技術落地。EOS 作為 3.0 階段的代表，為區塊鏈和產業的深度融合鋪設了一條更加寬廣的高速路。而區塊鏈 3.0 被稱為互聯網技術之後的新一代技術創新，足以推動更大的產業變革。

區塊鏈 3.0 的特點：由區塊鏈構造一個全球性的分佈式記帳系統，不僅能夠記錄金融業的交易，而且可以記錄任何有價值的能以代碼形式進行表達的事物。將區塊鏈技術應用到數字內容、資訊溯源、博彩、電子競技、旅遊等各行各業，這個階段將會推動可編程社會的產生，從而進入下一代互聯網 Web 3.0 階段。

區塊鏈的基礎架構可分為六個方面。

1. 數據層：數據層用來存儲數據區塊，涵蓋了時間戳、梅克爾樹（Merkle trees）、非對稱加密和哈希函數等技術點，確保數據的可追溯性和不可篡改性。數據區塊結構上有區塊頭和區塊體兩個部分。區塊頭記錄版本號、父區塊哈希值、時間戳、亂數和梅克爾根等資訊。區塊體中存儲以梅克爾樹為組織形式的交易數據。數據區塊以時間戳為順序構成鏈式結構。梅克爾樹可用於快速校驗區塊數據的存在性和完整性。橢圓曲線密碼演算法是區塊鏈技術中使用的非對稱加密方式，擁有公鑰和私鑰兩個密鑰的非對稱加密方式確保數據安全。

<table>
<tr><td>應用層</td><td colspan="4">可編程貨幣</td><td colspan="4">可編程金融</td><td colspan="4">可編程社會</td></tr>
<tr><td>合約層</td><td colspan="4">智能合約</td><td colspan="4">基本語言</td><td colspan="4">共識機制</td></tr>
<tr><td>激勵層</td><td colspan="4">發行機制</td><td colspan="4"></td><td colspan="4">分配機制</td></tr>
<tr><td>共識層</td><td colspan="4">工作量證明機制</td><td colspan="4">權益證明機制</td><td colspan="4">股份授權證明機制</td></tr>
<tr><td>網絡層</td><td colspan="4">對等網絡</td><td colspan="4">驗證機制</td><td colspan="4">傳播機制</td></tr>
<tr><td>數據層</td><td colspan="3">數據區塊</td><td colspan="3">默克爾數</td><td colspan="3">哈希函數</td><td colspan="3">數字簽名</td></tr>
</table>

圖 2.5 區塊鏈框架結構圖

2. 網路層：組網方式、消息傳播協議、數據驗證機制等構成了網路層。構建去中心化的節點拓撲分佈，任意 2 個節點無須建立互信即可交易，交易資訊通過廣播傳遞，為了維持整個網路的正常運轉，利用激勵機制來保證擁有足夠的節點參與貢獻算力。

扁平式拓撲結構的 P2P 組網方式，使得網路中的每個節點承擔相同角色，主要具備路由發現、驗證交易資訊、廣播交易資訊和發現新節點等功能。整個網路的正常運轉不會被部分節點的損壞而影響，但同時提高了維護全部節點的成本。全部的網路節點會即時監聽網路中的廣播資訊，發現其他節點的廣播數據後，會查看交易中的簽名和時間戳等標記，並利用區塊的工作量證明去驗證此次交易和區塊有效性。若通過驗證則進行存儲並繼續轉發廣播。否則廢棄此數據資訊並不再轉發。節點通過廣播將自己生成的交易資訊向周圍節點發送，其他節點驗證通過後繼續傳播，當大多數（51%）節點接收到資訊後即為交易通過。若資訊驗證未通過，便會廢棄，停止繼續傳播錯誤資訊。

3. 共識層：去中心化網路中的決策權高度分散，必須有效實現各節點對數據的有效性，高效地達成共識。共識層利用工作量證明（PoW）機制、權益證明（PoS）機制、股份授權證明（DPoS）機制以及分佈式一致性演算法等幾種方案，有效地解決了這個問題。共識過程與經濟激勵的結合極大地增強了區塊網路的可靠性。在 PoW 機制中，要想達到篡改或偽造區塊的目的，必須對此區塊以及後面的所有區塊都重新尋找亂數，控制區塊網路 51% 以上的算力後才有可能，因此攻擊的成本極大。為了克服 PoW 算力資源被浪費，以及 51% 攻擊等問題，PoS 機制用權益證明（幣齡和代幣數量等）來替代 PoW 中的算力證明，挖礦難度隨著擁有的資源數量增多而減小，在一定程度上違反了完全去中心化的概念。DPoS 機制類似董事會投票，每個節點可將其權益授權於一個節點代表，節點代表對其他節點負責，由節點代表輪流記帳的形式生成新區塊。由於減少了數據驗證時節點參與的數量和記帳權競爭的資源消耗，實現了秒級的共識驗證。在聯盟鏈中，不同於完全去中心化要求的公有鏈，其更適合無須大量消耗算力資源的分佈式一致性演算法。在區塊網路中推選出一個主節點來完成產生新區塊、廣播節點交易資訊等工作。

4. 激勵層：區塊鏈系統通過設計適度的經濟激勵機制並與共識過程相集成，從而匯聚大規模的節點參與並形成對區塊鏈歷史的穩定共識。激勵層的目的是提供一定的激勵措施鼓勵節點參與區塊鏈的安全驗證工作。區塊鏈的安全性依賴於眾多節點的參與。

5. 合約層：合約層的本質是基於區塊鏈底層的商業邏輯及演算法，實現對區塊數據的靈活操作，還可在合約層實現區塊鏈系統的應用編程。比特幣平台使用腳本 1.0 去保證合約控制，而新一代區塊鏈平台大多開始使用智能合約。使用編程語言編寫的智能合約實現了商業邏輯的運用，在區塊鏈中的全部節點發佈合約，被調用時會在以太坊虛擬機上運行，運行後無法被強行停止。將交易的商業邏輯以及訪問數據的規則封裝為智能合約後，外部應用則通過調用智能合約來對區塊鏈進行訪問區塊狀態及交換數據等操作。智能合約的主要優點包括：較低的人為干預風險、準確地執行、高效的即時更新、去中心化的權威以及低運行成本。智能合約為數據層的數據賦予了可靈活編程的機制，從而承擔起區塊鏈中的機器代理的角色。

6. 應用層：基於區塊鏈平台在應用層可實現各種應用場景和現實案例。區塊鏈 1.0 支持虛擬貨幣的相關應用，可構建與轉帳、數位化支付相關的去中心化電子貨幣應用，能夠實現跨國交易和快捷支付等多樣化服務。比特幣應用是其典型代表。區塊鏈 2.0 增加了智能合約的創新應用，智能合約在金融領域被作為金融市場的公正基石之後，在債券、股票、產權、貸款和抵押等方面便得到了廣泛應用。同時將技術拓展到支撐一個去中心化的市場，擴大交易範圍。區塊鏈 3.0 則是以去中心化的思想去配置全球資源，將區塊鏈的應用範圍拓展到貨幣和金融以外的領域，比如政府選舉、文化版權、社會公正和健康醫療等。

區塊鏈的不同發展階段都有以下共同特點：

1. 去中心化：去中心化是區塊鏈最突出的本質特徵，由於是通過分佈式核算和存儲的方式進行管理，因此區塊鏈不再依賴於第三方管理機構或硬體設施，沒有中心化的管制，所有節點都具有均等的權利和義務，能夠實現資訊的自我驗證、傳遞和管理。去中心化的方式在交易過程中能有效節約資源，同時沒有了第三方的介入，也提高了資訊的安全性。

2. 開放性：開放性也可理解為區塊鏈是一個公開透明的系統，區塊鏈數據對所有人公開，任何人都可以通過公開的介面來查詢區塊鏈數據記錄或是開發相關應用，當然交易各方的私有資訊是被加密的。也正是因為這個特點，各個節點才能實現多方的共同維護，即便是某個節點出現了問題，也不影響整個網路。

3. 自治性：區塊鏈的自治性指的是基於協商一致的規範和協議，使系統中的參與方能夠在完全去信任的情況下，自動安全地驗證、交換數據，而不受任何人為的干預，來確保區塊鏈上每一筆交易的真實性和準確性，而這將把第三方之間的信任轉化為對機器的信任，最終實現數據的自動管理。

4. 不可篡改：交易資訊一旦通過驗證並且記錄到區塊鏈中，就會被永久保存，無法被篡改。但嚴格來說，也並不是完全不可篡改，除非能同時控制區塊鏈系統中超過 51% 的節點，才可以操控修改網路數據。但是理論上，篡改數據的成本遠遠高於收益，因此區塊鏈中的數據具有很高的安全性，達到了去信任的效果，從而改變了中心化的信用模式。

5. 匿名性：區塊鏈上的節點和交易者都有一個用數字和字母組成的唯一的地址，用以標識自己的身份。由於節點之間的交換遵循固定的演算法，數據的交換是無須信任的，因此並不需要以公開身份的方式來獲取信任。除非涉及法律的規定，在區塊鏈中的資訊傳遞、交易可以匿名進行。

因此，具備這些特性的區塊鏈技術給元宇宙的發展帶來巨大的推動作用，由此拉開了元宇宙 + 區塊鏈的序幕。

2021 年作為元宇宙的元年，元宇宙與區塊鏈的融合之道體現在身份標識、去中心化支撐和資產支持等三個大的方面。

1. 區塊鏈為元宇宙提供身份標識：在元宇宙裏人們的身份除了借助目前傳統的身份認證體系，未來將會接入區塊鏈的身份認證體系，這意味著哪怕不借助傳統意義的身份認證，同樣可以判斷使用者身份，同時保證他人身份不會被複製或盜用。除了身份的防複製，還包括資產的防複製。只有保證了元宇宙裏身份的唯一，才能真正暢遊於元宇宙，不用擔心自己的價值被剽竊。有了區塊鏈技術這項基礎保障，元宇宙才會有真正的發展。在區塊鏈領域火熱的「ENS 空投」（ENS 是以太坊的功能變數名稱系統，類似於互聯網中的 DNS），其實就代表了新的身份認證標識，未來的元宇宙裏同樣會有這樣的產品出現。

2. 區塊鏈為元宇宙帶來去中心化支撐：如何保障在元宇宙中的數據安全至關重要。區塊鏈之所以被稱為價值互聯網，在於它能保證在其上的數據不會被篡改、不可偽造、數據的傳遞可以追溯，因而能傳遞價值和權益。有了區塊鏈的加持，未來的元宇宙才能更加貼近現實中的交互。

元宇宙需要建立在一個不是被中心化主體所能控制的伺服器上，同時元宇宙的所有數據都以去中心化的方式分佈式地被存儲、計算和進行網路傳輸。而區塊鏈的去中心化技術結合一些新興的分佈式的存儲、計算和網路傳輸技術，可以構建出元宇宙所期望的去中心化網路基礎設施，在元宇宙中的數據和資產都屬於個人，不會再出現身處的元宇宙被他人隨意支配和破壞的情形。

元宇宙的一大特點是與現實世界的運行規則十分相似，會有非常強烈的真實沉浸感。Code is Law，意思是代碼即法律，是區塊鏈一直為人津津樂道的一個顯著特點。因為區塊鏈是去中心化且公開透明的，可以通過智能合約的方式，提前把規則用代碼寫好，這樣便可以保證代碼沒有暗箱操作的部分，也能保證沒有人能篡改規則。而規則一旦寫好，便可以自動執行，當觸發了規則所設定的條件後，區塊鏈裏的智能合約就能按照設定執行相應的操作，這便是代碼即法律的詮釋。

如此一來，在元宇宙中的種種行為可以在區塊鏈的保障下，做到公平公正，安全可靠。元宇宙也會變得更加的法治和諧，區塊鏈是保障元宇宙中的社會環境的重要技術基礎。

3. 區塊鏈為元宇宙提供資產支持：對於元宇宙而言，可信的資產價值是非常重要的組成部分。因為在相對自由的元宇宙中不存在強中心化的機構，每個人都是自己元宇宙的主人。在這種情況下元宇宙會逐漸地發展出自成體系的經濟系統，並且具有獨特的經濟體系，需要在去中心化的前提下實現資產價值認證，而這一切都離不開區塊鏈技術的支持。區塊鏈技術支持下的 NFT 為元宇宙中的資產進行了合理且高效的賦能，而區塊鏈技術本身更是為資產數位化帶來了可能性。

NFT 的英文全稱為 Non-Fungible Token，即非同質化通證，具有不可篡改、不可分割、不可替代且獨一無二的特點，被廣泛地應用於圖像、音樂、藝術品當中。其不可篡改和不可分割的特質說明了任何一個 NFT 相關的數據的更改都會體現在區塊鏈之上，並成為清晰可查的一部分。而不可替代且獨一無二則表明了任一 NFT 在區塊鏈上的表達都是可溯源的確權，就像沒有任何兩片雪花是一樣的，沒有任何兩個 NFT 可以相互替代。而這一特性使得 NFT 具有了一定的排他性，可以為元宇宙中的資產提供支持，並具有非常重要的價值。

首先，NFT 可以使之前不能變現的虛擬物品資產化。在傳統互聯網當中，虛擬資產的價值往往很難兌現，哪怕是遊戲中的金幣和物品也只能在單一遊戲中小範圍地交易。而被 NFT 賦能後的虛擬物品有了全新的所有權確認體系，並且在底層區塊鏈上得到了巨大的擴容市場，這使得 NFT 真正意義上成為具有實際價值的資產。

其次，NFT 與線下實體的聯動，是具有影響力的傳統企業得以輕易地對接到元宇宙當中的手段。在元宇宙中有一個非常重要的假定，那就是在未來的某一天，當用户線上下購買了一輛汽車，那麼在元宇宙的世界裏也會存在同樣的一輛汽車供他使用。這件事在不久前被蘭博基尼實現了，數字收藏品平台 ENVOY Network 推出 NFT Wen Lambo，由著名荷蘭當代藝術家 Pablo Lücker 定制繪畫。該 NFT 的買家將收到由豪華汽車經銷商 VDM Cars 交付給他們的定制噴漆稀有蘭博基尼。同時 NFT 還可以在保證資產稀缺性的同時，進行控制權和編輯權的分離。用户購買了 NFT 之後，創造 NFT 的機構或藝術家可以在最初的智能合約的限定中進行編輯，使得資產的自然增長與變化成為可能。

資產數位化也是元宇宙的重要基礎，元宇宙中資產記錄在區塊鏈之上，可以在保證安全的同時完成即時交互。交易是社交中非常重要的一環，人類從蒙昧無知的原始人成長為高度文明發達的社會人，物物交換有著至關重要的作用。縱觀整個人類的貿易史，就是一部人類發展史。那麼作為對物理世界一切生產生活方式進行複刻的元宇宙需要一種安全、可追蹤且透明的支付方式，才能從根本上保證用户的自由。區塊鏈作為不可篡改的去中心化的分類帳，可以滿足元宇宙資產數位化的要求，從底層邏輯上看，區塊鏈在即時交易和可信度方面具有其他技術不能比擬的優勢。

加密貨幣、非同質化通證（NFT）和其他基於區塊鏈的數字貨幣、數字資產和交易所，構成了支撐跨元宇宙的價值交換。

隨著政府、企業和新的純數位化組織致力於建立可信的數字貨幣系統，提出新的數據貨幣化主張，並在元宇宙中開展各項數字金融交易等活動，人們需要做出進一步的理念創新、制度創新和技術創新。

去中心化自治組織（DAO）基於區塊鏈上運行的電腦程式執行的自願同意的規則，在這一過程中將扮演重要角色。

綜合來看，區塊鏈目前已經進入了快速發展階段，元宇宙作為科技的集大成者，同樣離不開區塊鏈的加持，而兩者的有效融合才會帶來新的商業創新。

第二節
信任機制與演算法技術

共識機制

工作量證明（Proof Of Work，簡稱 PoW）

工作量證明是通過計算來猜測一個數值（nonce），使得拼湊上交易數據後內容的哈希（Hash）值滿足規定的上限（來源於 Hashcash）。由於 Hash 難題在目前計算模型下需要大量的計算，這就保證在一段時間內，系統中只能出現少數合法提案。反過來，如果誰能夠提出合法提案，也證明提案者確實已經付出了一定的工作量。

同時，這些少量的合法提案會在網路中進行廣播，收到的用户進行驗證後，會在用户認為的最長鏈基礎上繼續難題的計算。因此，系統中可能出現鏈的分叉（Fork），但最終會有一條鏈成為最長的鏈。

Hash 問題具有不可逆的特點，目前除了暴力計算外，還沒有有效的演算法進行解決。反之，如果獲得符合要求的 nonce，則說明在概率上是付出了對應的算力。誰的算力多，誰最先解決問題的概率就越大。當掌握超過全網一半算力時，從概率上就能控制網路中鏈的走向。這也是所謂 51% 攻擊的由來。

參與 PoW 計算比賽的人，將付出不小的經濟成本（硬體、電力、維護等）。當沒有最終成為首個算出合法 nonce 的「幸運兒」時，這些成本都將被沉沒掉。所以如果有人嘗試惡意破壞，需要付出大量的經濟成本。也有人考慮將後算出結果者的算力按照一定比例折合進下一輪比賽。

有一個很直觀的超市付款的例子，可以說明為何這種經濟博弈模式會確保系統中最長鏈的唯一性。

假定超市只有一個出口，付款時需要排成一隊，可能有人不守規矩要插隊。超市管理員會檢查隊伍，認為最長的一條隊伍是合法的，並讓不合法的分叉隊伍重新排隊。新到來的人只要足夠理智，就會自覺選擇最長的隊伍進行排隊。這是因為，多條鏈的參與者看到越長的鏈越有可能勝出，從而更傾向於選擇長的鏈。

可以看到，最長鏈機制可以很好地提高抗攻擊性，同時其代價是浪費掉了非最長鏈上的計算資源。目前部分改進工作是考慮以最長鏈為基礎，引入樹形結構以提高整體的交易性能，如幽靈協議（GHOST Protocol）和 Conflux 演算法。

權益證明（Proof of Stake，簡稱 PoS）

權益證明（PoS）最早在 2013 年被提出，並在 Peercoin 系統中被實現，類似於現實生活中的股東機制，擁有股份越多的人越容易獲取記帳權（同時越傾向於維護網路的正常工作）。

典型的過程是通過保證金（代幣、資產、名聲等具備價值屬性的物品即可）來對賭一個合法的塊成為新的區塊，收益為抵押資本的利息和交易服務費。提供證明的保證金（例如通過轉帳貨幣記錄）越多，則獲得記帳權的概率就越大。合法記帳者可以獲得收益。

PoS 試圖解決 PoW 中大量資源被浪費的問題，因而受到了廣泛關注。惡意參與者將存在保證金被罰沒的風險，即損失經濟利益。

一般情況下，對於 PoS 來說，需要掌握超過全網 1/3 的資源，才有可能左右最終的結果。這也很容易理解，三個人投票，前兩人分別支持一方，這時候第三方的投票將決定最終結果。

PoS 也有一些改進的演算法，包括股份授權證明機制（DPoS），即股東們投票選出一個董事會，董事會成員才有權進行代理記帳。這些演算法在實踐中得到了不錯的驗證，但是並沒有理論上的證明。

2017 年 8 月，來自愛丁堡大學和康涅狄格大學的 Aggelos Kiayias 等學者在論文《一種可證明安全的存儲證明區塊鏈協議》（Ouroboros:A Provably Secure Proof-of-Stake Blockchain Protocol）中提出了 Ouroboros 區塊鏈共識協議，該協議可以達到誠實行為的近似納什均衡，被認為是首個可證實安全的 PoS 協議。

委託權益證明（Delegated Proof of Stake，簡稱 DPOS）

委託權益證明 DPOS 類似 POS，只是 DPOS 選擇一些節點代表來參與以後的交易認證和記帳（以 EOS 為例，EOS 有 21 個節點被稱為超級節點，作為代表來進行交易認證記帳）。也就是說，社區內選擇少數可以代表的人，這些人代表整個社區去做投票記帳的事。類似於選一個代表大會，來做主節點的核查和確認。DPOS 的優點在於它繼承了 POS 的原理且比 POS 擁有更快的效率和更高的性能。它的缺點也很明顯，DPOS 為了保障性能，對去中心化做出了妥協。以 EOS 為例，EOS 有 21 個超級節點，因此並不是真正意義上的去中心化，而是變為

「弱中心化」或者說「部分去中心化」。

實用拜占庭（Practical Byzantine Fault Tolerance，簡稱 PBFT）

PBFT 演算法的提出主要就是為了解決拜占庭錯誤。其演算法的核心為三大階段：Pre-prepare 階段（預準備階段），prepare 階段（準備階段），commit 階段（提交階段），以圖 2.6 來理解該演算法。

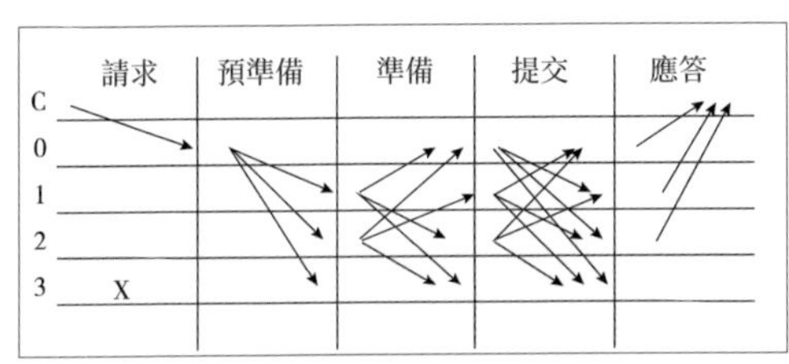

圖 2.6 使用拜占庭節點圖

（資料來源:https://medium.com/taipei-ethereum-meetup/intro-to-pbft-31187f255368）

其中 C 表示發起請求客户端，0、1、2、3 表示服務節點，3 節點出現了故障，用 f 表示故障節點的個數。C 向 0 節點發起請求，0 節點廣播該請求到其他服務節點。節點在收到 Pre-prepare 消息後，可以選擇接受和拒絕該消息，接收該消息則廣播 prepare 消息到其他服務節點。當一個節點在 prepare 階段並收到 2f 個 prepare 消息後，進入到 commit 階段，廣播 commit 消息到其他服務節點。當一個節點在 commit 階段並收到 2f+1 個 commit 消息後（包括它自己），發送消息給 C 客户端。當 C 客户端收到 f+1 個 reply 消息後，表示共識已經完成。PBFT 中節點數必須滿足 N ⩾ 3f+1 這個關係，只要節點中的故障節點不超過 1/3 時，就可以完成共識確定一致性。由於 PBFT 演算法的特性以及性能問題，所以其常用於小規模聯盟鏈中。

其他演算法技術

哈希演算法（Hash）

把任意長度的輸入（又叫作預映射），通過散列演算法，變換成固定長度的輸出，該輸出就是散列值。這種轉換是一種壓縮映射，也就是散列值的空間通常遠小於輸入的空間，不同的輸入可能會散列成相同的輸出，而不可能從散列值來唯一地確定輸入值。簡單地說就是一種將任意長度的消息壓縮到某一固定長度的消息摘要的函數。

哈希表是根據設定的哈希函數 H（key）和處理衝突方法將一組關鍵字映射到一個有限的地址區間上，並以關鍵字在地址區間中的象限作為記錄在表中的存儲位置，這種表稱為哈希表或散列表，所得存儲位置稱為哈希地址或散列地址。作為線性數據結構與表格，和佇列等相比，哈希表無疑是查找速度比較快的一種。

通過將哈希演算法應用到任意數量的數據將得到固定大小的結果。如果輸入數據中有變化，則哈希值也會發生變化。哈希可用於許多操作，包括身份驗證和數字簽名，也稱為「消息摘要」，即它是一個從明文到密文的不可逆的映射，只有加密過程，沒有解密過程。同時，哈希函數可以將任意長度的輸入經過變化以後得到固定長度的輸出。哈希函數的這種單向特徵和輸出數據長度固定的特徵使得它可以產生消息或者數據。

零知識證明（Zero-Knowledge Proof）

密碼學中，零知識證明（Zero-Knowledge Proof）或零知識協議（Zero-Knowledge Protocol）是一方（證明者）向另一方（檢驗者）證明某命題的方法，特點是過程中除「該命題為真」之事外，不洩露任何資訊。因此，可理解成「零洩密證明」。例如，欲向人證明自己擁有某情報, 則直接公開該情報即可, 但如此則會將該細節亦一併洩露; 零知識證明的精粹在於，如何證明自己擁有該情報而不必透露情報內容。這也是零知識證明的難點。

若該命題的證明，需要知悉某秘密方能做出，則檢驗者單憑目睹證明，而未獲悉該秘密，仍無法向第三方證明該命題（單單轉述不足以證明）。待證的命題中，必定包含證明者宣稱自己知道該秘密，但過程中不能傳達該秘密本身。否則，協議完結時，已給予檢驗者有關命題的額外的資訊。此類「知識的零知識證明」是零知識證明的特例，其中待證命題僅有「證明者知道某事」。

互動式零知識證明中，需要各方互動，靠通信過程證明某方具備某知識，而另一方檢驗該證明是否成立。

有向無環圖（Directed Acyclic Graph，簡稱 DAG）

有向無環圖是一種數據建模或結構化工具，經常用於加密貨幣領域。它與區塊鏈本身不同，因為區塊鏈由塊組成，而 DAG 有頂點和邊。因此，在其上進行的加密貨幣支付被記錄為頂點，然後它們被記錄在另一個之上。

區塊鏈看起來像是一條由塊組成的實際鏈，而 DAG 由於交易記錄和存儲的方式，更像是一張圖。目前 DAG 已被證明在數據存儲或線上交易處理等方面效率更高，將解決區塊鏈的可擴展問題。DAG 可以使交易處理更快，是一個更好、更安全的解決方案。

跨鏈技術

區塊鏈所面臨的諸多問題中，區塊鏈之間的互操作性極大程度地限制了區塊鏈的應用空間。不論是公有鏈還是聯盟鏈，跨鏈技術就是實現價值互聯網的關鍵，是區塊鏈向外拓展和連接的橋樑。目前主流的跨鏈技術包括：公證人機制（Notary schemes），側鏈 / 中繼鏈（Sidechains/Relays），哈希鎖定（Hash-locking），多方安全計算（Multi-Party Computation）。

第三節
數字貨幣的發行、交易與監管

截至目前，各國關於加密貨幣監管的趨勢總體依舊可分為三種態度：擁抱支持、模糊不定、嚴令禁止。

擁抱支持的國家

薩爾瓦多

加密行業 2021 年最受人們矚目的事件之一是中美洲北部沿海國家薩爾瓦多成為世界上第一個採用比特幣作為法定貨幣的國家。薩爾瓦多總統布克爾此前曾表示，比特幣合法化將刺激該國的投資，並幫助大約 70% 無法獲得傳統金融服務的薩爾瓦多人。布克爾宣稱，薩爾瓦多將建造一個「比特幣城」，利用火山的地熱能為比特幣挖礦提供動力。根據官方數據，薩爾瓦多的國庫目前共有 1241 個比特幣，價值約 6300 多萬美元。

瑞士

一直對加密貨幣友好的瑞士在 2021 年也延續了這個趨勢，儘管不像薩爾瓦多全面擁抱比特幣，但瑞士允許發行和交易加密資產的監管框架已存在多年。位於瑞士北部的楚格有著「加密谷」的美譽，據官方數據，「加密谷」擁有 Ethereum、Cardano、Solana 等 11 家估值超過 10 億美元的獨角獸公司。

2022 年 9 月，瑞士金融市場監督管理局（FINMA）批准了該國首只主要投資於加密資產的基金；同月，瑞士證券交易所旗下的數字交易所獲得牌照，意味著其能夠提供區塊鏈證券交易和存托服務。瑞士的區塊鏈生態系統處於較為穩健、成熟的狀態，並且基礎穩固，近年來瑞士在推動區塊鏈行業方面的系列動作也為行業的進一步增長提供了積極的條件。

阿拉伯聯合酋長國

阿拉伯聯合酋長國人口最多的城市——迪拜已成為「加密友好」城市之一。官方表示迪拜世界貿易中心（DWTC）將成為加密貨幣和其他虛擬資產的加密區和監管機構。幣安交易所與迪拜世界貿易中心管理局（DWTCA）簽署合作協議，加入全球首個加密資產生態系統。

模糊不定的國家

美國

儘管美國開始變得對加密貨幣更加友好，但監管思路和政策並未完全落定。該國加密資產領域最主要的事件莫過於 Coinbase 的成功上市和比特幣期貨 ETF 的上市，後者被視為美國加密資產監管的一個里程碑。此外，傳統金融部門也在促進加密貨幣使用方面發揮了作用。

例如支付業巨頭之一 Visa 在加密行業做了最新的嘗試，宣佈為金融機構、商户推出加密諮詢服務。另兩家支付巨頭萬事達卡和 PayPal 也都在加密貨幣領域動作頻頻。邁阿密市長 Francis Suarez 也有著被眾人皆知地對加密貨幣友好的態度。他宣佈將率先接受比特幣支付工資，還表示將與居民分享該市加密貨幣的部分收益。這條路上他並不孤單，並且有了「競爭對手」。在紐約市市長競選中勝出的 Eric Adams 表示，他想要把紐約變為一個對加密貨幣友好的城市，並與邁阿密市長在加密貨幣方面友好競爭。

2021 年的最後一個月，美國眾議院金融服務委員會在國會山舉行的「數字資產和金融的未來：瞭解美國金融創新的挑戰和利益」聽證會，被稱為美國有史以來最積極、最具建設性、民主共和兩黨參與度最高的一次美國眾議院的加密金融聽證會。

印度

加密貨幣監管政策最搖擺不定的非印度莫屬。印度政府計劃推出過一項加密貨幣和官方數字貨幣監管的法律，此法案試圖禁止國民持有所有私人加密貨幣。這在當時引發了用户短暫的恐慌性拋售加密資產。然而，到目前為止印度議會會議並未對該法案進行討論。

哈薩克斯坦

位於中亞的哈薩克斯坦，儘管在該國開採加密貨幣是合法的，但使用加密貨幣和其他數字資產卻是非法的。劍橋大學一份研究報告表明，因中國 2021 年持續的挖礦打擊行動，截至 2021 年底，哈薩克斯坦的哈希率提升為 18.1%，僅次於美國的 35.4%，這意味著其挖礦份額已躍居全球第二位。值得注意的是，兩年前哈薩克斯坦的哈希率僅為 1.4%。

嚴令禁止的國家

已公佈絕對禁令的國家和地區包括：阿爾及利亞、孟加拉、中國、埃及、伊拉克、摩洛哥、尼泊爾、卡塔爾和突尼斯這九個國家。

中國

2021 年度加密領域的大新聞之一，是中國全面禁止加密貨幣交易。2021 年，中國加大了對加密貨幣的打擊力度，從貫穿一整年的整治挖礦行動，到 9 月 24 日央行等 10 部委再次發出加強打擊加密貨幣的明確信號，都能看出官方對加密貨幣炒作的零容忍態度並無變化。自通知發佈後，包括火幣、幣安、OKEx 等在內的加密貨幣交易都在年底退出中國大陸市場。值得一提的是，中國一度是全球比特幣礦工數量最多的國家。與此同時，中國加快了數字人民幣的場景擴容，多地加入試點城市。截至 2021 年 12 月 31 日，數字人民幣試點場景已超過 808.51 萬個，累計開立個人錢包 2.61 億個，交易金額 875.65 億元。

土耳其

目前已公佈隱性禁令的國家和地區包括坦桑尼亞、托加、土耳其、黎巴嫩和玻利維亞等國家。隱性禁令指的是那些禁止銀行或其他金融機構交易加密貨幣或向涉及加密貨幣的人或企業提供服務，並禁止加密貨幣交易所在轄區內運營。這些國家中，土耳其是最引人注目的國家。土耳其監管機構發佈了《關於在支付中停用加密資產的規定》和《關於防止犯罪收益洗錢和資助恐怖主義措施的條例》兩份檔案，將加密貨幣從法律上定義為資產，但禁止用作支付方式。

俄羅斯

世界上面積最大的國家俄羅斯，正處於加密貨幣監管上的十字路口。儘管加密貨幣在俄羅斯並未被取締，但俄羅斯中央銀行正在尋求禁止加密貨幣，理由是金融穩定存在風險和交易量激增。俄烏衝突也為數字貨幣蒙上了巨大的陰影。

尼日利亞

尼日利亞曾是非洲最活躍的加密貨幣市場。2021 年 2 月該國央行發表聲明禁止當地金融機構與參與加密交易的實體進行交易，並警告稱將實施嚴厲的監管制裁。不過這個措施並沒有抑制在尼日利亞發生的加密貨幣交易，在央行禁令後，尼日利亞的加密貨幣使用量呈繼續上升的趨勢。據 Chainalysis 的數據，2021 年 5 月該國收到了價值 24 億美元的加密貨幣，高於 2020 年 12 月的 6.84 億美元。此外，在 2021 年全球加密貨幣採用指數的排行榜中，尼日利亞排名第六，美國位於第八。Chainalysis 在這份報告中解釋稱，肯雅、尼日利亞、越南和委內瑞拉等新興市場國家的該指數排名靠前很大程度上是因為在 P2P 平台上擁有巨大的交易量。

2021 年全球數字貨幣最高峰值超過 3 萬億美元，但 2022 年 5 月數字貨幣市場大幅調整，對全球金融市場產生了重大影響，加密數字貨幣市場遭遇大跌。2022 年 5 月初，全球第三大穩定幣 TerraUSD（下稱 UST）與其 1 美元的錨定價格發生嚴重脫鉤，最低跌至 5 月 13 日的 0.08 美金 / 枚，根據 CoinGecko 數據顯示，截至 5 月 15 日，其 30 天累計跌幅達到 82%。有幣圈「茅台」之稱的 LUNA 從最高 120 美金迅速跌至 0.01 美金。而受到 UST 和 LUNA 幣暴跌的拖累，比特幣也跌破 30000 美金，整個虛擬數字貨幣市場遭遇巨震。未來監管機構的重心會放在特定領域，如穩定幣、DeFi 上。USDT 等穩定幣作為加密貨幣領域的重要「基礎設施」，對區塊鏈加密經濟乃至實體經濟正逐漸產生巨大影響。

第四節
數字資產的創建、交易與轉換

同質化通證的發行

ICO

首次代幣發行（ICO）是眾多團隊為加密貨幣領域專案集資的一種手段。在 ICO 中，團隊會基於區塊鏈生成代幣，並出售給早期支持者。在這個眾籌階段，用户會收到可使用的代幣（可立即使用或將來使用），而專案則會收到發展資金。2014 年，該做法首次用於資助以太坊發展，此後便受到極力追捧。數百家企業紛紛採用此種方式（尤其是在 2017 年達到鼎盛時期），並且獲得了不同程度的成功。首次代幣發行（ICO）聽起來有點像首次公開募股（IPO），但實際上這是兩種截然不同的融資方式。

IPO 往往適用於成熟企業，他們通過出售企業部分股權份額達到集資目的。相比之下，ICO 更像一種集資機制，可以讓各大企業為處於早期階段的專案集資。ICO 投資者購買了代幣並不代表購買該企業的所有權。對於科技型初創公司來說，ICO 可以成為一種取代傳統集資方式的可行方案。通常情況下，如果新進入者尚未推出任何功能產品，則會面對相當大的籌資障礙。而在區塊鏈領域，成熟企業很少根據白皮書的優勢而投資專案。此外，區塊鏈缺乏監管，導致許多投資者幾乎不會考慮區塊鏈初創企業。

但是，並非只有初創公司在運用這種做法。某些成熟企業偶爾也會選擇發行反向 ICO，其功能與常規 ICO 非常相似。在這種情況下，企業已經推出產品或服務，並會發行代幣將其生態系統去中心化。它們也可能會舉辦一次 ICO，吸納更多投資者，為新的區塊鏈專案集資。

ICO 與 IEO（首次交易平台發行）

首次代幣發行與首次交易平台發行具有眾多相似之處。其關鍵區別在於，IEO 不由專案團隊直接託管，而是在加密貨幣交易平台進行。交易平台與團隊建立合作，讓平台的用户可以直接在平台上購買代幣，所有參與方均可受益。如有信譽良好的交易平台支持 IEO，則代表該專案經過嚴格審計，往往能夠滿足用户的期待。IEO 的幕後團隊可提升曝光率，而交易平台則能夠取得專案成功，屬於兩全其美之舉。

ICO 與 STO（證券型代幣發行）

證券型代幣發行一度被稱為「新的 ICO」。由於兩者創建和分發代幣的方式相同，從技術角度來看毫無區別，但從法律層面上來看，兩者的地位卻截然不同。由於某些法律具有模糊性，導致尚未對監管機構應該如何界定 ICO 的資質達成共識，因此，該行業仍未出台任何有力的規章制度。

某些企業決定採用 STO 並以代幣形式提供股份。此外，通過此操作還可以幫助他們規避不確定性。發行者會向相關政府機構登記其發行的證券，使其享有與傳統證券相同的待遇。

非同質化通證（NFT）的發行

NFT 主要有以下兩種發行方式。

自己創建 NFT

人人都可以創建 NFT，這帶來了靈活性，當然也意味著，市場上 NFT 的品質良莠不齊，大量的 NFT 並不具有收藏或交易價值，這是參與 NFT 需要注意的。NFT 交易市場通常也提供了工具或教程，指引用户創建自己的 NFT，例如 Rarible、OpenSea、MintBase 等。

以最常見的 NFT 收藏類為例，可以將 NFT 的創建過程分為如下幾個步驟：

前期選型階段，選擇 NFT 所在的區塊鏈、採用的協議和交易的市場，以及 NFT 的主題、擬發行數量、面向人群和上線時的玩法（眾籌、免費發放或者是作為挖礦獎勵發放）。NFT 發行也是一次產品創造的過程。

根據 NFT 主題和面向人群，設計好相應的圖片、文案，甚至多媒體素材。對收藏類 NFT 而言，更要著重考慮的是不同類別系列，以及對應收藏品的稀缺程度的設計和進化的玩法（普通、稀缺、傳奇、史詩等）。如果涉及遊戲內的 NFT 資產，也需要考慮好 NFT 不同的種類，如何在遊戲內應用。這一步最為煩瑣。可以使用線上工具創建 NFT，提交圖片、文案、稀缺度、自定義屬性、價格等資訊，然後點擊提交之後，會將 NFT 合約部署至區塊鏈上。查看和測試自己的 NFT 作品，是否可以交易、轉帳。部分網站採取審核制的話，還需要額外進行 NFT 提交操作。最後，可以在 NFT 交易平台中創建 NFT 商店，展示和出售自己創建的 NFT。

根據不同 NFT 或者創建工具的不同，多少會有一些區別，不過大致的過程如上所述。正如前文所說，Rarible（支持 ERC1155 協議）、OpenSea、MintBase 等交易所，以及 WAX 區塊鏈上的 AtomicHub 等交易平台也都提供了各自的創建工具。

參與 NFT 的一級市場發行

許多 NFT 團隊會採取限時限量的方式，進行 NFT 的首次發行，稱之為 NFT 一級市場發行。NFT 打新通常接受法幣或者加密貨幣作為支付方式，參與者可以得到對應的 NFT 或者一組 NFT，然後進行拆包，如同小時候玩的小浣熊收藏卡，撕開之後可以獲得不同的卡，增加了玩盲盒的趣味。儘管許多 NFT 團隊會採取限量限時的方式，鼓動用户參與其中，製造 FOMO（fear of missing out），且一級市場的參與者希望可以通過買入後轉手在二級市場賣出的方式來賺到差價，但是，如果 NFT 本身的設計機制不夠有吸引力、發行方的影響力不大、受眾有限，就會影響到二級市場的參與深度和未來預期，導致一級市場參與者所持有的 NFT 賣不出去，造成損失。

同質化通證（FT）的交易

加密貨幣交易是指針對單個加密貨幣兌美元（加密貨幣 / 美元對）或兌另一種加密貨幣（加密貨幣對）選定價格方向，進行多倉或空倉操作。差價合約（CFD）是一種非常受歡迎的加密貨幣交易方式，它不僅擁有較高的靈活性、支持杠杆，還可以進行空頭和多頭交易。主

流同質化通證交易所如下:

#▴	名称	交易所分数	交易量（24小时）	平均流动性	每周访问次数	#市场（USD）	#货币（USD）	法币支持	交易量走势图（7天）
1	币安网	9.9	$ 15 078 326 482 ▴8.48%	826	22 060 223	1666	394	AED,ARS,AUD and+43 more	
2	coinone	8.4	$ 2 174 881 505 ▴16.45%	750	2 191 082	503	173	USD,EUR,GBP	
3	Coinba sePro	8.4	$ 2 395 411 041 ▴4.41%	732	4 718 412	466	326	USD,EUR,GBP and+7 more	
4	Kraken	8.0	$ 838 522 061 ▴16.35%	749	1 661 405	541	167	USD,EUR,GBP and+4 more	
5	KuCoin	7.6	$ 1 807 794 754 ▴1137%	575	2 554 651	1291	696	USD,AED,ARS and+45 more	
6	Bitfinex	7.3	$ 415 433 594 ▴21.62%	640	702 718	399	177	USD,EUR,GBP and+1 more	
7	火币网	7.2	$ 1 593 519 534 ▾4.23%	541	964 449	1085	520	ALL,AUD,BRL and+47 more	
8	芝麻开门	7.1	$ 879 823 053 ▴8.48%	509	3 363 357	2397	1424	KRW,EUR	
9	双子星 Gemini	7.0	$ 107 500 665 ▴8.74%	659	426 379	123	100	USD,GBP,EUR and+4 more	
10	BNB	7.0	$ 250 633 293 ▴15.37%	590	565 896	106	106	USD	

圖 2.7 主流同質化通證交易所

（資料來源 :https://coinmarketcap.com/zh/rankings/exchanges/）

非同質化通證（NFT）的交易

當前已逐步形成 NFT 的交易市場，而交易量主要集中在頭部專案和頭部平台，NBATopShot、CryptoPunks 等專案佔據了絕大部分的 NFT 交易量，而 OpenSea 和 Nifty Gateway 在各自的市場領域處於絕對領先地位。這種情況在數字藝術作品 NFT 中更為明顯，頭部藝術品和藝術家佔據了絕大部分的成交額，更多的作品 NFT 則是低價售賣且無人問津。

第五節
加密貨幣的產業生態

加密貨幣種類超過 1.6 萬個

2022 年 1 月 1 日，據 Finbold 發佈的一份報告顯示，2021 年 1 月 1 日，全球加密貨幣種類數量為 8153 個；截至 2021 年 12 月 31 日，數量為 16223 個，相比 1 月增加約 98.98%。Finbold 數據顯示，2021 年加密行業創造出 8070 種新 Token，平均每天約有 21 種新加密貨幣在市場上推出。另一項數據顯示，2021 年 1 月至 10 月期間加密市場總計新增約 5000 種加密貨幣，而在 11 月至 12 月有超過 3000 種加密貨幣進入市場（如圖 2.8）。

加密貨幣用戶規模持續擴大

據相關數據顯示，截至 2021 年 6 月，全球加密貨幣用户數已達到 2.21 億，其中從 1 億用户增加到 2 億用户僅花費了 4 個月的時間。

2021 年 1 月和 2 月開始的用户數增長更多是由比特幣推動,

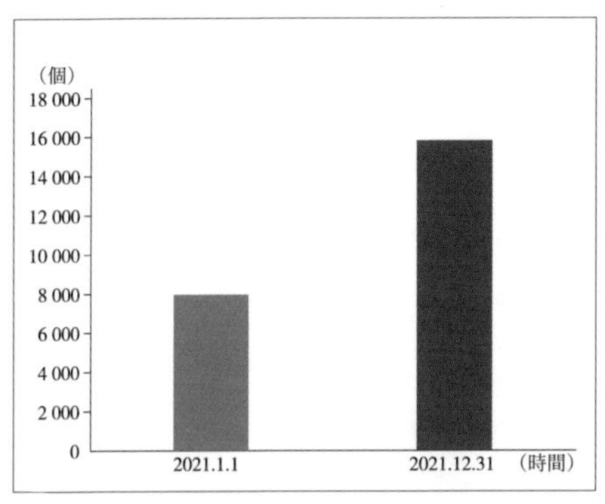

圖 2.8 2021 年全球加密貨幣數量變化狀況

(資料來源：前瞻產業研究院)

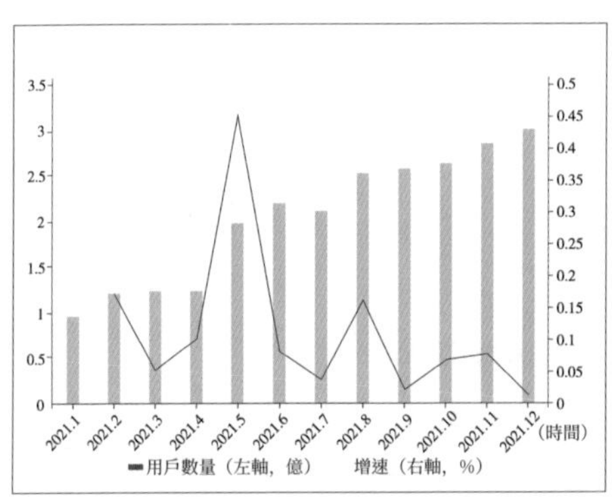

圖 2.9 2021 年全球加密貨幣用戶規模變化狀況

(資料來源：前瞻產業研究院)

但 5 月以來則是得益於山寨幣的採用，使用户數從 4 月底的 1.43 億增加到 6 月的 2.21 億，激增近 8000 萬新用户，其中大部分新用户都是對 ShibaToken（SHIB）和 Dogecoin（DOGE）等代幣感興趣。進入 2021 下半年，用户規模增速有所放緩，截至 2021 年 12 月 29 日，全球共有 2.95 億加密貨幣用户，相比 2021 年初增長了 178.30%。

根據最新數據報告，截至 2022 年，全球加密貨幣持有比例平均為 4.2%，全球擁有超過 3.2 億加密貨幣用户。

數字貨幣交易規模迅速增長

根據 CoinGecko《2020 年度數字資產行業年度報告》，2020 年，全球前九大去中心交易平台和前九大中心化交易平台交易總額增長明顯，由 2020 年初的 1313 億美元上升至 2020 年底的 5347 億美元。

前九大去中心化交易所分別是：Uniswap、Curve、SushiSwap、0x、Balancer、KyberNetwork、1Inch、dYdX、PancakeSwap。

前九大中心化交易所分別是：Binance、OKEx、Huobi、Coinbase、Kraken、Bitfinex、Bitstamp、Gate.io、Gemini。

中心化交易所 Binance 領先

為用户提供帳户體系、實名認證、資產充值、資產託管、撮合交易、資產清算、資產兑換等業務的服務平台，我們稱其為中心化交易所。用户在買賣加密貨幣時，需要將加密貨幣或者發幣充入交易所，交易所提供流動性，並進行撮合交易、結算等流程。

在九大中心化交易平台中，Binance 依舊保持領導地位，Huobi 和 OKEx 的成交量占比相較 2019 年有所下降。自 2020 年 1 月以來，中心化交易平台的成交量年內增長了 3740 億美元，截至 12 月已達 5051 億美元的歷史最高紀錄，其中，Binance 的貢獻最大。12 月與 1 月相比，Binance 成交量增加了 1890 億美元，Huobi 成交量增加了 610 億美元，Coinbase 增加了 400 億美元。2020 年，Binance 增長趨勢最明顯，12 月以成交量占比 45% 的優勢領先；OKEx 則下降了 50%，從成交量占比 28% 降低至 14%。

去中心化交易所 Uniswap 佔據主導地位

去中心化交易所，不負責託管用户資產，用户對自己的資產有絕對的控制權。去中心化交易所負責提供流動性，撮合交易由智能合約來完成，交易的結算、清算在區塊鏈上完成。

在去中心交易平台領域，Uniswap 依舊保持領先優勢。

根據《2021 數字資產交易市場年度報告》，加密貨幣市場規模在 2021 年實現了歷史性的突破，在 11 月份達到了最高點：接近 3 萬億美元，年終以 2.25 萬億美元收官，年度漲幅接近 200%。比特幣和以太坊也在 2021 年多次突破歷史新高，最高價分別接近 7 萬和 5000 美元。交易市場也不斷突破，2021 年交易量達到了 112 萬億美元，其中約一半為永續合約交易（57 萬億），現貨占了 43%（49 萬億），剩下的則是交割合約和期權合約。相較於 2020 年，2021 年總交易量增長了 3.37 倍，其中永續合約增長最多，接近 6 倍，現貨增長 2.3 倍，交割合約增長 2.36 倍，期權市場也增長了接近 6 倍。

正如美國哲學家赫伯特·馬爾庫塞（Herbert Marcuse）在《單向度的人》（One-Dimensional Man）中所說，「在技術的媒介作用中，文化、政治和經濟都併入了一種無所不在的制度，這一制度吞沒或拒斥歷史替代性選擇，這一制度的生產效率和增長潛力、穩定的社會並把技術進步包容在統治的框架內。技術的合理性已經變成政治的合理性」。

融合了大數據、雲計算、人工智慧和區塊鏈等技術形成的元宇宙，正逐步構建人類社會的新型形態。元宇宙的深度發展，將重塑金融產業的模式和生態，推動金融產業數位化轉型，形成新型金融元宇宙的巨大發展機遇。

小結

作為探究人類社會和文明的思想家之一，美國國家科學院院士、加州大學洛杉磯分校教授賈雷德·戴蒙德（Jared Diamond）教授在其著作《劇變》（Upheaval:Turning Points for Nations in Crisis）中寫道:「我認為以下四個問題有可能在全球範圍內對人類文明造成破壞。我根據這些問題的可見程度而不是重要性進行了降序排列，它們依次是：核武器的爆發式增長、全球氣候變化、全球資源枯竭以及全球各地居民生活水準的差異。也許有的人會加入其他的一些因素，譬如伊斯蘭教激進主義，傳染性疾病的出現，行星之間的碰撞，還有大量生物滅絕。」從他出書至今，新冠肺炎疫情和俄烏衝突已對全球經濟產生了重大的衝擊，對人類文明造成了巨大的破壞。

首先，新冠肺炎疫情對全球供應鏈的破壞給實體經濟造成了巨大的衝擊，極大地削減了實體經濟企業的收益額，造成了企業的資金周轉問題，營業額不佳的實體經濟企業危在旦夕。為促使實體經濟企業加速恢復和發展，各國政府施行擴張的財政政策和貨幣政策支持，穩定消費者情緒，引導消費者消費，從而在艱難經濟形勢下實現平穩過渡、長遠發展。但是新冠肺炎疫情可能還將持續很長時間，這就需要構建人類命運共同體來共同應對後疫情時代的挑戰。

其次，俄烏衝突對世界經濟的影響巨大，已經可以觀察到的是能源價格暴漲，糧食價格暴漲。聯合國組織已經在警告會發生全球性的能源與糧食危機。然而，俄烏衝突引起的能源與糧食危機似乎剛剛開始，下一步發展是否會導致全球性的經濟衰退與蕭條尚未可知。但在逆全球化的潮流已經愈演愈烈的情況下，推動元宇宙的發展，維護一個開放、包容、互聯互通的世界成為推動人類文明進步的新的使命。

元宇宙也許會實現數字世界與物理世界在經濟層面的互通，從而形成一套高度數位化、智能化的完整閉環經濟體系，實現數字經濟與實體經濟的融合。從這個角度說，元宇宙將實現更高層次的數字經濟，也就是元宇宙經濟。而金融元宇宙，作為元宇宙經濟的核心基礎只有服務國家戰略、服務實體經濟、服務人民美好生活，支持產業界真正利用元宇宙技術打造新的應用場景、新的生產方式和服務模式，提升全要素生產率，促進數字技術與實體經濟融合、數字經濟與實體經濟融合，基於此建立起來的元宇宙經濟系統才有價值。

金融是制度，金融元宇宙必須有一整套的制度安排。元宇宙將對未來的人類和社會產生巨大的影響，必須要制定相關的規則與道德規範。元宇宙是與現實世界平行的世界，是數字世界與現實世界的結合體，它既要超越又要複刻現實世界，需要建立起類似於現實世界的元宇宙社會運行邏輯、元宇宙規則。

金融元宇宙的規則是什麼？誰來制定金融元宇宙的規則？金融元宇宙的規則如何與現實世界的規則對接？筆者認為，必須符合現實社會的共同價值觀，必須依靠現實世界的政府、行業協會的大力支持和共同推動，通過建立數字身份、支付系統、應用相容性、內容互操作性、用户隱私保護、交易監管、沉迷控制等跨行業標準，實現通過數字世界對物理世界進行孿生映射，實現物理世界和數字世界的交互融合，利用物聯網、VR/AR、大數據分析、人工智慧、區塊鏈等新一代資訊技術集群，在數字世界對物理世界進行客户仿真分析和金融風險預測，以最優的結果驅動金融更好地服務經濟社會發展。最可行和有效的是，應該大力扶持一些非營利組織，比如行業協會，通過全球化的協同來研究和制定這些制度。

現實世界紛繁複雜、參差多態，我們應該對金融元宇宙有更加理性的認識。總的來說，元宇宙是互聯網的 3.0 時代，在新技術的加持下將催化新產業、新模式、新金融。金融投資、投機和炒作元宇宙，既是催生元宇宙的重要力量，也會因過度投機而造成新一輪泡沫，甚至會帶來金融詐騙等風險。正如尤瓦爾·赫拉利（Yuval Harari）在《人類簡史》（Sapiens:the Brief History of Mankind）後記所言：擁有神的能力，但是不負責任、貪得無厭，甚至連想要什麼都不知道。天下危險，恐怕莫過如此。

03 第三章

chapter 3

金融元宇宙的要素

從線下到線上，從現實世界到虛擬世界，只要有交易，就會產生金融生態。作為商品貨幣關係發展的產物，金融因為商品貨幣關係的存在而存在，並隨著商品貨幣關係的發展而發展。

在奴隸社會，社會生產力得到了一定的發展，生產資料和勞動產品出現了剩餘，商品交換得到了一定程度的發展。春秋時期出現了「券契值」理論，該理論被視為「高利貸」的雛形，此階段還出現了農業貸款。隨著實物形式高利貸的產生，貨幣的支付手段也相應地得到了發展。接下來，生產關係不斷深入發展，形成了借貸關係。隨著商品經濟和商業信用的進一步發展，貨幣保管、兌換、匯兌業務等相繼出現，金融機構逐漸產生並迅速發展。與此同時，不同國家之間商品交換蓬勃發展，此時需要出口國和進口國的生產者和消費者將本國貨幣兌換為金銀或後來的世界通用貨幣美元來維持國際貿易，由此產生了國際匯兌業務。在商品交換過程中，交換規模和交換地域也在逐漸擴大，又促使其他金融業務的發展，金融體系逐步走向成熟。目前，傳統金融的發展步入平台期，難以突破瓶頸，此時元宇宙概念的爆發，為金融的發展帶來了新的機遇。

去中心化金融（DeFi）被視為傳統金融突破瓶頸的一個方向。區別於傳統金融，DeFi 概念自 2018 年以來，在加密貨幣社區的發展勢頭越來越好。在未來，DeFi 將由我們稱之為「MetaFi」的方式來釋放價值。MetaFi，即元宇宙的去中心化金融工具。花旗銀行在 2022 年 3 月的報告《元宇宙與貨幣：解密未來》中指出：「金融元宇宙（MetaFi）很可能是去中心化金融（DeFi）、中心化金融（CeFi）和傳統金融（TradFi）的結合，新產品專為滿足新生態系統的獨特需求而設計。」它為元宇宙提供了一種獨立性，讓每一個用户的數字資產都真正掌控在自己手中，不受其他人甚至任何機構的限制。

傳統金融與金融元宇宙的關係不是對立的，而是相互促進的。傳統金融是金融元宇宙的基礎，金融元宇宙是傳統金融的一種傳承，金融元宇宙在傳統金融的基礎上，向外尋求發展空間。元宇宙虛實相生，當金融和元宇宙相結合，傳統金融也將突破時間和空間的場景束縛。在客户獲得科技感、沉浸感、補償感等體驗感的同時，金融也將在傳統賽道及業務上迎來新的機遇。目前金融元宇宙處在高速發展階段，這與元宇宙的本質和它特殊的組織形態 DAO 是分不開的，可以說 DAO 的模式加速了金融元宇宙的發展，目前已出現 Web3.0 中的借貸和抵押融資等模式。對此，我們需要從包容的角度來對金融的定義與發展進行思考。元宇宙的深度發展將重塑金融產業的模式和生態，並且人依然是其中最重要的研究和服務主體。此外，數字空間與物理空間的深度融合將加快金融行業數位化轉型，形成新的金融產業機遇。作為新生態系統中的新概念，金融元宇宙具有巨大的發展潛力，將引導全世界的金融發展創新方向。

我們知道，傳統金融的生態基於金融工具、金融機構和金融市場而形成，相似地，金融元宇宙的生態是建立在數字貨幣和數字資產以及與實體經濟的跨線交易上，使非同質化通證和同質化通證（及其衍生品）產生複雜的金融互動的協議、產品和 / 或服務。當然，任何一個經濟生態都需要適應自己的組織模式和激勵方式。在現實世界中，政府是依靠機構和權力，公司是依靠管理和薪酬，相應地，在元宇宙中，則需要 DAO 和 Token。其中，建立在區塊鏈和智能合約基礎上的 DAO 是分佈自治的成長機制，激勵參與者完成交易的驅動機制是 Token。

第一節
組織結構：DAO

DAO 的起源與發展

關於 DAO 的概念什麼時候被最早提出眾說紛紜，我們暫且認定其第一次比較清晰的概念形成在 2006 年。科幻作家丹尼爾·蘇亞雷斯（Daniel Suarez）出版了一本名叫 Daemon 的書，這也被業界視為關於 DAO 的原始文本。2013 年，分佈式資本（Invictus Innovations）的 CEO 丹尼爾·拉瑞莫（Daniel Larimer）首次提出「DAC」（Decentralized Autonomous Corporation）這一概念，認為「DAC 是為社會提供有用商品和服務的分散系統的有效隱喻，將在新聞聚合、AdWords（廣告詞）、功能變數名稱、專利、版權和下一代知識產權、保險、法院、託管和仲裁、授權匿名投票、預測市場及下一代搜索引擎等多方面發揮高效作用。」DAC 的核心在於「有自己的區塊鏈來交換 DAC 的股份（Token），必須不依賴於任何個體、公司或組織來擁有價值、不能擁有私鑰、不能依賴任何法律合約」。

2014年，維塔利克·布特林（Vitalik Buterin，俗稱「V神」）在《DAO, DAC，DA等，一份不完全術語指南》（DAOs，DACs，DAs，and More：An Incomplete Terminology Guide）一文中介紹了DAO的治理潛力，並且將DAO與DAC區分，認為DAC只是DAO其中的一個子類，他強調DAO應當是非營利實體，而DAC由於引入了股份的概念更接近營利性實體；在2015年，以太坊鏈上出現了名為「DAO」的智能合約，在這一階段，DAO的概念融合了互聯網的網路集群和代碼實現的自我維持系統，為2016年具有里程碑意義的The DAO（儘管後來因為安全性問題沒落）的出現奠定了理論基礎。從圖3.1中我們可以清晰地看到DAO與傳統治理方式的不同：傳統治理方式嚴格按照等級劃分，而DAO組織內成員分散分佈。

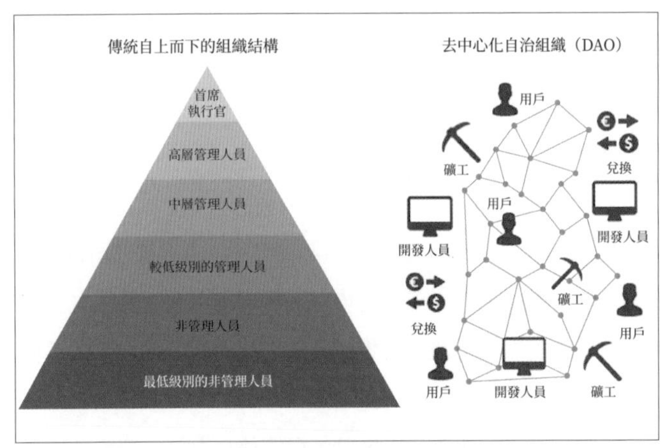

圖3.1 DAO的演變

（資料來源:https://medium.com/@AQOOM/evolution-of-the-decentralised-autonomous-organisation- dao-2302fde130ee）

那麼DAO作為維塔利克·布特林口中的非營利實體，還與傳統公司制結構有哪些不同？我們將不同之處展示在表 3.1 中，幫助更好地理解 DAO 在組織演進中的結構性意義。

表 3.1 DAO 與公司制比較

類別	DAO	公司制
組織結構	Heterarchy（異質統理）	Hierarchy（科層制）
基礎設施	區塊鏈	部門官僚委員會
權威基礎	去中心化共識	現代法理權威
利益保障	代碼合約	法律合同
權益分配	通證治理機制——治理者、貢獻者也是權益所有者	「委託代理」機制——所有權與管理權的分離
決策主體	社區集體	公司高管層
執行方式	程序化自動執行	由部門員工執行
進出門檻	自由開放人才流動性強	進出成本高相對封閉
可擴展性	擴展性強新增成員的邊際成本低	擴展性弱
信息門檻	公開透明算法開源	組織內部信息獲取門檻高

（資料來源：吳志峰《DAO 從何來：互聯網潮落與區塊鏈興起》）

DAO 作為新興概念，常被稱為「未來的公司」，從表 3.1 中我們也可以看出：第一，公司制難逃官僚制的禁錮，設立部門、委員會等，依靠現代法理權威治理公司。近年來，這種權力傳遞路徑自上而下的組織結構似乎製造了一個人人想掙破的牢籠，層級繁雜和效率低下常常為人所詬病。而 DAO 的治理、運營和官僚制與公司制的傳統組織層級完全不同：第一，共識合約化與可靠的執行力讓內部管理不再需要繁雜的層級，一切被記載在區塊鏈上無法篡改，其權威來源於社區成員共同認可的代碼治理方案；第二，傳統公司制在治理和權益分配上採用「委託代理」機制，即所有權與管理權的分離。此時經營者和所有者的主要衝突在於，所有者追求財富最大化，而經營者希望獲得更多的報酬和閒暇時間，避免風險等，由此可能導致經營者在經營的過程中為了自身目標和利益做出與所有者利益相背離的事項。而在 DAO 中，DAO 成員不僅是社區治理者和貢獻者，也是權益所有者，這在很大程度上避免了所有者與經營者的衝突。幾乎每個 DAO 都有自己的 Discord 社群及電報（Telegram），成員在此類應用中表達自己的訴求、對社區治理的想法，並進行討論，再通過 snapshot 等鏈下治理平台進行民主投票，由社區集體決策，例如 JuiceboxDAO 等。相對於傳統公司和組織強制私有、結構化的管理風格，演算法治理系統不僅越來越自動化，而且更加開放民主。第三，DAO 的勞動經濟形式也發生了變化，和傳統公司制不同的是內部分工和個人價值創造獲得了前所未有的靈活性和自主性，提高了「員工」和「領導」們的執行力以及效率，並且進出門檻較低，可擴展性強。DAO 組織成員是各種身份的綜合體，成員們因達成「共識」而更加積極和熱情地為組織提供資源和創造價值，從而使成員們的工作效率和整個專案的品質變得越來越高。

DAO 的多種多樣

DAO 的類型多種多樣，潛力無限。2016 年 6 月至 2019 年 6 月被視為 DAO 的發展初期，此階段 DAO 的發展可以歸納為兩個方向：一個是做治理中間層（例如 AragonDAO、DAOstack），另一個方向是應用層治理，應用層治理又可分為「融資型」（例如 MolochDAO）與「協議型」（例如 MakerDAO）。2019 年至今，又逐漸湧現具備其他功能的 DAO，其中包括了基礎設施類、協議類、資助類、投資類、服務類、收藏類、社交類以及媒體類等類型的 DAO，在多元化目的實現、多場景應用和生態內不斷探索其效用和價值。隨著各種類型的 DAO 百花齊放，眾多投機者焦頭爛額地尋找方向，但幾乎沒人能精準預測到下一個大熱的 DAO 類型是什麼。需要注意的是，從不同角度出發 DAO 類型的劃分也是不同的，我們從 DAO 的主要應用場景的角度出發，對 DAO 進行了如下分類（見表 3.2）。

表 3.2 從 DAO 的應用場景的角度為 DAO 分類

DAO 類型	名稱	特質
項目治理類	CurveDAO（DeFi 領域）	依托於一個獨立產品而建立的治理社區
金庫管理類	JuiceboxDAO （核心功能是籌款工具）	Juicebox，設置了靈活的融資、資金分配和退出機制，它讓發佈 DAO 變得簡單
資源調度類	PleasrDAO ConstitutionDAO	籌集資源來完成共同目的， PleasrDAO 專注 NFT 收藏， 出資費用和數字資產所有權 由 PleasrDAO 成員共攤共享； ConstitutionDAO 眾籌競拍美國憲法 13 份副本之一
文化興趣類	FWBDAO	用户圍繞相近的文化興趣而聚集社交，但沒有單一固定目的
投資類	FlamingoDAO	主要通過研究鏈上新型投資機會擴大 DAO 資金
服務類	YGGDAO	主要通過直接或間接出租或出售 YGG 擁有的 NFT 資產賺取利潤， 公會成員能利用公會資產直接為 YGG 賺取遊戲內獎勵

不同類別的 DAO 之間不是完全互斥的關係，以上分類只是根據 DAO 的主要應用場景分類，如果一個 DAO 的使命及共識覆蓋了兩種分類類型，也不是沒有可能的。

MetaFi 與 DAO 的關係

筆者認為，MetaFi 將引領 DAO 的發展。元宇宙中，區塊鏈技術保障了「Code is Law」，DAO 的組織規則由程式監督運行，使得 DAO 相較於傳統模式而言可以在更低信任的模式下形成組織，天然地成為在元宇宙中協作的組織形式。

在過去幾年中，DAO 在加密領域取得了很大進展，而根本原因在於 DeFi 的爆發。DeFi 協議通過智能合約消除用户之間的仲介，而 DAO 可以處理大量 DeFi 協議，釋放了基於區塊鏈的基礎設施的潛力。而未來在元宇宙中，這一趨勢將由 MetaFi 引領。正是因為在元宇宙中的虛擬社會也會隨著貨幣與商品的關係發展而出現元宇宙中的金融系統，才使 MetaFi 和元宇宙可以完美契合並幫助維持虛擬世界的正常和有序運轉。MetaFi 是元宇宙中經濟通證的資產管理和流動、價值開發、金融衍生等支撐點。

DAO 要順利運營需要滿足哪些條件

成功的 DAO 都是相似的，失敗的 DAO 卻各有各的不幸。無論觸犯了哪個要點，哀其不幸、怒其不爭都是沒有用的，失去共識的 DAO 很難東山再起。雖說 DAO 很難標準化，但總結起來，一個理想狀態的 DAO 至少要具備以下五點特徵：

1. 去中心化且為分佈式自治組織。DAO 中分佈的各個節點遵從平等、利益共贏等原則有效協作，產生強大的協同效應。要想讓 DAO 順利運營，一定要設定一套能夠自動執行運行的規則，並且不能人為干預。設定好規則後，DAO 就進入眾籌階段。

2. 開源且根據智能合約自主運行。在眾籌完成後，DAO 開始投入使用並實現開源，這意味著 DAO 對任何人都是公開透明的，在 DAO 組織裏發生的任何事情都會被記錄下來，不可篡改。

3. 組織化與有序性。在運營階段，成員通過達成共識來決定 DAO

組織的資金如何使用以及未來如何發展，通過高效自治，參與者的權益與他們付出的勞動以及做出的貢獻相掛鉤，以促進利益的「均等」分配。DAO 成員每發起一個提議後其他組織成員都會對提議進行投票。只有達到事先規定的比例的投票支持，提議才能落地執行。

4. 通證化。通證（Token）作為 DAO 治理過程中重要的激勵手段，將 DAO 中的各個元素通證化可以更好地幫助組織內價值流轉。

5. 邏輯自洽。這也是非常容易被投機者忽略的一點。憲法 DAO（ConstitutionDAO）及其代幣 People 大熱之後，眾多投機者被風靡整個圈子的阿桑奇 DAO（AssangeDAO）吸引並投資，但卻忽略瞭解救阿桑奇是一個幾乎無法完成的任務：其一是涉及政治問題，美國政府等方面幾乎不可能釋放他；其二是雖然有人宣揚阿桑奇是解密英雄，但結合具體來看，更像是某些人借其名義籌資的手段。

DAO 的治理

傳統公司的治理是複雜且難以確定的，DAO 也不例外。在治理過程中，DAO 組織成員做出決定時應牢記 DAO 的使命、願景和目標。除此之外，DAO 的經濟模型和 Token 激勵模式可以幫助其離「自治」更進一步。在過去的幾年裏，我們已經看到了 DAO 在基於 Token 的治理模型方面的重大創新。Token 的治理功能類似於股票，不同的是它在開放軟體系統上運行，從而為其持有者提供土壤和養分以促進其持有 Token 長期價值的增長。DAO 賦予 Token 通過決策過程分配生態系統資源的權力，意義在於讓用户可以成為協議的「所有者」。

DAO 的優勢

DAO 的最大優勢在於其打破創業壁壘，降低創業門檻。首先，加入 DAO 沒有物理限制，不像進入傳統公司那樣需要經過層層面試，且有學歷和工作經驗的門檻，尤其在一些競爭激烈的行業；其次，傳統創業投入資金必不可少，且常常面臨資金不足的問題，相對傳統公司而言，DAO 的募資相對來說容易得多，DAO 的發起方可以在自己的官網或者業內專業的融資網站上發佈募資公告並公佈官方收款地址，任何對專案感興趣的人都可以捐贈融資方接受的代幣種類並得到相應的專案代幣。

DAO 的優勢之二是透明度高，數據開源。DAO 的數據是保存在區塊鏈上的，鏈上數據公開透明、可溯源，組織的支出、為工作人員發放的工資和各種花費均可查，從而不必像傳統公司制公司那樣擔心自私自利的 CEO 或不誠實的 CFO。

DAO 的優勢之三是更容易實現全球化。加入 DAO 組織的門檻比較低，不會受到地理位置等方面的限制，也不必到線下集中辦公，只要達成共識，成員分工明確，「各顯神通」即可。因此，與傳統的公司制相比，DAO 更容易做到全球化。

DAO 的優勢之四是成員均可參與投票。DAO 允許組織內任何持有 Token 的成員通過投票來共同決定某一決策，並且投票結果會以一定的透明度計算和顯示出來。

DAO 的優勢之五是智能合約事先約定規則且不可篡改。DAO 通過智能合約來執行其規則和決策，智能合約發佈後，制定新的決策或者更改已生效決策的規則，都需要在組織內部達成共識後才能生效執行，以確保治理的公平性和透明度。

DAO 的優勢之六是參與者也可以實現盈利。一般來講，市場一般包含四個主體，投資方、生產者、運營者、參與者。傳統的經濟模式只有投資方、生產者和運營者可以賺錢獲得收入，參與者只是花錢不賺錢。而在 DAO 的生態系統中，每個人都可以是投資方，也可以是參與者或其他角色，角色之間可以根據個人的適用性進行轉換，參與者也可以盈利。

DAO 存在的問題及未來展望

至 2020 年，Layer2 解決方案的日益成熟間接完善了 DAO 的基礎設施，並且 DAO 的治理模式也在不斷創新，新冠肺炎疫情助推了全球範圍內分佈式協作的趨勢，Web 3.0 理念與加密敘事也進一步擴張，在眾多因素的合力作用下，DAO 迎來一輪加速的熱潮，加密市場對 DAO 重新燃起了熱情。A16z 在 2022 年發佈的加密報告顯示，DAO 籌集並管理金庫資產已經超過 100 億美元（見圖 3.2），預計這個數字未來還會上升。

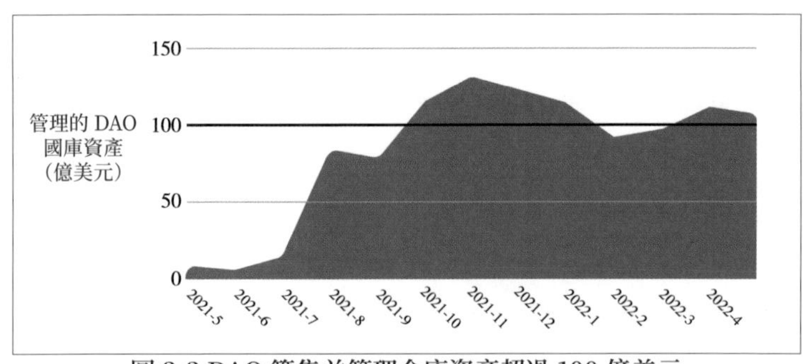

圖 3.2 DAO 籌集並管理金庫資產超過 100 億美元

（資料來源 :A16z 2022 加密報告）

但不可否認的是，儘管 DAO 發展勢頭迅猛，作為一個新興概念，它本身還存在一些結構性問題，導致其落地實踐存在一些隱患。

其一，DAO 的安全問題一直被一些人所詬病。其中一個著名的安全問題事件是發生在北京時間 2016 年 6 月 17 日的 The DAO 事件，此次事件在區塊鏈歷史上留下沉重的一筆。由於編寫的智能合約存在著重大缺陷，區塊鏈業界彼時最大的眾籌專案 The DAO（被攻擊前資產 1 億美元左右）遭到攻擊，駭客利用 The DAO 代碼裏的漏洞，共盜走了 360 萬枚以太坊，超過了當時該專案籌集的以太坊總數目的三分之一。在 The DAO 事件後，其他 DAO 的安全問題也層出不窮，加密市場對 DAO 持觀望情緒，DAO 的發展進入沉寂階段。

其二，DAO 存在另一個無法忽略的問題——是否做到了真正意義上的去中心化。儘管 DAO 的構成在某種程度上利於去中心化的發展，但在真正落實具體工作時，尤其是在專案前期，組織中創始人以及核心貢獻者的話語權比較大。小「股東」立場不堅定或無法做到堅定，容易被大「股東」左右立場，這無疑是與去中心化概念相背離的。我們無法預知未來發展成熟的 DAO 是否可以做到真正意義上的去中心化，但至少在目前的階段，這個問題不容忽視。

儘管有關 DAO 的理論構想看似已臻於完美，其存在的問題還是被寫在加密歷史上。不過，歷史的路徑一定有其存在的意義。各界人士從 The DAO 危機中吸取了教訓，此事件後，各個 DAO 組織在代碼安全上顯然投入了更多精力，更致力於保護投資者的財產；DAO 組織中的創始人和各位參與者也在傾盡全力儘量靠近真正地去中心化概念。

區塊鏈網路的應用已然從比特幣擴展到社會的各個領域。DAO 也註定會在現實社會和虛擬社會中引發更廣泛的結構性變革，以基於區塊鏈的去中心化自治理念重構原來的業態。總而言之，DAO 加速了元宇宙的落地，預計未來將有越來越豐富的元宇宙網路形態出現，普通個體也將更方便地參與其中。

第二節
激勵機制：Token

任何一個經濟生態都需要適合自己的組織模式和激勵方式，DAO也不例外，激勵 DAO 中參與者完成交易的激勵方式就是 Token。Token（通證）可能是區塊鏈最好的激勵機制，它重塑了經濟系統的激勵體系，使得激勵能夠從經濟學角度量化，且使激勵的流通成為可能。

Token 的分類

Token 是通過加密技術、共識規則、智能合約等建立起來的具有貨幣屬性、以數字形式存在的權益憑證。在康多瓦（Kondova G）和巴爾巴（Barba R.）的《去中心化自治組織的治理》（Governance of decentralized autonomous organizations）中，Token 被認為是「一個組織被認定為 DAO」的必要條件。最開始，區塊鏈的 Token 被翻譯成「代幣」，後來，更多人認為 Token 翻譯成「通證」更精準。人類歷史中曾出現多種通證，古代有銀票、白銀、黃金等。而當今社會上的通證就更多了，例如股票、債券、各國貨幣，以及遊戲中的積分和金幣等。在現代社會經濟視角下，通證不僅僅是「代幣」的另一種翻譯，也蘊含更加豐富的內涵和價值。

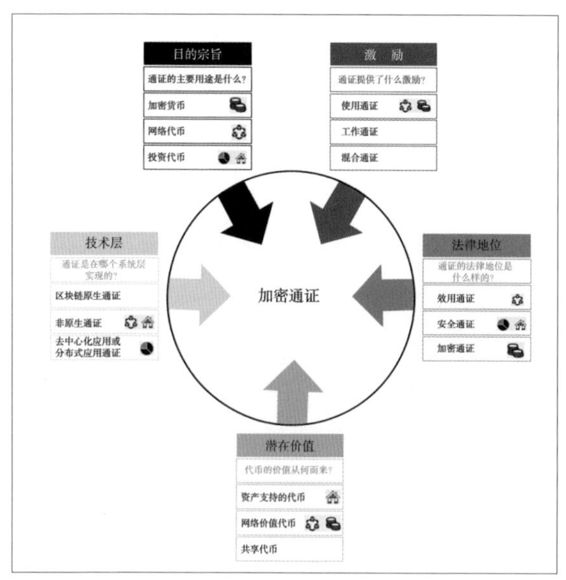

圖 3.3 從五個緯度定義通證

（資料來源 :http://www.untitled-inc.com/the-Token-classification-framework-a-multi-dimensional-tool- for-understanding-and-classifying-crypto-Tokens/）

我們可以從不同維度去瞭解通證，圖 3.3 的框架中反映了五個主要維度：通證的用途、效用、法律地位、潛在價值和實現它的技術層。其實從不同的角度，對通證的分類也會不同，通證在國際上目前也沒有被普遍認可的分類。在此，我們根據瑞士金融市場監督管理局（FINMA）確定的通證潛在的不同經濟功能進行分類：

1. 支付類通證（Payment Token）：一般指現在或將來為了獲得物品或服務，被用來作為金錢或價值轉移的支付手段。

2. 應用類通證（Utility Token）：以數位化的形式，用於以區塊鏈技術為基礎架構開發的應用或服務。

3. 資產類通證（Asset Token）：資產類通證就其經濟功能而言近似於股票、債券或衍生品。瑞士金融市場監督管理局認為若實物資產可以在區塊鏈上交易，則也屬於這一類別。

不同類別的通證之間不是相互排斥的關係，資產類通證和應用類通證也可能會同時是支付類通證，這種通證被稱為混合型通證。在此情況下，合規的要求也是疊加的。

Token 的價值從何而來

Token 的價值體現於可以通過 Token 獎勵機制來實現系統共識。

我們要用發展的眼光去看待 Token，而不是用理解股票、證券、金融產品、融資工具的眼光片面地理解 Token，因為它不只具有貨幣屬性和價值屬性。Token 對於 DAO 的治理有多元而豐富的使用案例，是對貨幣化、證券化的向上化的發展和超越，而不僅僅是同義詞替換。

總的來說，Token 是 DAO 的價值捕獲媒介，它為 DAO 呈現了「貢獻—代幣」關係，從而改變了傳統的薪酬制度，在去中心化系統中幫助社區建立一個治理機制。在此治理機制下，DAO 的運營治理和組織行為可以儘量避免某個關鍵人員離開帶來的結構性影響，也不會抑制現有基礎上新進入的人才的創新，因為 Token 的激勵精確到行為本身而不是某個人本身。

Token 的作用

降低獲客成本

Token 最重要的作用之一就是降低獲客成本。隨著 Web 2.0 競爭越來越激烈，傳統行業資源幾乎被互聯網巨頭壟斷，各個企業獲客成本水漲船高，能否降低獲客成本某種程度上關係著一家企業的生死存亡。在過去，企業通過積分和返現等方式向用户提供獎品或現金，以達到獲得客户和增加客户黏度的目的。在 Web 3.0 中，Token 通過其交易屬性和市場流動性，不僅體現了當前價格，還包含了升值預期，這個屬性使得 Token 天然自發地可以吸引更多的參與者，充分調動其積極性並參與到組織活動中。這不僅降低了組織的獲客成本，也增加了 DAO 的可擴展性，間接達到更好的激勵效果。

我們都知道，Token 是由專案方發行，那麼如何將 Token 分發到參與者手中？主要有以下兩種方式：

1. 做任務後領取空投，專案方發放 Token 給完成任務的人作為獎勵。國外多用 Twitter、Discord 和 Telegram 等應用，大部分任務的專案組都會要求做一些轉發、關注、拉人頭之類的任務，然後複製錢包地址，粘貼填寫並提交即可；還可以把專案、團隊、需要達成的目標內容發佈在 Twitter 上，再設計一個轉發 Twitter 領空投的任務。通常，專案方發佈空投的目的是增加 Token 持有地址和社區活躍人群的數量。多觀察一下你就會發現，雖然專案方吸引潛在投資者並發布的進入門檻和任務清單五花八門，但核心邏輯基本就是以上這些。

2. 社會化傳播。目前大部分區塊鏈應用都採取先發行 Token，再「講故事」、「談情懷」的概念先行，最後做產品落地的方式。社區內成員的通力合作常常引起社區外的 FOMO（Fear of Missing Out，錯失恐懼）情緒，所以需要讓更多的投資者和潛在用户能夠提前接觸到產品和團隊，並讓他們對 DAO 的使命和要做的事情充滿信心和共識。在社會化傳播方面，MoonDAO 做得尤為出色。

參與治理的通證

大部分社區默認只有持有其專案 Token 才可參與經營，哪怕這個 Token 的數量為 0.1。簡而言之，持有一定數量的 Token，你才可以跨過 discord 社區的門檻，參與社區討論和治理，並在專案方案投票時投出自己寶貴的一票。對此，我們可以參照理解為 Web 2.0 中公司的股東持有股票參加股東大會，股東會投票表決，只不過在 DAO 組織中，小散户也有一定程度的話語權，合適的意見也更容易被組織接納。

生態激勵

激勵核心貢獻者是 Token 最核心的價值和作用。核心貢獻者包括: 社區的管理者和運營者、建設者、平台開發者等。用 Token 來激勵這些最核心的貢獻者，有利於提高他們工作的主觀能動性。但需要注意的是不要過度激勵，因為侵害到普通參與者們的權益很容易讓社區失去最重要的共識，畢竟無論大家出於什麼目的參與專案，他們都有一個共識——賺錢。

價值發現

Token 是在不同用户之間流動的，這間接幫助 Token 實現價值發現的功能。對於 DAO 中的 Token 持有者來說，他們獲取 Token 的最常見方式是從交易所購買，當然參與活動也能獲取少量的 Token。這條路徑可以讓 Token 從交易所流向平台，然後在持有者之間流動。

除此之外，用户也可以通過空投得到一定數量的 Token，這部分的 Token 可能還會再次流回交易所。在經過 Token 從交易所流出和從交易所再次流入平台的多次流轉後，幣值會趨於穩定。即使價格是波動的，也並不會減少大家對潛力幣種的期待，因為 Token 價值往往反映了 DAO 組織的共識程度，並且 Token 有升值預期。舉個例子，像比特幣和以太坊這種主流幣，某一天跌了 50% 可能會引起市場情緒不佳，但並沒有減少大家對它的期待。如此循環往復，市場及參與者會對 Token 建立預期價值，進而間接促進 Token 的價值發現，使得 Token 漸漸向購買者預期價值靠近。

幫助金融資產及實物資產代幣化

金融世界和 Web 2.0 正在經歷一場革命，引發全球變革背後的技術是使用區塊鏈解決方案將資產代幣化，這也是 Token 的另外一個作用，即借助區塊鏈和智能合約的基礎和東風，將金融資產及實質資產證券化，轉換成可以交易的代幣。據新聞報導，投資銀行高盛正在逐步深入「實物資產的代幣化」領域。此外，新加坡聯合早報在 2022 年 6 月 1 日發表的《金管局探討資產代幣化經濟價值》一文中記錄了新加坡副總理兼經濟政策統籌部長王瑞傑的講話。王瑞傑在講話中指出:「要以開放的心態對待 Web 3.0 並瞭解潛在變革的基礎科技，其中一個值得進一步思索的科技就是代幣化。」所謂代幣化就是一個發行過程，這個過程使得有形資產和無形資產以基於區塊鏈的數字系統發行的代幣形式流通，它允許確定資產所有者，並能夠證明與該資產相關的權利從一個人轉移到另一個人的事實。

幾乎任何資產都可以代幣化。我們先以熟悉的股票對比舉例，以傳統方式發行和流通股票需要大量的時間和精力，甚至是財力。而代幣化基於區塊鏈平台，可以更快且花費更少的費用完成，代幣化的資產進入二級市場，可以立即買賣。這為發展金融市場、降低成本和簡化投資流程提供了契機。投資可以變得更便捷和更安全，從而吸引新的參與者參與投資過程。對實物來說，目前的條件完全允許創建一個由代幣化債券和存款組成的許可流動資金池，通過公共區塊鏈和智能合約來進行擔保借貸。以上所述只是代幣化應用案例中的一小部分，目前區塊鏈技術已經得到廣泛應用，代幣應用已經達到了一個新的水準，允許在安全的數字環境中將金融資產甚至其他實物資產代幣化。儘管此項技術具備幫助當下金融產業突破瓶頸期的潛力，但需要注意這是一個高風險領域，並且不同國家和地區對待此項問題的監管政策不同，所以實踐落地的紮根程度和生長速度自然不同。在此筆者僅做知識普及，請做好風險評估。

關於 Token 五個值得思考的問題

一、Token 一定要運行在區塊鏈上嗎

對區塊鏈產品來說，完全上鏈的確是更加公平、公正、公開的，因此長期看來，運行在區塊鏈上的 Token 才更有價值。目前國外幾乎所有的 Token 都是在區塊鏈上運行的；國內，一些專案或產品尚未發放代幣，已發放代幣的專案和產品也不一定合規，所以大家看到此類資訊需謹慎分析，不要盲目。

二、Token 激勵和幣值波動之間的矛盾

參與者獲得的 Token 激勵，往往出現幣值不穩定的問題。目前有實際案例表明，有些 DAO 在以太坊幣值高漲（掛鉤美元）的情況下，

選擇為核心貢獻者分發以太坊，而在以太坊幣值低迷時則對標和幣值高漲時同等價值的美元來分發相應數量的以太坊或其他代幣進行激勵。在筆者看來，這種情況是不可取的，國庫中以太坊等募集到的主流幣是有限的，這種分發方式無疑會遭到散户小股東的不滿，從而削弱社區共識。

三、是否增發

某種程度上，Token 數量的多少和是否恒定影響其價格。某種 Token 的不斷增發不僅會影響人們對代幣價格的預期，也會為其價格設定一個無形的天花板。是否增發需要每個 DAO 或平台結合自己的實際發展情況決定，不合適的增發或縮減可能會引起該 Token 的通脹或通縮。因此，社區內是否增發 Token 的決定就顯得尤為重要，合適的決策可以幫助構建 DAO 內更健康的經濟環境。

需要注意的是，我們不僅要關注某個 DAO 是否增發其 Token，也要瞭解其背後的邏輯，避免因為專案表面宣稱增發而覺得其 Token 價值有限錯過有價值的專案。例如，Juicebox 平台 TokenJbx，不懂其中邏輯的人往往咬住 Jbx「無限增發」的把柄不放宣稱其無價值，但其底層邏輯為「無限增發但不貶值」，JuiceboxDAO 強制平台上的專案方貢獻 2.5% 的取款費用，用這些費用以遠高於市場價購買增發的 Token，以此「宏觀調控」增加整體的 Token 可贖回金額並實現早期投資者的 Token 升值。

四、Token 的銷毀

Token 銷毀是指將現有的加密貨幣從流通中永久移除。眾所周知，加密貨幣的定義特徵是自由——這不僅意味著擁有數字資產是自由的，還意味著銷毀它們也是自由的。雖然銷毀金融資產像圖 3.4 中「燒錢」一樣可能聽起來很極端，但銷毀 Token 在 Web 3.0 中是相當普遍的事件。

圖 3.4 銷毀 Token 是「燒錢」嗎?

專案和個人銷毀 Token 的原因有很多，但核心目標始終相同——通過供應影響價值，主要分為以下兩種情況：

（1）減少流通量，從而提高 Token 價值。供求關係影響價格，其他條件不變的情況下，供給減少，價格會上升。通過供應影響價值並不是一個新概念，尤其是在金融方面。對於上市公司來說，公司回購是司空見慣的，公司從二級市場上回購一些自己的股票和股份，以增加剩餘股票的價值。我們可以將 Token 銷毀視為回購的加密版本，例如幣安會定期銷毀一部分 BNB（幣安平台發行的 Token），以減少市場上的流通量，從而給 BNB 增加價值；2021 年，為了確保以太坊代幣可以成為一種有效的價值儲存手段，以太坊從網路流通中回購並燃燒了 130 萬個 ETH，減少其供應量來增加價值。

（2）穩定 Token 價值，這方面主要是針對穩定幣來講的。穩定幣是加密貨幣和 DeFi 生態系統的重要組成部分，其穩定性源於中央儲備，但中央儲備很容易受到監管政策、管理不善的影響，演算法穩定幣正是通過控制供應來創造價值穩定的 Token 來克服這個問題的。Olympus DAO 就是一個很好的例子。它的原生貨幣 OHM 由一種調整迴圈 OHM 供應以控制 Token 價值的演算法管理。如果 OHM 的價格跌至某個點（1 DAI 的價值）以下，演算法將自動銷毀其部分供應以維持與 DAI 的價格均等。相反，如果價格超過這個水準，將鑄造新的 Token 並添加到供應中以穩定 Token 價值。

五、管理和安全問題

Token 大部分運行在區塊鏈上，既然區塊鏈存在安全問題，Token 也不能例外。在 Web 2.0 時代，網路安全問題就為人們所詬病，而 Web 3.0 尚處在發展初期，存在管理和安全問題在所難免。但互聯網非法外之地，目前，國外諸如紐約、倫敦以及國內一些地區均有事件表明法院已接受虛擬資產權屬糾紛等相關案例，相信未來會有更完善的法律監管 DAO 和 Token 的管理和安全問題。

第三節
基因：NFT

什麼是 NFT

NFT 具有不可分割、不可替代、獨一無二等特點，可以理解為虛擬資產或實物資產的數字所有權證書。既然名為非同質化通證，顧名思義，它也是 Token 的一種。

我們常說的通證對應的是在區塊鏈上擁有自己的主鏈的原生幣，如大家熟悉的比特幣、以太幣等，原生幣和代幣統稱為數字加密貨幣。那麼，原生幣和代幣有什麼不同呢？原生幣使用鏈上的交易來維護帳本數據；代幣則是依附於現有的區塊鏈，使用智能合約來進行帳本的記錄，如依附在以太坊上發佈的 Token。

通證之中既然有非同質化通證，相應地，也有同質化通證，即 FT（Fungible Token），互相可以替代、可接近無限拆分的 Token。例如，你手裏有一個比特幣與我手裏的一個比特幣，本質上沒有任何區別，這就是同質化，就是同質化通證；而非同質化通證，即 NFT，是唯一的、不可拆分的 Token，例如帶有編號的人民幣。因此，相較於 FT，NFT 的關鍵創新之處在於提供了一種確權的方法。同時，NFT 由於其非同質化、不可拆分的特性，使得它可以和現實世界中的一些商品綁定。換言之，NFT 可以是發行在區塊鏈上的遊戲道具、數字藝術品、演唱會門票等數字資產，並且具有唯一性。NFT 是元宇宙產業的一部分，並和 DAO 緊密相關。它是經濟進一步數位化的階梯，並見證從 Web 2.0 到 Web 3.0 的演變。NFT 很難獨立於元宇宙產業、Web 3.0 土壤而存在，作為新技術產業中的重要一環，需要與時俱進不斷創新，而不僅僅被膚淺地視為一類商品、投資品。

NFT 是怎麼誕生的

圖 3.5 部分 CryptoPunks 項目

NFT 的誕生基於 2017 年以太坊中一個叫作加密朋克（CryptoPunks）的像素頭像專案（後文會有詳細介紹）。在其誕生 6 個月後，區塊鏈小遊戲迷戀貓（Cryptokitties）迅速流行，這是一種在以太坊擼貓的遊戲。買家擁有兩個及以上迷戀貓，就可以培育出新貓，如果培育出稀有特徵的，價格則會更貴。迷戀貓爆火後，人們甚至在以太坊區塊鏈上開起了動物園，帶火了其他虛擬動植物專案。

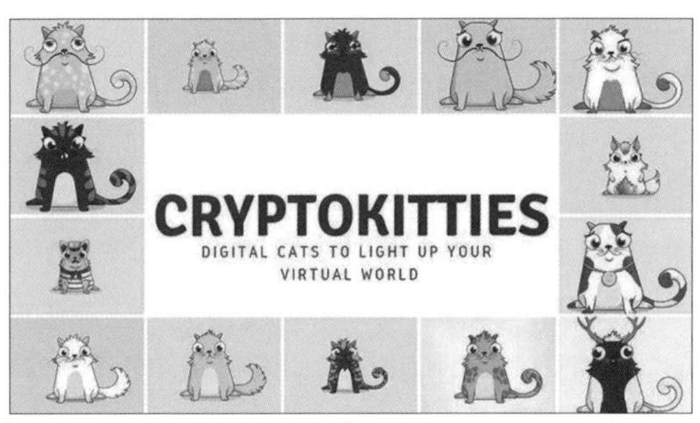

圖 3.6 部分 CryptoPunks 展示

NFT 是怎麼出圈的

說到 NFT 的出圈不能免俗，NFT 的每一次出圈似乎都與不斷刷新認知的高價有關。很多人開始關注到 NFT，是在 2021 年 3 月，因為推特 CEO 傑克·多爾西（Jack Dorsey）拍賣自己首條推文 NFT 和加密藝術家邁克·溫科爾曼（Beeple）作品拍出千萬高價。

2021 年 3 月 6 日下午，傑克·多爾西發佈了一個指向平台「Valuables」的鏈接，打開後頁面顯示他於2006年發佈的首條推文「just setting up my twttr」在上面拍賣。最高出價來自一家數字貨幣交易公司 Bridge Oracle 的 CEO 希納·艾斯塔維（Sina Estavi），他出價 250 萬美元。

《每一天：前 5000 天》是由邁克·溫科爾曼（Beeple）將其從 2007 年 5 月 1 日起每天在社交平台上發佈的作品（共耗時約 13 年），在湊滿 5000 張後用 NFT 加密技術組合生成的。此作品在紐約佳士得網路拍賣，經過網上競價，以最終加傭金共約 6930 萬美元（約 4.5 億人民幣）成交，刷新了數字藝術品拍賣紀錄和網上專場拍品最高成交價等紀錄。此次作品拍賣不僅使得 Beeple 名聲大噪，其成交天價也加速了 NFT 進入大眾視野。此後，越來越多的名人以及品牌踏入 NFT 領域並且 NFT 熱度一直居高不下，這也讓 2021 年被業界稱為 NFT 元年。至此，NFT 徹底出圈。

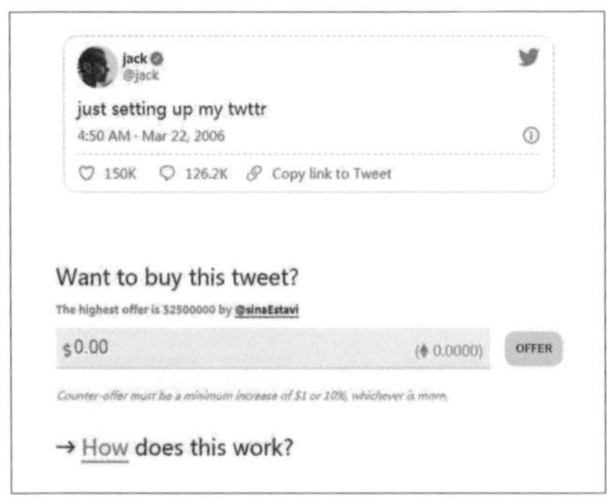

圖 3.7 多爾西發佈意圖出售其首條推特 NFT 的訊息

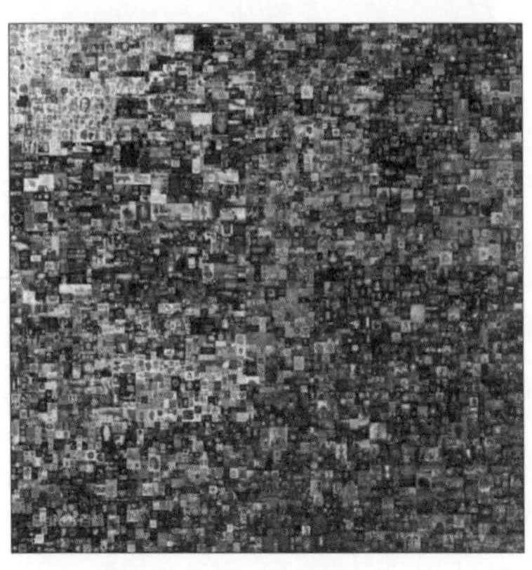

圖 3.8 加密藝術家溫科爾曼的一套作品《每一天：前 5000 天》(Everydays: The First 5000 Days)

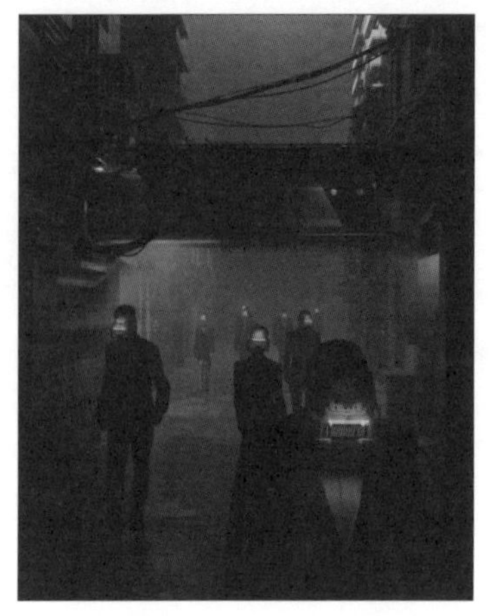

圖 3.9 《每一天：前 5000 天》局部 1

圖 3.10 《每一天：前 5000 天》局部 2

NFT 有什麼優勢

第一，NFT 在開放的區塊鏈分類帳上註冊，從而可以確權，這也是它最重要且最被寄予厚望的功能之一。NFT 使數字內容資產化，並且可以實現物品特定化、數字物品交易智能化等。

第二，通過 NFT 技術的應用，釋放交易潛力。無須中間商，藝術家可以直接面對市場，讓消費者可以方便輕鬆地交易，釋放交易潛力。在未來，可能會有更多藝術相關工作者，以創作優秀的 NFT 作品為主業或副業，就像 Web 2.0 時代這些拍攝短影片獲取相應收入的博主（blogger）。

第三，NFT 可以幫助創作者比在傳統平台獲得更多的利潤，促進互聯網 UGC 內容生態的繁榮。在 Web 2.0 時代，要通過數字內容獲利，內容創建者可以將其上傳到 Instagram、YouTube、TikTok、Spotify 或者微博、微信公眾號、小紅書等其他社交媒體平台。然後，這些集中式平台通過廣告或訂閱將內容貨幣化，並將一定比例的利潤支付給內容創作者。相比之下，數字創作者可以通過 NFT 直接從追隨者那裏獲利，無須仲介即可銷售自己創作的數字內容。

第四，NFT 可用於籌款、遊戲和收藏品等方面。NFT 可用於為慈善事業籌集資金，例如名為 Blockchain for Good 的慈善遊戲活動。NFT 還可用於創建獨特的數字收藏品，例如 OpenSea 等網站上允許創作者創建 NFT 並上傳交易。NFT 也可用於交易或用於遊戲應用程式，例如 The Sandbox 遊戲中可以創建 NFT 也可以用於交易。

第五，NFT 可用於投資。獨一無二、可輕鬆交易和傳送、具有升值空間的特點使 NFT 非常適合交易和投資。隨著受歡迎程度的飆升，NFT 已成為許多人的交易和投資選擇，其追隨者有專門機構，也有個人投資者。補充一下，除上述優勢之外，花旗銀行的報告也指出：NFT 現實世界的資產可以被上鏈。例如，現實世界的抵押貸款可以被上鏈，房地產投資信託基金可以與虛擬地塊一起使用，數字藝術家

Beeple 的第一件實物藝術品「HUMAN ONE」在佳士得拍賣，包括其相應的 NFT，最終拍得近 2900 萬美元。鏈上資產也可以被轉移到現實世界，例如在虛擬世界中購買 NFT，在現實世界中作為產品兌換。2022 年，美國房地產投資信託基金 NOYACK 接受加密貨幣支付（通過 BitPay），使得消費者可以將鏈上資產轉移到房地產。

NFT 應用場景

1. 版權保護及版權交易（轉讓和許可使用）：幾乎任何可以被數字資產化的東西都可以成為 NFT。NFT 可以代表一幅畫，一首歌或一段音樂，一項專利，一段影片，一張照片，甚至是幾聲咳嗽聲或呼嚕聲。在這個領域，NFT 幫助每一個獨一無二的東西進行確權。

2. 實體資產代幣化：房屋等不動產及其他的實物資產，也可以用 NFT 來代幣化，這使得實體資產再融資成為可能。

3. 記錄和身份證明：NFT 具有「獨一無二」的特性，因此，也可以用於驗證身份和出生證明等，用數字形式進行安全保存，防止被濫用或篡改。試想如果有一天身份和學歷可以成為 NFT 並標記在鏈上，不法分子將很難偽造。

4. 金融票據：各類金融票據在流通和交易過程中承載大量資訊，如果與 NFT 結合，不僅能夠確權，還便於追蹤。另外我們此前也提到過國外市場有 NFT 的金融化及證券化的趨勢，未來各類 NFT 資產的交易可以形成一個細分的金融市場。

5. 遊戲：NFT 可用於遊戲中的寵物、服裝和其他物品，就像 Web 2.0 中購買的道具一樣，只不過被記載在鏈上，獨一無二，只屬於你，除非你轉贈或賣給下一個人。例如加密貓中的貓咪，The sandbox 中的虛擬土地。

6. 票務：演唱會門票、電影票、話劇票等，都可以用 NFT 來標記。所有的票都一樣，非同質化體現在座位號不同。歌手賈斯汀·比伯（Justin Bieber）與虛擬音樂會公司 Wave VR 合作，向全球歌迷獻上了一場 30 分鐘的「元宇宙演唱會」（見圖 3.11）。美國知名說唱歌手狗哥（Snoop Dogg）把 rap 唱到了元宇宙，還在遊戲 The Sandbox 中發佈了一段音樂影片，稱將在 2022 年晚些時候舉辦一場元宇宙音樂會。試想在全球疫情橫行的情況下，現實世界裏要開一場演唱會困難重重，以後我們完全可以去元宇宙中聽演唱會，門票可以用發行 NFT 來進行確權標記，購買無須找「黃牛」，轉讓也無須找中間商。

圖 3.11 賈斯汀比伯虛擬音樂會公司 Wave VR 合作元宇宙演唱會

如何參與 NFT

就目前而言，國外大部分 NFT 交易市場建立在以太坊網路上，但也有諸如 NBA TOP SHOT 等應用部署在 FLOW 等新興公鏈上，操作步驟大致類似；國內則將 NFT 本土化，名為「數字藏品」，一些發佈在公鏈上，另一些則紛繁複雜，我們在表 3.3 中總結了國內部分數字藏品分佈鏈。

表 3.3　國內部分數位藏品分佈鏈

種類	使用平台	特質
公鏈	METABOX、唯一藝術平台、麥塔 Meta、Bigverse（NFT 中國）、AmallART、海幻境、ArtMeta 元藝術、BiBiNFT、稀象、J-art 樂享藝術平台、雙鏡博物、上鏡等	公有鏈，完全去中心且透明。全世界任何人都可以讀取數據，目前很有名的比特幣、以太坊都屬於公鏈
螞蟻鏈	鯨探、DT 元宇宙、第九空間、歸藏、MO 綠洲、七級宇宙、一花、數旅人、阿里拍賣 - 數字拍賣、仙劍元宇宙（在研）、超維空間、藍貓數字等	螞蟻鏈隸屬於螞蟻集團，旨在推動區塊鏈技術平民化，而在 2020 年之前的 4 年時間內，螞蟻鏈上申請的區塊鏈專利技術也排在全球第一；螞蟻鏈運營能力較強，聯合動漫、文創、體育等多元領域的機構不斷發行多元數字藏品
BSN 聯盟鏈	河洛、數字藝術 ADC、千尋數藏、Mytrol 數字文創空間、數藏中國、一起 NFT 等	BSN 聯盟鏈隸屬於國家信息中心、中國移動、中國銀聯北京紅棗共同發起和建立的底層框架，開發者可以選擇適合應用業務需求的開放聯盟鏈部署和運行智能合約和分佈式應用
至信鏈	幻核、小紅書 R- 數字藏品、QQ 音樂、閱文集團數字藏品、TME 數字藏品平台等	至信鏈是騰訊協同其他公司發佈的可信存證區塊鏈服務。其中，幻核平台背靠「大廠」，屬於國內頭部藏品平台，騰訊大文娛內容生態協同性較高，影視動漫及遊戲 IP 有望實現衍生變現
百度超級鏈	百度數字藏品、萊茨狗、丸卡、洞壹元典、良選數字等	百度超級鏈屬於百度，已經在醫療、政務等 20 個落地應用
樹圖鏈	薄盒、淘派數字藏品、非遺數字藏品等	樹圖鏈是在上海市人民政府支持下發起的
智臻鏈	靈稀、智臻鏈防偽追溯平台等	智臻鏈是京東科技旗下的區塊鏈技術與服務專業品牌。京東智臻鏈防偽追溯平台：物聯網信息采集 + 區塊鏈技術 + 大數據處理能力 + 監管部門、第三方機構 + 品牌商等，聯合打造全鏈條閉環區塊鏈追溯開放平台

部分平台及其發佈鏈總結

考慮到國內的參與資訊比較容易搜集到，我們在此不多做介紹。國外以太坊網路上可以在規模最大的 NFT 市場 OpenSea 上瞭解或參與 NFT，也可以通過其他 NFT 網站如 Rarible 等進行操作。

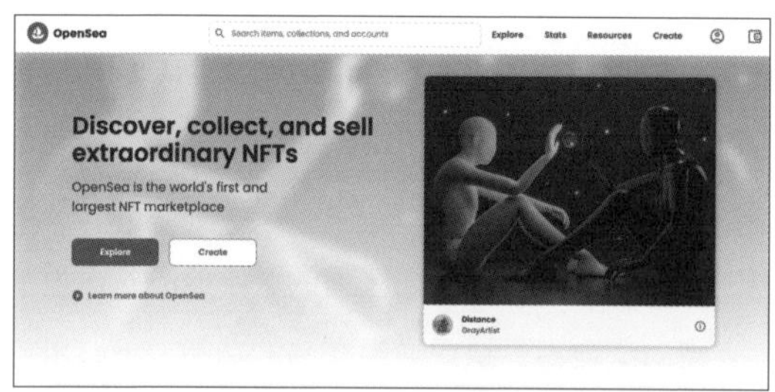

圖 3.12　OpenSea 網站首頁展示 (地址 :https://opensea.io/)

OpenSea 和 Rarible 等網站都支持 NFT 相關的以太坊區塊鏈標準，不僅可以購買 NFT，也可以自己創作並把作品鑄造為 NFT。目前 NFT 支持多種格式，例如圖片及動圖（JPG、PNG、GIF 等）、音樂檔（MP3 等）、3D 檔（GLB 等），都可以做成 NFT，當然不一定有人願意付費購買。除了創作和發佈功能，網站上還可以進行 NFT 交易買賣。

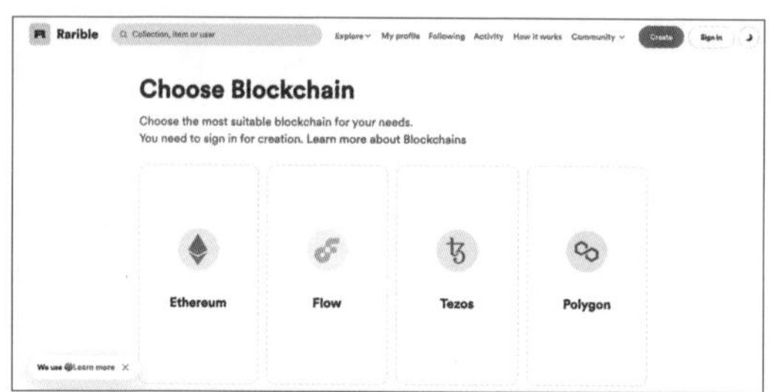

圖 3.13　Rarible 網站截圖，點擊 Create 即可開始創建 NFT 項目

國內外知名 NFT 介紹

國內 NFT 與國外 NFT 從本質上來說並不是完全相同的概念，其本質在於國內監管政策與國外的差異，使得 NFT 的發展路徑相較國外而言更加保守。國內 NFT 的本土化名稱叫作「數字藏品」，顧名思義，在國內其首要功能為「藏品」，NFT 更多的是以「數字藏品」、「數字藝術品」的形式出現，相對弱化了國外 NFT 的二級市場流通功能，也使得國內數字藏品和國外的 NFT 最大的區別表現在交易層面：國外的 NFT 一般建立在以太坊等公鏈上，可以通過虛擬貨幣來進行二級市場上的交易，金融屬性比較強；而國內的數字藏品基本上都建立在聯盟鏈上，不支持二次交易，缺乏通證交易的功能，一般用於收藏或者轉贈，金融屬性較弱。另外，國外 NFTs 還可以通過質押方式產生收益。使用 NFTs 作為貸款的質押品，然後以更高的利率對貸款的資金進行再投資，如 NFTfi 網站允許使用 NFTs 作為貸款的質押品。

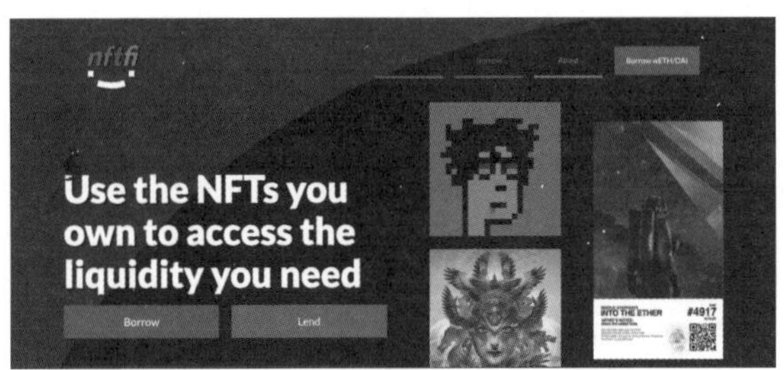

圖 3.14　NFTfi 網站首頁

聯盟鏈和公鏈上的 NFT 各有優缺點，我們將其各自的特點總結在表 3.4 中：

表 3.4 聯盟鏈與公鏈優缺點一覽

項目	聯盟鏈	公鏈
是否去中心化	未實現完全去中心化，安全性較低	完全去中心化，安全性較高
能源消耗	能源消耗較低（只需經過幾個聯盟方的節點驗證）	能源消耗較高（需要經過大量節點驗證）
交易機制	NFT 的鑄造上鏈和發售的算力成本較低	NFT 的鑄造上鏈、首次發售和二次轉讓等每個環節都需要支付 Gas 費
炒作	限制二級市場上產品的交易，對炒作有較好的管控，但市場較為封閉對賣家不友好	公鏈上 NFT 具有唯一性和真實性，限量發行且獨一無二，使得 NFT 容易被炒作

下麵介紹一下國內國外最火熱的和最具潛力的 NFT。

說到國外 NFT，不得不說到加密朋克（CryptoPunks）和無聊猿猴俱樂部（Bored Ape Yacht Club，常簡稱「無聊猿」或「BAYC」）。加密朋克是 NFT 開山鼻祖之一並且常年居 NFT 交易量第一位，無聊猿熱度及價格居高不下且經常居 NFT 交易量第二位。

加密朋克（CryptoPunks）

「加密朋克」是全球較早的 NFT 之一，發行於 2017 年 6 月。該系列由 10000 個 24×24 像素的藝術圖像通過演算法組成，大多數圖像都是一些男孩和女孩，但也有一些比較罕見的類型：猿、僵屍，甚至是奇怪的外星人（共 5 種朋克類型）。10000 個朋克中有 9 個外星人朋克、24 個猿朋克、88 個僵屍朋克、6039 個男性朋克人物和 3840 個女性朋克人物，共有 87 種屬性，每個朋克最多 7 個屬性。朋克的價值取決於它的類型、屬性的數量、屬性的組合和主觀性。在專案官網，每個朋克都有自己的個人資料頁面，顯示它們的屬性以及它們的所有權 / 出售狀態。加密朋克靈感來源於朋克文化，用於展現早期的區塊鏈運動鮮明的反建制精神。每個圖像都有假定的個性和隨機生成的特徵。一般來說，被認為更有價值的類型是外星人、僵屍和猿。2018 至 2021 年，專案分別被登錄在美國消費者新聞與商業頻道（CNBC）、《金融時報》、彭博社、《市場觀察》、《巴黎評論》、沙龍、大綱、倫敦佳士得、巴塞爾藝術展、美國 PBS 新聞一小時、《紐約時報》，是以太坊上較早的非同質化通證之一，也是大多數數字藝術品創作的靈感來源。

無聊猿猴遊艇俱樂部（Bored Ape Yacht Club，BAYC）

無聊猿是另一個在眾多NFT專案中相當耀眼的專案，迄今為止，位列 NFT 專案排行榜第二。在 NFT 和藝術的聯動下，經過一系列天價 NFT 事件的發酵，BAYC 在 2021 年全面爆發。2021 年 4 月 23 日，一個由 4 名好友組成的無聊猿俱樂部設計的 10000 個不同的猿猴圖集——無聊猿猴遊艇俱樂部橫空出世。籃球巨星斯蒂芬·庫里（Stephen Curry）、足球巨星內馬爾（Neymar）、國際歌手賈斯汀·比伯（Justin Bieber）、名媛帕麗斯·希爾頓（Paris Hilton）、中國台灣知名歌手周杰倫紛紛將其收入囊中並愛不釋手，一時間無聊猿成為加密世界最高級的社交名片之一。專案火爆後，原來的初創團隊也由 4 人組擴充到了上百人，社區情緒高漲。無聊猿團隊將 NFT 版圖擴張，不僅發行了「猴子幣」（Apecoin），還在加利福尼亞開設了世界第一家「無聊猿」主題餐廳「Bored&Hungry」。此外，無聊猿籌備了名為 The Degen Trilogy 的電影三部曲，這也是一個將 NFT 專案應用落地到現實之中的很好的案例。預計現實世界資產和 NFT 的雙向聯動將解鎖 NFT 更多的潛力。

未來戰士機甲水滸

《未來戰士機甲水滸》是全球首個具有東方元素的 3D 大型 NFT 專案，是世界上第一套水滸主題 NFT 收藏品，也是中國傳統文化和區塊鏈技術的完美碰撞。其故事背景設定在未來城市，地球遭受外星文明入侵，《水滸傳》中 108 將身穿機甲穿越到未來，為人類背水一戰。該專案由 IP 原創者賀子龍和加密狂潮科技有限公司聯合出品。此套數字藏品共發行 108 張，在特質上較國內其他數字藏品而言更接近「NFT」本身的概念，每一張都獨一無二。卡片具備極高的審美性、可玩性和收藏價值，這也是一套嚴重被市場低估其價值的數字藏品。

圖 3.15 《未來戰士機甲水滸》收藏部分展示

《萬華鏡》——中華五十六個民族印象動畫

《萬華鏡》全作仿如一幅華夏民族人文繪卷，由青年藝術家周方圓創作，騰訊幻核平台推出，是映射了五十六個民族印象的 NFT 動畫作品。該系列作品共包含 56 種數字民族圖鑒，發行總量為 3136 枚。一經發佈，《萬華鏡》迅速佔據嗶哩嗶哩、微博視頻熱榜第一位，全網傳播量超過 1500 萬。熱度也許會消散，但其所代表的 5000 年中華文明和新時代對傳統文化的堅守早已深入人心。

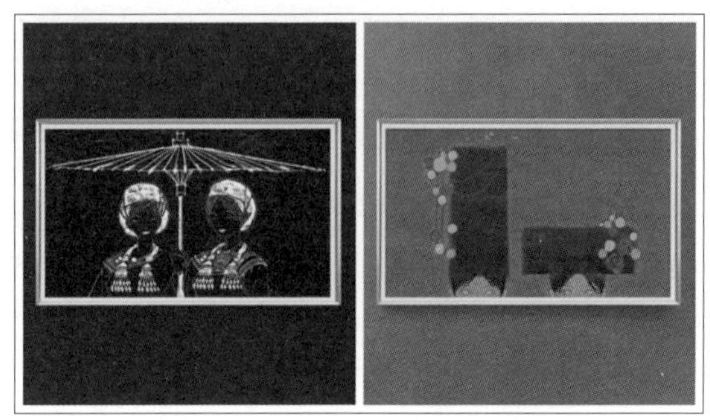

圖 3.16 《萬華鏡》收藏部分展示

NFT 存在的問題

微軟網路安全負責人查理·貝爾（Charlie Bell）在博客中表示，「元宇宙或許會帶來很多新的可能，但也必然會面臨一些安全問題，行業亟須尋找對應的應對方案」。目前，NFT 作為元宇宙通證，已成為市場活躍的產品之一，但其發展尚處於早期階段，尚未成熟的 NFT 開發也面臨著一些潛在問題。

第一，NFT 品質良莠不齊，容易遇到「盜版」。打開世界上最大的 NFT 交易網站 OpenSea，你就會發現，如果不在「排名」（Rankings）中點擊專案跳轉，直接搜索專案名稱，會出現很多假冒的專案。購買者如果不做深入瞭解，或者偶爾「眼花」點擊幾下，錢包裏的錢就會流入「盜版」專案。使用盜版藝術品製作的 NFT 數量非常多。

第二，NFT 存在「所有權」爭議。其一為傳統存儲「所有權」爭議。NFT 之所以能受到追捧，主要原因在於 NFT 能夠確權。但是大部分的 NFT 專案所採用的其實都是傳統的中心化存儲方法，這意味著這些 NFT 對存儲服務商而言是開放的、是可以隨意改動的，也意味著在這種中心化存儲的背景下，NFT 專案存儲是容易陷入「所有權爭議」的；其二為共有產權作品被發佈為 NFT 後容易陷入所有權糾紛。2021 年 11 月，昆汀·塔倫蒂諾和米拉麥克斯因《低俗小說》NFT 的權利而陷入訴訟。昆汀原本計劃把《低俗小說》中的七個未剪輯場景作為 NFT 在 OpenSea 上進行拍賣。然而，製作該電影的米拉麥克斯公司已對昆汀提起訴訟聲稱它擁有《低俗小說》的權利。該公司聲稱昆汀「對米拉麥克斯隱瞞了該 NFT 計劃」，並無視與銷售有關的停止令。米拉麥克斯公司還表示，昆汀涉嫌違約、不正當競爭和商標侵權。

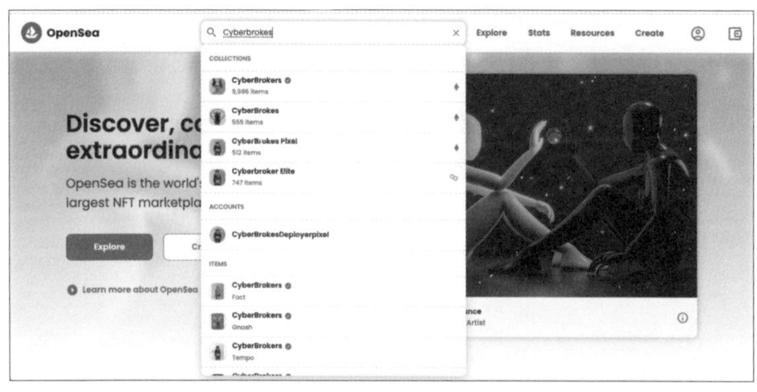

圖 3.17 在 OpenSea 搜尋框中搜尋到的項目「魚龍混雜」

第三，NFT 存在安全問題。如果你對 NFT 有所瞭解，你會發現與安全問題相關的新聞並不少見。Check Point 產品漏洞研究負責人奧德·瓦努努（Oded Vanunu）表示，他們已經看到不少網路犯罪者盜竊 NFT 以牟利。

因為依託鏈上交易，合約及代碼漏洞給了駭客們可乘之機。世界上最大的 NFT 交易平台 OpenSea 官方網站安全中心表示，官方一旦獲知有 NFT 被盜，會採取禁止通過本平台買賣轉手的措施，以確保用户權益。其他平台也均針對用户持有的 NFT 被盜的情況表明態度譴責盜竊者並聲明將會加強安全性審查及保障。儘管如此，在天價的誘人利潤下，還是有人鋌而走險，使得類似的盜竊事件依舊屢見不鮮，NFT 一直主打的上鏈和加密安全也引發了公眾的疑問和討論。2021 年 12 月，RossKrammer 藝術畫廊老闆托德·克萊默（Todd Kramer）宣佈他收藏的 15 個價值約 220 萬美元的 NFT 被盜；2022 年 4 月初，中國台灣歌手周杰倫在社交媒體 Instagram 上發文稱其擁有的無聊猿作品被盜走（見圖 3.18）；2022 年 3 月 23 日，NFT 遊戲（鏈遊）安全性遭質疑：Axie Infinity 開發商被駭客攻破，損失 6 億美元。根據 NonFungible 發佈的《NFT 市場 2021 年度報告》，2021 年 Axie Infinity 交易額高達 34.85 億美元，位居區塊鏈遊戲類別的第一。由此可見，在 NFT 世界裏，行業龍頭也無法避免安全問題。

第四，NFT 還存在一個缺點就是實體藝術品如雕塑等三維物理藝術無法通過 NFT 進行數位化。實體藝術品是現實世界中的三維對象，而 NFT 是僅存在於區塊鏈上的數字資產。

第五，沒有共識的 NFT 容易使投資者被稱為「接盤者」。在提到 NFT 優勢時我們討論過 NFT 可以作為投資產品，當然前提是 NFT 有升值空間。如果你購買的 NFT 沒有升值空間，則不具備投資屬性。

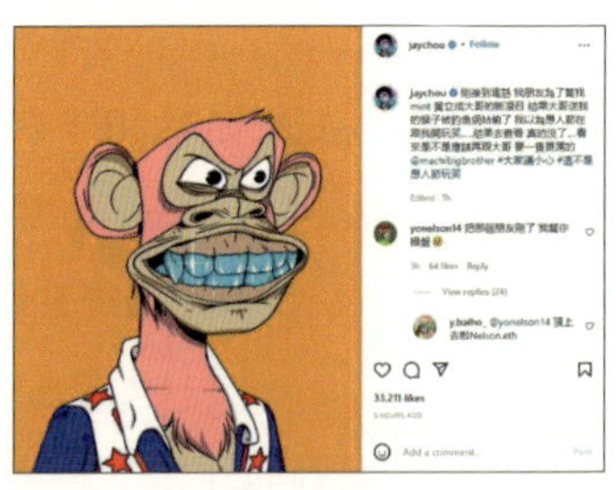

圖 3.18 周杰倫在社群媒體上發文稱其擁有的 NFT 作品被盜走

（資料來源：周杰倫 Instagram）

除此之外，NFT 容易被經濟犯罪者用來洗錢等。NFT 屬於虛擬資產，具有雙向匿名、點對點交易、便捷快速、全球流通等特性，由於交易自由、轉移便捷、缺乏相關法律的監管，容易出現洗錢、非法集資等問題，並且犯罪發生後的追查、追贓都會比傳統洗錢案件更加困難。

不過，NFT 存在安全問題並不意味著每個人的 NFT 都會被盜。實際上，上鏈加密技術是可靠的，NFT 存放在鏈上錢包裏，在不出現任何操作失誤的情況下是非常安全的。用户應該更多地學習區塊鏈智能合約基礎知識，定時清理已經授權過的合約，不要隨意進行錢包授權，也不可點擊陌生人發送的鏈接，謹防釣魚。出現被盜的常見原因之一是用户可能不慎將私鑰或對應的助記詞洩露，還可能是給欺詐者設置的智能合約進行了授權，那麼拿到私鑰的駭客就可以盜竊其錢包中的 NFT。除了安全問題以外，以上我們討論的 NFT 的其他潛在問題可以通過後期區塊鏈技術的完善、NFT 的安全知識的普及、其應用場景的逐步成熟以及元宇宙中法律法規的完善來解決。

目前 NFT 尚處於發展的早期階段，新概念的出現鼓舞了一批真正對 NFT 前景看好的跟隨者，但其中不乏投機者的存在。不得不說，進行 NFT 交易也需要注意一些問題：國外的 NFT 價格相對更高，在注意資金及數字資產安全性問題的同時也要注意所購買的 NFT 的流通性問題。已經有案例顯示，共識和流動性不強的 NFT 流入消費者手中後，很難找到下一個買家，消費者成了「接盤者」。談到國內數字藏品的購買，我們認為首先要關注藏品是否由公信力強的平台或藝術家發佈，「大廠」的藏品往往有強背書、強技術支撐，在二級市場或將來開通二級市場後，存在盈利可能性。並且，一定要先瞭解基本情況後再投資，不要盲目跟風，試想在新事物興起的階段，有幾個所謂的「專家」呢？「專家」的推薦是否要為自己帶貨？諮詢所謂的「專家」不如自己先多做做功課。

另外，如果遇到喜歡的藏品，價格不高則可以買入，即使損失也有限，還能買到自己的心頭好，何樂而不為呢？

NFT 發展前景與展望

NFT 自誕生以來，外界一直存在其是否屬於炒作的爭議。未達到完全去中心化、明星效應、部分 NFT 價格起伏較大、投機者眾多、區塊鏈基礎設施開發不達預期等現象和風險使得外界對 NFT 充滿疑慮，但是無論從技術還是未來發展的角度看，NFT 的爆發都是大勢所趨。目前來看，短期內，NFT 主要是實現以藝術品為代表的虛擬財產的確權、流通和交易；從長期來看，股票、私募股權甚至房地產等金融資產及現實資產將實現上鏈，使得投資可以變得更便捷，也為發展金融市場、降低成本和簡化投資流程提供了一個很好的機會。除此之外，未來 NFT 或許被用作元宇宙中的身份證明，每個從現實世界進入虛擬世界的人，都需要一個 NFT 身份證明來證明 TA 在虛擬世界中的身份，就像電影《頭號玩家》中展示的那樣。

可以說，NFT 在國內和國外成長土壤不同，養分不同，修剪「植被」程度不同，發展路徑也不同。NFT 尚處於初步發展階段，許多國家和地區尚未發佈相關政策，對其監管存在的不確定性也導致 NFT 行業發展存在不確定性。國外的 NFT 衍生應用體系較為成熟，Opeasea、SuperRare、Rarible 等二級市場應用設施較為完備，用户量多，平台信用較高，NFT 發展較自由且多元化，無限制，交易自由，漲跌幅較為寬鬆，但有些 NFT 專案流動性不高，存在難以找到下一個購買者、洗錢等風險。國內 NFT 尚處於初步發展階段，參與平台主要以發行平台為主，監管較嚴，目前，大部分平台尚未開放二級市場交易，這也導致國內藏品擁有者購買藏品後很難再次變現。2022 年 4 月 13 日，中國互聯網金融協會、中國銀行協會、中國證券業協會聯合發起《關於防範 NFT 相關金融風險的倡議》，提出「堅決遏制 NFT 金融證券化傾向，從嚴防範非法金融活動風險」，倡議「不為 NFT 交易提供集中交易（集中競價、電子撮合、匿名交易、做市商等）、持續掛牌交易、標準化合約交易等服務，不變相違規設立交易場所」，同時，也指出「NFT 作為一項區塊鏈技術創新應用，在豐富數字經濟模式、促進文創產業發展等方面顯現出一定的潛在價值」。此項倡議的提出，肯定了數字藏品價值的同時也打擊了數字藏品背後的非法金融活動和炒作，使得通過 NFT 等數字資產洗錢的可能性大大降低。由此可見，NFT 在國內目前的監管環境下，其發展路徑將不同於海外市場，主要發揮確權功能及藏品功能，更多的是對無幣化 NFT 的探索。這也意味著在未來，能夠開放一個可以抑制甚至杜絕炒作的二級數字藏品市場是國內 NFT 行業發展的關鍵。更長遠來看，我們可以在數字藏品的發行、銷售、流通等方面探索和建立中國化的規則和標準，走中國特色道路。

與此同時，風險無時無刻不在，有人在 NFT 領域暴富，更有人虧得血本無歸。建議投資者杜絕投機思維，應深入地瞭解 NFT 市場各項風險，做好專案背景調查並謹慎行動、理性投資。在此不做任何投資建議，僅為讀者瞭解學習之用。

小結

元宇宙、DAO、區塊鏈、NFT 概念爆發並受到追捧，不僅點燃了互聯網和科技圈，也讓許多普通玩家蠢蠢欲動。這種火爆的發展態勢更容易讓許多不法分子偷換概念對之進行炒作，利用新事物和新概念的陌生感和神秘感，做一些非法集資和非法吸收公眾存款等舊勾當。但成為資本市場炒作的工具並不是新概念本身的錯誤，而是非法投機者的錯誤。我們一定要正視新概念的出現和發展，不要談之色變，也不要將長了幾只蟲子的小苗連根拔起，而要以正確的方式呵護小苗的成長，做這場革命的參與者和見證者。

誠然，元宇宙中，DAO、Token、NFT 都尚未「成年」，在其成長的路上，必然會遇到一些問題。但其底層邏輯、技術支撐，以及發展前景依然向好。金融元宇宙要做好頂層設計，將法律法規以及監管要求納入元宇宙體系當中，堅決杜絕「新瓶裝舊酒」，而是圍繞所處行業的剛需進行創新，為 NFT 和 DAO 的發展，乃至實體經濟創造價值。

04 第四章

chapter 4

金融元宇宙的監管

第一節
金融元宇宙與區塊鏈的結合及其風險

金融元宇宙融合當今兩大技術趨勢——元宇宙和去中心化金融,即「元宇宙的去中心化金融工具」,將推動去中心化金融大幅增長。從最初的資本形成到支持元宇宙內的商業,金融服務可以在其演變過程中發揮重要作用。根據底層技術架構和治理權力的特徵,元宇宙分為封閉式(中心化)與開放式(去中心化)兩種結構。封閉式元宇宙由特定法律主體(公司或個人)掌控,如美國 Epic 公司旗下游戲「堡壘之夜」(Fortnite)及元宇宙上市第一股「羅布樂思」(Roblox)等,借助相對封閉、分割的特徵,所屬公司獲取大部分收入與利潤。以「羅布樂思」為例,首先,「羅布樂思」允許用户以平台自主發行的虛擬貨幣 Robux 購買平台內用户生成內容(UGC)或平台增值服務;其次,用户只能以美元購買 Robux,按平台設定價格向平台購買,Robux 限平台內使用;最後,「羅布樂思」允許開發者通過開發者交換計劃(DevEx)將賺取的 Robux 兑換成法定貨幣。

開放式元宇宙無特定法律主體掌控,如部署在以太坊等區塊鏈的沙盒（The Sandbox）或去中心化陸地（Decentraland）等。開放式元宇宙被認為是下一代互聯網，即 Web 3.0，由區塊鏈、智能合約、數字通證（加密貨幣）與非同質化通證（NFT）等構成。這種元宇宙主要由用户構建並擁有，用户生成內容，允許內容創建者控制其內容，享有數字作品的權利。與 Web 2.0 時代超級平台壟斷用户數據和大部分收益不同，Web 3.0 是用户和建設者共同擁有網路與數據，這在區塊鏈技術條件下方能實現。開放式元宇宙是「利益相關者機制」，逐漸形成用户和建設者自治的組織形式（DAO），組織規則由程式代碼執行，建設和維護元宇宙的社區成員分享利益，共有和共治虛擬空間，這需要應用區塊鏈的共識機制及數字通證作為經濟激勵機制。綜上，開放式元宇宙將與區塊鏈深度融合，釋放用户數字創造動力，代表未來行業發展方向。

區塊鏈為金融元宇宙提供必要基礎架構、NFT（非同質化通證）和數字通證（以太幣等同質化通證），使數字創造實現價值標識（確權）與價值轉移（交易）。在 2004 年，美國學者科利（Cory Ondrejka）指出自由市場與財產權利的界定是創新先決條件。元宇宙要取得成功，則要求虛擬財產必須能轉換成現實世界的財產。這個自由市場要求創造者對財產擁有相應權利，方有創造財富的動力，以促進增長。但在前區塊鏈時代，個人擁有數字作品的財產權利缺乏技術支持，多停留於設想中。與封閉式元宇宙由所屬公司掌控數字資產所有權不同，開放式元宇宙需要獨立於特定應用專案的數字資產所有權，以太坊等技術標準允許元宇宙用户以可控方式擁有數字資產。用户擁有數字資產的所有權，開闢資產金融化的途徑——質押、借貸、交易和衍生品等，這些業務在去中心化金融應用中較成熟，構成金融元宇宙的主要內涵。

區塊鏈原生數字通證（也有人稱之為私人加密貨幣）是激勵手段，

也可能成為價值儲藏的載體，與穩定幣一起構成元宇宙的支付工具。去中心化金融降低了人們進入金融的門檻，為人們通過加密資產獲利創造機會。在這個開放系統上創建錢包、轉帳與交易均無須提供個人身份等關鍵資訊，應用無須許可，不需要金融仲介機構，所有業務通過區塊鏈智能合約自動執行；不需要昂貴辦公場所和龐大合規團隊，交易費用低於傳統金融機構；各類應用程式像「金錢樂高積木」一樣搭建與分工協作，允許用户創建、修改、混合、匹配或鏈接任何現有的去中心化金融產品；智能合約應用程式相互疊加，生成可互操作和組合的金融業務。去中心化金融的一些理念富有積極意義，如消除中間環節的暗箱操作，降低仲介風險，個人掌控加密資產，交易記錄公開透明，受公眾監管等。在元宇宙中，可組合性和互操作性使不同加密資產能夠應用去中心化金融協議進行傳輸和交換。用户在去中心化交易所兌換不同私人加密貨幣，將私人加密貨幣存入借貸協議賺取收益，或用跨鏈橋將私人加密貨幣轉入其他區塊鏈系統，這些特徵與金融元宇宙業態融合。元宇宙將擁有完整的去中心化金融體系——加密資產以鏈上資產形式記錄在區塊鏈帳本，以智能合約實現交易，以哈希演算法保持數據一致和不可篡改性，由非對稱加密演算法建立安全帳户，元宇宙讓生產要素流動，並以跨鏈技術解決不同元宇宙的資產流轉。

金融元宇宙是以區塊鏈技術、智能合約和分佈式自治機制等為基礎的第三代互聯網在金融領域的重組。近年去中心化金融應用主要有三種。一是借貸，用户可以在基於以太坊的借貸協議（如 Compound）的借貸池中存入資產，賺取利息，或質押加密資產從該協議中借出穩定幣。如質押資產市值下跌或到期，用户資金還款困難，協議將執行清算程式，拍賣質押品以避免損失。二是基於去中心化交易所（DEX）

的加密資產交易，去中心化交易所（如 Uniswap）允許人們未經審核即在該應用協議上直接交易，允許人們交易新的加密資產。三是衍生品交易，衍生品平台（如 Synthetix）允許用户杠杆交易，或創建模仿傳統股票和商品的「合成資產」，作為交易標的。

去中心化金融成為金融元宇宙核心，其發展突飛猛進，至 2022 年 6 月 5 日，據 DeFi Pulse 統計，區塊鏈上借貸、交易及衍生品等加密資產鎖倉市值達 540 億美元以上。去中心化金融應用由以太坊拓展到其他區塊鏈系統，如 Solana、幣安智能鏈（Binance Smart Chain）及 Avalanche 等，引起業內人士與各國金融監管機構高度關注，諸如美國證券交易委員會（SEC）表態要求監管去中心化金融。去中心化金融是近年「破壞式」創新代表，引發法律風險——去中心化金融衍生品匿名性和去中心化交易，使監管機構收集資訊受阻，存在高杠杆、抵押品不足、無反洗錢機制、無用户身份識別、交易匿名與市場操縱等風險，可能助長洗錢、非法融資及網路敲詐等犯罪，增加取證、偵查難度。

元宇宙將相容去中心化金融與中心化金融（傳統金融），但諸如銀行等中心化金融或傳統金融多由特定法人主體控制，承擔法律責任的主體明確，在現有金融監管法律框架內基本可得到監管，公司建立封閉式元宇宙，亦必須置於現有法律與監管規則之下，因此無須專門法律治理或金融監管機構過早介入。開放式金融元宇宙以區塊鏈網路和加密貨幣為基礎，涉及眾多金融風險，應引起監管機構高度重視。開放式元宇宙監管環境遠未成熟，去中心化金融業態將是元宇宙最具活力、革命性甚至「破壞力」的部分，現有法律與監管框架幾乎完全空白，帶來巨大監管難題，尚未引起各國監管機構重視。元宇宙與去中心化金融結合而成的金融元宇宙，將帶來各種法律風險與挑戰，急需金融監管者針對其「去中心化」表像，分析風險來源，重點思考監管誰、如何監管、監管規則及規則方式可能的局限等系列理論問題。綜上，本章以提升金融元宇宙可監管性（regulability）作為核心，涉及下述重要內容：分析開放式金融元宇宙的技術底層，即區塊鏈對現行法律構成挑戰的原因；思考金融元宇宙可監管的主要對象；探索監管方式與監管重點階段；剖析監管局限及原因。

第二節
金融元宇宙「去中心化」的法制挑戰

金融元宇宙實為區塊鏈去中心化金融的應用，與法律中心化特徵間存在矛盾，這是金融元宇宙衝擊法律與監管規則的主因。傳統法律關係由權威中心化機構，如立法、執法和司法機關確立、宣示和保證執行。諸如各類權益證書由中心化機構，如房產管理部門、車輛管理部門等登記、確權並受法律保護，權利和義務主體的特定化是明確法律關係的前提。但金融元宇宙參與和運維區塊鏈系統的網路節點分佈於全球，交易無須識別用户真實身份，義務承擔者分散化或無法確定，權利人的請求權可能失去特定對象。法律體系是中心化社會的產物，去中心化意味著區塊鏈系統缺乏明確法律主體，法律監管缺乏特定對象，為不特定參與者規避法律責任提供便利，甚至導致「法不責眾」局面。

區塊鏈部署去中心化應用為交易者提供未經監管者許可的期權、借貸等各類金融產品與服務。在以太坊上的自動做市（Automated Market Maker，業界稱「AMM」）交易協議 Uniswap 上交易，不需要做市商、上幣費及撮合模式下超大規模的運算資源，為元宇宙和區塊鏈專案融資及加密資產價格發現提供便利。Uniswap 基於以太坊協議，允許用户以去中心化和無須許可的方式促進以太幣和其他加密資產（遵循以太坊 ERC-20 協議發行的加密資產）間自動兌換。如某種代幣不在 Uniswap 上，只需複製和粘貼該代幣的智能合約地址就可添加。論者稱，ERC-20 協議是至今以太坊上發行的受認可程度最高、使用最為廣泛的加密資產協議，旨在為以太坊上的通證合約提供一個特徵與介面的共同標準。但其沒有考慮監管方面對加密資產的發行要求，或者說其是為避免對生成在公有區塊鏈的加密資產監管而誕生的一種通用的、簡單的標準化協議。任何用户可在 Uniswap 自由存入代幣進行兌換，自由提取，沒有中心化交易所用户註冊、身份驗證和充提幣限制，智能合約自動運行，無須像中心化交易所（CEX）那樣，必須核實用户身份資訊。很多專案開發團隊原來只能先向中心化交易所付費（業界稱「上幣費」），通過中心化交易所嚴格審核或社區投票後才能上市交易某種加密資產（IEO），Uniswap 等去中心化交易所徹底放開上幣門檻，任何人只需幾串代碼即可完成上幣交易（IUO），行業融資門檻降低，比 2017 年前後盛行的代幣發行初始融資（ICO）模式更瘋狂和非理性。與之相比，匿名開發團隊創建的 Sushiswap 功能更多元，集去中心化交易所和借貸市場於一體。

去中心化金融業務近年來飛速發展，據以太坊市場分析平台 Dune Analytics 數據，即使在 2022 年 6 月 15 日「幣圈」熊市期間，以 Uniswap 為代表的去中心化交易所過去一週仍創下 230 億美元的交易量。這種商業模式不用驗證交易者身份，無人審核特定加密資產是否存在代碼漏洞，不必驗證資金合法性來源。多數國家針對中心化交易所設有嚴格牌照管制和相應法律與監管，而諸如 Uniswap 僅是一段代碼，部署於以太坊上，區塊鏈防刪改的特性使上述專案一旦啟動，創始人亦無法停止其運行，因此，當前尚無有效法律與監管機制可應對。

第三節
金融元宇宙自生規則與法制的分立

金融元宇宙多無明確控制主體，責任承擔主體模糊化，無用户真實身份或地理位置資訊，增加監管與合法性審查難度。如國外法學專家普裏馬韋拉·德·菲利皮（Primavera De Filippi）等人所述，「現有法律體制的監管重點，是負責和協調線上活動的各種中心化仲介機構，而部署在區塊鏈上的系統，如果主要或完全借助密碼法運作，就難以受到現有法律體制的控制和監管。這些區塊鏈系統由軟體協議和基於代碼的規則管理，由底層區塊鏈網路自動執行，借助配套的智能合約，可以實現高度自治，必然越來越獨立於中心化的仲介機構。這些應用程式僅由代碼組成，由區塊鏈協議以分佈式方式運行，通常也不會考慮是否遵守現有法律，這必然與現有法律體制產生衝突。」法律監管對象主要是中心化社會特定的、可承擔義務的主體，這是法律監管前提。

金融元宇宙的規則自我創生，自我發展，以系統自身商業目的為準則，不以現實世界監管機構的意圖為內涵。當法律試圖使金融元宇宙更好地服務於監管者意圖時，雙方不可避免地對立。公共區塊鏈系統假名／匿名及免授權許可的方式，使其無任何准入門檻。如比特幣系統創建全球分佈式價值傳輸網絡體系，交易者可低成本跨境轉移巨額資產。比特幣在傳統金融帳户體系之外實現了價值傳輸，客觀上規避現行法律與監管要求。比特幣系統基於代碼的規則與金融監管法律體系不一致。私鑰是持有人控制比特幣的唯一途徑，多保存在每個持有者的本地終端，持有者控制存儲或轉移價值不用借助金融仲介機構。這種去中心化的價值管控方式，使司法機構查封、扣押、凍結違法者的財產的傳統方式難以執行。

借助區塊鏈，分佈式帳本跨越國界，金融元宇宙全球化應用場景產生的風險難以受到單一國家監管規則約束。鏈上行為跨越不同司法轄區，各國法律監管意圖各不相同。比如金融元宇宙中的博彩遊戲、跨境資產轉移或敏感資訊上鏈等行為在特定國家或地區受法律保護，在另外一些國家或地區則是打擊對象。不同國家對同一行為的合法性評判存在顯著差異，對此，哪些國家或地區法律說了算，如何處理不同國家或地區的法律衝突，哪些國家或地區的法律能夠得到執行，這成為不同國家或地區監管執法與司法難題。金融元宇宙難以同時滿足所有國家或地區監管的差異化內涵。

代碼規則允許加密資產、穩定幣和智能合約在未受監管機構審批前提下組成豐富多樣的金融業務與產品，這些新生業態的法律地位及法律屬性在現有法律與監管體系中多不明朗，使金融元宇宙在現有法律框架下呈現高度不確定狀態，其代碼規則可能背離現實社會金融監管法律體系。受代碼規則約束的各類加密資產的功能及法律性質差異甚大，對法律產生了不同影響、衝擊或者挑戰。具體而言，有的加密資產是功能性或消耗性的，諸如在區塊鏈 Brave 瀏覽器內置的代幣 BAT，是在廣告商和用户之間進行流通的數字資產，通過向用户支付

BAT，以激勵用户閱讀瀏覽器中的廣告展示。比特幣則在事實上逐漸成為價值存儲的載體，日益成為歐美眾多傳統投資機構的重要投資標的。以太坊發行的以太幣更像是一種「加密燃料」（Crypto-Fuel）形式的激勵，支付程式運行所需要的費用。自 2020 年以來，以太坊逐漸向 2.0 版本升級，未來將由 PoW（工作量證明）向 PoS（權益證明）的共識機制轉變。在新機制下誠實節點質押（Staking）以太幣將獲得區塊鏈系統獎勵收益。這種收益分紅模式使以太幣不僅具有功能型代幣或虛擬商品性質，還可能具有理財投資屬性。

同上類似，與 Uniswap 近似的另一去中心化交易所 Sushiswap，其代幣不僅代表應用協議的治理權，還代表捕獲協議收益的權利。持幣者通過質押代幣捕獲協議交易費以及代幣增發獎勵的收入。SUSHI 代幣持有者將其質押在智能合約（SushiBar）中，由此獲得 xSUSHI，可兌換為原來的 SUSHI 代幣，以及來自交易費用的額外 SUSHI 代幣。因此，此類資產具有收益分紅權及投票權。這些去中心化組織無法律實體，通過代碼規則與數字通證界定成員貢獻量，分配相應權益。去中心化金融不僅創造金融工具，也創造金融資產。比如 MakerDAO 系統既創造借貸協議，也創造穩定幣 DAI 及治理代幣 MKR。治理代幣持有者可對協議參數的更改（例如穩定費或最低質押比率等）投票。MKR 根據 DAI 價格波動而創建或銷毀，使 DAI 價格盡可能接近 1 美元。MKR 還用於在 MakerDAO 系統上支付交易費用，並為持有人提供 MakerDAO 批准的投票系統的投票權。

第四節
基於代碼治理的金融元宇宙

金融元宇宙借助區塊鏈系統，其代碼規則客觀上排斥現實社會中心化權威，加劇金融元宇宙與金融監管法律體系的緊張關係。元宇宙各類金融應用搭建在公共區塊鏈系統上，需要遵守底層協議，隨著應用普及，世俗社會的權力由立法、執法與司法等中心化機構部分轉移到區塊鏈核心技術開發人員手中。程式員編寫的代碼成為另一種「法律」，形塑加密資產創造、資產轉移、融資借貸和資產交易等行為。在區塊鏈系統中，代碼確立的規則等同於剛性法律，不遵守其架構，無法處理支付、交易、「挖礦」（競爭區塊鏈帳本資訊記錄權以獲取加密資產獎勵）和數字簽名等。這個剛性規則排斥違背代碼協議的行為，金融元宇宙可在現實社會執法機構、仲裁機構或司法機構等第三方缺失情況下運行自如。

金融元宇宙是自由開放體系，現實社會金融產品可上鏈交易，金融元宇宙也可向傳統金融體系反向滲透。前者如以美元儲備支撐的穩定幣 USDC 在以太坊上發行和流通。後者如區塊鏈應用專案「Mirror

Protocol」和「Synthetix」創造特斯拉公司等知名公司股票的複製版本。專案開發者在區塊鏈上創建「鏡像」協議，激勵交易者套利價格差異和管理代幣實際供應量，使合成股票價格與真實股票基本保持一致。這些代幣在 Uniswap 等去中心化交易所交易，被設計成不需購買真實股票，就可反映它們所追蹤的股票價格。但這些合成產品未受監管，也沒有在特定國家證券交易所交易。這些代幣化股票發行和交易可能違反證券法。阻止「鏡像」股票交易，就必須關閉該應用的基礎設施——遍佈全球的以太坊網路節點和開源代碼，關停所有「礦機」，這存在現實困難。

在金融元宇宙系統，中央銀行法、商業銀行法、證券法、貨幣管理條例和外匯管制條例等法律被代碼置換。現實社會的規則在區塊鏈及元宇宙的價值轉移、支付或交易過程中並非必選項。去中心化平台的智能合約，如部署在以太坊「0x7a250d5630B4cF539739dF2C5dAcb4c659F2488D」地址上的 Uniswap V2:Router 2，本質是一連串不可能被篡改的代碼。因此，金融元宇宙背離法制的狀態可能長期持續。

金融元宇宙依託區塊鏈自治組織機制，其社區投票結果而非法院裁決具有決策權威。比如在 2016 年，「DAO 專案」由於智能合約漏洞，當時價格約 1.5 億美元的以太幣被駭客攻擊，對此，以太坊社區大部分網路節點投票決定同意「硬分叉」，取回被盜以太幣，原以太坊最後被分叉為以太坊（ETH，即「新鏈」）和以太坊經典（ETC，即「舊鏈」）。這個涉及巨額資產的重大爭議，其決策過程無監管機構、仲裁機構或司法機構介入，完全由以太坊社區投票表決。傳統金融創新產品上市要經監管機構審批，產品背後有明確責任主體，面向合格投資者銷售。金融元宇宙產品和服務則無須審批，交易通過合約自動執行，實現代碼治理與社區「私法自治」。智能合約是對雙方約束的特別執行程式，也是權利義務代碼化表述，通常排除合同變更、合同條款重新解釋與特殊情況下不履行合同等情況。在傳統合同法視野下，發生欺詐、脅迫或顯失公平等事由時，合同可撤銷或可變更。在智能合約中，執行代碼發送到所有系統的節點分佈式處理，除非多數節點代碼同步修訂，否則無法更改原智能合約。因此，金融元宇宙實行代碼規則的自我治理，社區規範與內部自治取代法律。

綜上，金融元宇宙「去中心化」衝擊與挑戰了金融監管法律體系。對此，從捍衛一國金融監管主權、防範金融風險及推動金融創新角度而言，在借鑒固有互聯網監管模式的同時，應著重思考金融元宇宙（及區塊鏈）與監管傳統互聯網存在什麼差異，可監管的對象，即法律責任承擔主體是誰。

第五節
元宇宙與傳統互聯網的監管差異

元宇宙被視作下一代互聯網，討論金融元宇宙及區塊鏈監管問題時，人們易沿用傳統互聯網（Web 2.0）規則固有思維。對於 Web 2.0，美國互聯網法專家勞倫斯·萊斯格（Lawrence Lessig）的《代碼 2.0：網路空間中的法律》為本領域經典著作。但 Web 2.0 時代互聯網產業最終被法律監管，關鍵原因是互聯網產業均依託中心化商業機構。百度、淘寶、京東或 Amazon 等商業機構總部均位於特定主權國家範圍，背後有明確高管、實際控制人和投資機構。通過以下層次的制約，平台及用户逐漸被嚴密監管：一是平台實行內部控制規則，對違背平台規則的交易者施以懲治，如交易者被禁用淘寶帳號；二是平台規則正當性不斷受法律評價和審查，平台規則逐漸與正式法規融合甚至一致；三是公權力機構通過監管執法與司法，將平台間衝突、平台上發生的交易行為置於監管範圍內，比如處罰違背反不正當競爭法或反壟斷法的平台。

劉權教授認為：「網路平台經營活動主要依靠消費者權益保護法、

反壟斷法、反不正當競爭法、電子商務法等法律制度從外部加以規範；平台制定的大量規則對其用户的權利義務起到實質影響；法律也有必要回應平台內部的權力關係與民主訴求。」有些平台為了交易便利，諸如淘寶或二手書交易仲介商「孔夫子網」等平台事先引導交易者實名化，明確交易者收件地址，鼓勵交易者對每次買賣行為互相評分。而另一些平台諸如微信支付及支付寶，用户實名制則來自商業機構精准行銷及遵照金融監管法律體系關於用户識別、反洗錢等已有規則。總之，平台基本實現法律監管，很大程度是商業機構利益驅動與政府監管合力的結果。

互聯網監管方式為區塊鏈／金融元宇宙的法律監管似乎提供了參考，但鑒於兩者——中心化資訊互聯網及去中心化價值互聯網的本質差異，金融元宇宙註定無法照搬固有監管模式。在 Web 3.0 時代，區塊鏈架構有全新設計和調整，通過分佈式記帳、密碼學原理和共識演算法等技術集成解決陌生人主體間的信任問題，實現價值可編程，新的構建模組打開新型金融業態的大門。其中多數構建超越勞倫斯·萊斯格在代碼 2.0 時代的設想。金融元宇宙有自身特質——「無須信任」的架構允許不同參與方無須互相信任就能完成複雜金融交易，實現價值轉移，傳統互聯網則需要諸如評分機制加強網路治理；傳統金融業圍繞銀行帳户展開，金融元宇宙借助區塊鏈用公私鑰體系取而代之。綜上，金融元宇宙的特殊性要求監管者調整舊思維。

具體言之，以太坊每個用户對應一個直接記錄餘額的帳户，交易附帶參與交易的帳户資訊，包括外部擁有帳户（EOAs）和合約帳户（Contract account）。外部擁有帳户的用户可以通過帳户對應的私鑰創建和簽署交易，合約帳户常由合約代碼控制，可以被外部擁有帳户觸發，從而執行對應的合約代碼，進行各種預先定義的操作。區塊鏈帳户模式各有千秋，但帳户均不需綁定用户身份、識別用户真實性或提供用户通信地址等任何個人資訊，這些特徵內嵌於金融元宇宙，使傳統互聯網帳户關鍵要素被區塊鏈消解。通過不對稱加密與共識演算法等「技術信任」，區塊鏈無須用評分模式讓用户增信。金融元宇宙規範與傳統網路規範存在較大差異。固有金融監管模式中，金融機構確定了運營主體，金融帳户確定了用户主體，牌照管理確定了運營主體合法性，這是實現監管意圖的關鍵，但這些因素被金融元宇宙逐一化解了。

第六節
金融元宇宙「再中心化」與監管可能性

有效監管金融元宇宙，應明確其技術底層——區塊鏈的「權力架構」，即在區塊鏈系統發揮關鍵影響力的私權力主體，確定可監管的重要對象，即法律責任可承擔的主體，這是金融元宇宙被金融監管法律規則塑造的前提。為常人忽略的是，金融元宇宙雖借助區塊鏈「去中心化」，卻若隱若現地「再中心化」。專注反洗錢等工作的政府間國際組織——金融特別行動工作組（FATF）發佈 2021 年指引，將去中心化金融的創造者、擁有者、操作者及任何保持控制或足夠影響力的人置於「虛擬資產服務提供者」（VASP）的定義下，要求這些人受到一定的監管。國際清算銀行（BIS）的研究者斷言，「完全去中心化」是一種幻覺，去中心化金融平台有一群利益相關者，他們執行決策，實施經營或擁有所有者利益。他們的互動以這個群體及治理協議為基礎，對政策制定者而言是個自然的監管入口。筆者認為，當前影響主流區塊鏈及金融元宇宙的「權力架構」主要由四個關鍵私主體構成：核心技術開發團隊、大型「礦工」、主流加密資產交易所、投資機構。

這是金融元宇宙「再中心化」的重要主體。

在金融元宇宙中，技術掌控權力，權力決定規則，規則塑造行為，行為產生結果。核心技術開發團隊通常以非營利基金會形式註冊於瑞士等國，其塑造了元宇宙底層架構、業務本質和激勵模型。核心技術開發團隊擁有元宇宙及區塊鏈系統「立法權」，奠定其「法律世界」——基於代碼的規則體系，形塑交易行為。參照比特幣系統，化名為中本聰的匿名人士或團隊設定系統「貨幣發行」規則——約每 10 分鐘出一個區塊，每個區塊初始獎勵 50 個比特幣，每 4 年減半，比特幣數量上限為 2100 萬個；算力規則——每過一段時間據參與「挖礦」的「礦機」動態調整算力，算力強的「礦工」有機會先計算出隨機哈希函數的正確答案並提交，擁有一次記帳權，優先獲比特幣獎勵；轉帳規則——用户每次比特幣轉帳根據網路擁堵狀況向「礦工」支付適量手續費；用户假名規則——代碼生成的公鑰地址用於接收比特幣，不需要獲取用户真實姓名；鏈上交易資訊透明可回溯規則，等等。這些規則確立區塊鏈系統行為模式和交易結構，是區塊鏈系統的「憲法」。任何人在比特幣系統「違規」將寸步難行——無法「挖礦」，不能轉移比特幣等。這些規則獨立於現實世界法律，依託日益增長的全球分佈式算力而越發穩定。元宇宙受益於區塊鏈開發者技術不斷迭代，最後構造出獨立於現實世界和開發團隊的「平行宇宙」——由代碼規範的「元宇宙世界」。

與之相關，「礦工」是運維區塊鏈系統的主體，遍佈全球。擁有算力優勢的大型「礦工」負責把特定時間段系統發生的交易資訊記載到區塊。為激勵「礦工」競爭參與「挖礦」，提升區塊鏈系統安全性，核心技術開發團隊設定加密資產（數字通證）激勵機制，讓「礦工」利益得到保證，並吸引足夠多的「礦工」參與，技術開發團隊預設挖礦難度並動態調整，設定諸如比特幣每四年發行量減半的規則，參與越早，獲利可能性越大。「礦機」算力越強，「挖礦」難度越大，區塊鏈系統穩定性越高。這是以比特幣及以太坊的「工作量證明」（POW）機制為代表對「礦工」商業行為做的說明，是「挖礦」機制主流方式。以太坊 2.0 階段將採用「權益證明」（POS）機制，這一階段質押巨額以太幣作為驗證節點的個體或機構擁有話語權，成為「再中心化」主體之一。這類中心化大型驗證機構（比如 Coinbase、Lido 等）擁有足夠權力，甚至可能改變記載上鏈的資訊。國際清算銀行的研究者指出，諸如以太幣等加密貨幣和建於其上的去中心化金融協議依賴驗證者或礦工作為仲介機構，以驗證每筆交易、更新區塊資訊。這些仲介機構可選擇添加到帳本的交易及交易順序，因此他們可以採用一些在傳統市場可能違法的行為，比如搶先交易（Front-Running），這種獲利結果被稱為「礦工榨取價值」。這類市場操縱行為需要有針對性地制定新的監管方案。

加密資產交易所能決定哪個區塊鏈系統發行的加密資產可在其平台交易。頭部中心化交易所（如 Coinbase）及主流 NFT 交易平台（如 OpenSea）因巨大的交易體量和交易深度為特定加密資產帶來價格發現、流動性、變現能力、投資價值和財富效應，吸引更多投資者投資區塊鏈和元宇宙專案，持有或使用特定加密資產。財富效應直接影響區塊鏈及元宇宙系統技術開發團隊的後續積極性和用户人數，影響其成長和生命力。典型事例是原以太坊因「DAO 事件」硬分叉後，大部分礦工切換到新鏈時，部分礦工維持著舊鏈，他們在舊鏈挖出的幣（ETC）在交易所無法交易，幾乎沒有任何價值，礦工無經濟來源。在舊鏈即將消失時，當年全球最大的以太坊交易平台 Poloniex（業界稱「P 網」）宣佈開始交易 ETC，ETC 因此具有流通價值，礦工們生計得以為繼，舊鏈算力迅速增強。

公共區塊鏈需要某種資源驅動，如以太坊需要類似於燃料性質的以太幣驅動智能合約執行或每一步鏈上交易行為。一些加密資產長期成為投資或炒作對象，成為一些高風險投資者儲藏價值或法幣替代性支付的途徑。人們獲取此類加密資產的主要途徑，一是「挖礦」激勵所得，二是在各類交易場所購入。因此，主流加密資產交易所與大型「礦工」（或驗證者）作為特定機構，可成為被監管的有效「抓手」。金融元宇宙表面高度去中心化，但大型「礦工」（或驗證者）與主流加密資產交易所等特定主體導致其「再中心化」。監管機構可對交易所和「礦工」備案、登記、核准或管制，要求其提供大額加密資產流向資訊登記，交易對手採取實名制，防止擁有算力優勢的「礦工」發動「雙花」攻擊。對加密資產交易所的監管可參照金融監管法律體系，形塑交易所規則。如要求交易所比對與識別交易者身份、補充提幣身份驗證、限時限額提幣、提幣黑地址（可能被駭客使用過的公鑰地址）識別並拒絕服務等。

自 2017 年 9 月以來，中國監管機構逐漸清退境內虛擬資產交易所。但西南政法大學的趙瑩教授從學術探討的角度提出，「我國數字貨幣的法律監管由禁易規則走向管制規則更符合數字貨幣的發展趨勢。數字貨幣激勵性法律監管宏觀目標在於維護金融穩定與安全，鼓勵金融機構、數字交易平台以及投資者合法開展金融活動，避免發生系統性金融風險。」雖然交易所和「礦工」分佈於全球，各國金融監管規則和標準各不相同，上述監管方式可能部分落空，但投資者主要集中在有限的中心化交易所，在過去，中國在比特幣礦機研發與算力方面擁有領先優勢，基於此，中國監管者可能實現大部分監管意圖。

投資機構資金參與量直接影響區塊鏈系統及元宇宙專案研發、使用熱度、知名度、系統迭代進度。如元宇宙售賣的虛擬地塊等加密資產價格上漲，將吸引「礦工」投入更多資金購買專用電腦設備「挖礦」，或投資人競買加密資產，使區塊鏈和金融元宇宙運行愈加安全穩健。多數知名區塊鏈專案背後都有行業投資機構作為推手。比如，去中心化金融專案 Gro 宣佈完成 710 萬美元種子輪融資，由 Galaxy Digital 和 Framework Ventures 領投。這些投資機構提供的資金體量、後續技術與市場指導或人脈資源直接影響元宇宙專案的發展狀態和網路熱度。通常，核心代碼開發者決定元宇宙底層結構、激勵機制與商業模式，但是，商業利益方面的訴求使得投資機構的意圖必然形塑代碼開發者的理念，影響元宇宙的商業模式和應用。

通過監管行業頭部投資機構，即中心化實體，監管者有可能將金融元宇宙置於法律監管之下，為借由中心化機構實施對金融元宇宙的監管提供有效路徑。比如，自 2021 年以來，美國世可（Circle）公司發行受美國監管的中心化穩定幣 USDC，其作為去中心化穩定幣 DAI 的質押比例不斷上升。世可公司跟美聯儲充分合作，它的美元資產在美聯儲監管下，資產形態是美元和美國國債。在 USDC 份額占 DAI 的質押品一半以上時，DAI 事實上已被中心化的公司潛在支配。USDC 作為聯接傳統金融（屬中心化金融）與去中心化金融的媒介，提升了傳統金融機構對穩定幣的採用率，幫助傳統資金以合規方式獲得金融元宇宙服務。在這一進程中，去中心化穩定幣主要由中心化機構的資產支持時，美國金融監管法律體系實際上經由受監管的穩定幣向金融元宇宙滲透。與此類似，加密資產交易另一主流穩定幣 USDT 由中心化的法律實體 Tether 公司經營。當金融元宇宙高度依賴這些穩定幣時，將受中心化金融與傳統金融支配。

此外，還有一些邊緣性私主體擁有小部分「權力」，比如主流區塊鏈資訊媒體、區塊鏈數據與安全分析公司及知名區塊鏈瀏覽器等發揮著一定的影響力。綜上，有效監管金融元宇宙，政府及法律應將核心技術開發團隊、大型「礦工」、主流加密資產交易所和投資機構作為重點監管對象，助推現實世界的權力規訓元宇宙系統。

第七節
重點監管階段的配置與基本原則

加密資產與法幣兌換是加密資產流通至關重要的環節，也是加密資產及元宇宙各類數字創造（如在元宇宙的虛擬地塊建造別致的虛擬建築物並以 NFT 形式確權）完成價格發現的管道。這一管道的關鍵載體——加密資產交易所以及 NFT 交易平台已成為金融元宇宙的基礎設施。這些載體承擔加密資產變現和融資管道功能，為元宇宙帶來資金和創新動力，是投資人的變現途徑。因此，政府監管金融元宇宙的重點階段可置於金融元宇宙與現實世界的鏈接點——交易者以加密資產兌換法定貨幣（或現實世界的產品與服務）這一過程。監管機構難以監管金融元宇宙本身，但可對法幣與金融元宇宙交互過程施加有效監管。監管機構通過授權合規、嚴格管控的中心化交易所／平台，創新探索實施特定加密資產「上市」和「退市」制度試點，間接將金融元宇宙納入監管範圍。在監管機構指導下制定交易所業務和技術標準通用規範、職業道德規範，強化各類審查制度，包括嚴格的用户身份識別機制、反洗錢機制、交易所網路安全標準及交易資金合法性來源審查等，處罰違法的交易平台。

在 2022 年 4 月，杭州互聯網法院審理原告奇策公司與被告某科技公司侵害作品資訊網絡傳播權糾紛一案，當庭判決某科技公司刪除涉案平台發佈的「胖虎打疫苗」NFT 作品，同時給予奇策公司相應賠償，此案被稱為「元宇宙侵權第一案」。此案通過外部法律監管，賦予平台注意義務等方式強化其法律責任。經由監管中心化交易所／平台，監管機構推動金融監管法律體系與金融元宇宙鏈接，使現實世界的法律向虛擬時空傳遞。對初始意圖即為明確對抗審查與監管而生的加密資產，比如零幣、門羅幣等隱私幣，監管機構可直接要求交易所不得交易此類資產，限制金融元宇宙潛在風險，如洗錢等。去中心化交易所無特定法律主體，允許用户保持匿名狀態和抗審查，不必將現實世界真實身份與交易或帳號聯繫，為金融元宇宙用户借機進行違法犯罪，如洗錢等行為提供便利。不過，目前去中心化交易所影響力較有限，交易量不可與中心化交易所同日而語，但其運行特點挑戰監管者能力，將成為監管者下一步監管的對象。在去中心化交易所成長壯大前，應大力鼓勵受監管的中心化交易所吸引大部分投資者，使現實社會的法律與金融元宇宙鏈接。中心化交易所不失為監管對象的首選。

為提高效率，各類去中心化應用在治理機制方面不可避免地有「再中心化」特色，並非絕對「不可監管」。近年多數去中心化應用表層採取「去中心化」治理模式，專案迭代、參數變動及專案「財庫」的代幣調用等依靠社區投票表決。持有去中心化專案發行的治理代幣數量決定了投票權權重，然而，大量治理代幣主要集中在核心代碼開發團隊、早期投資機構或應用專案重要參與者手中。比如 Uniswap 在 2021 年 6 月就旨在設立為監管政策制定者普及、推動 DeFi 而籌款的基金，以投票的方式通過由 Uniswap 財庫撥款 100 萬枚 UNI 以運作該基金的提案。該提案投票過於集中，有明顯中心化傾向。在實踐中，寡頭式治理比大眾共治具有更高效率，尤其是應對金融風險及時作出決策是去中心化專案存活的關鍵。這些因素決定中心化治理色彩將是常態。因此，元宇宙「去中心化金融以中心化方式治理」的悖論，為監管提供了良途。

金融元宇宙尚在發展形成中，應對創新者與監管者之間可能產生的對立情緒和立場有所警醒，其間應設定合理創新與監管博弈的空間。正常創新與監管博弈有益於理性地發展金融元宇宙。美國法學教授凱文·韋巴赫（Kevin Werbach）認為：「在比特幣行業快速發展的地區，監管機構不可避免地面臨兩難選擇。他們過早行動，在沒有正當理由情況下會使新技術受到舊規則的約束，就有可能扼殺創新或將其推向其他司法轄區。但如監管者觀望時間過長，公眾將受到損害，到時候對已經存在且重大的行業提出監管要求的成本將會更高。」區塊鏈技術、虛擬貨幣在金融科技領域深受關注，各國展開的制度競爭越發激烈。2022 年 3 月，美國公佈《數字資產行政命令》，強調將在數字資產創新和治理中繼續發揮領導作用，首先將保護美國消費者、投資者和企業的政策目標放在首位，然後強調維護美國和全球金融穩定，降低非法金融和國家安全風險，負責任地引領創新，強化美國在全球金融體系、技術和經濟競爭力方面的領導地位。2022 年 4 月，英國財政部經濟部長約翰·格蘭（John Glen）在金融科技周的創新金融全球峰會上發表演講，表示會對加密資產市場給予充分的政策和法律支持。

這表明世界經濟體大國希望通過有效監管實踐，在虛擬貨幣全球治理中發揮領導作用。方流芳教授的晚清對外貿易史及公司制度史的經典研究充分證明，國與國之間競爭的核心是制度間的競爭。在當前國際競爭背景下，發揮政策與制度優勢，提升我國在金融元宇宙乃至金融科技領域的國際競爭力，具有緊迫性和必要性。監管的內涵不僅是約束和禁止，也包括激勵與促進。政府不應僅考慮為抑制風險而行使監控的權力，還應考慮如何適當利用法律與政策來促進元宇宙玩家創造力的發揮，推動虛擬空間數字財富增長。近十年來，金融科技等領域的中國監管政策存在「一抓就死，一放就亂」的治亂迴圈，易增加社會成本、打破市場主體預期。作為金融科技與數字經濟時代的創新代表之一，中國對金融元宇宙應設定包容的監管原則，對金融元宇宙創新及難免致生的風險適度包容，在控制風險底線、保障用户合法權益前提下，鼓勵金融元宇宙創新。

第八節
監管的幾種途徑

網路法專家勞倫斯·萊斯格論述監管互聯網的四種方式：國家法律、市場、社群規範和架構，這為金融元宇宙的監管方式提供了部分啟示。區塊鏈技術及金融元宇宙應用仍處高速發展中，遠未定型，一些區塊鏈專案創始人和開發者的任性和隨意性程度令人觸目驚心。比如，Sushiswap 匿名創始人 Chef Nomi 於 2020 年 9 月 5 日從 Sushiswap 的 Sushi（Sushiswap 專案的數字通證）流動資金池中提取 1300 萬美元，套現成以太幣，導致 Sushi 市場價格 18 小時內暴跌 73% 以上。第二天 Chef Nomi 突然宣佈將自己的專案控制權，即私鑰交給加密資產交易所 FTX 的 CEO 山姆·班克曼 - 弗裏德（Sam Bankman-Fried）。

學者王首傑認為，在創新初生期，行政機關承擔主導性監管，大多以指導性監管方式展開；在創新成熟期，創新本身的監管問題點充分發酵，可能需要將部分監管內容上升為立法；司法機關則在創新各個階段承擔裁判性監管，作為以上兩種監管方式的輔助。隨著資訊革命的到來，複雜變動的社會事實令指導性監管在整個監管框架內扮演著重要角色。這為監管金融元宇宙提供了參考思路。金融元宇宙處於創新初生期，針對行業風險與問題，監管機構通常承擔監管的主導地位，在具體方法上，以非正式指導，如發佈技術白皮書、會議討論和風險提示呼籲等方式，或正式法令、指引，如與技術、代碼安全等相關的國家標準，以此影響區塊鏈代碼規則、技術安全標準與社區自治規範。比如國家互聯網應急中心聯合長亭科技、成都鏈安科技、安比實驗室和慢霧科技四家區塊鏈安全廠商，在 CVSS2.0 漏洞評分系統的基礎上，結合大量真實區塊鏈漏洞案例，探索區塊鏈安全規範，聯合行業力量，共同起草了可操作、可執行、可量化的《區塊鏈漏洞定級細則》。這些方式有助於引導元宇宙社區自治規範以程式正義方式制定規則和決策，把上述規則和決策轉換成代碼，然後將這些代碼部署到區塊鏈系統和智能合約中，同時監管者應鼓勵行業進行事前專業的智能合約安全審計，排查各類漏洞。

首先，政府部門引導企業制定金融元宇宙的技術標準，通過監管技術，間接監管元宇宙的業務與行為。如在工業和資訊化部資訊化和軟體服務業司、國家標準化管理委員會工業標準二部的指導下，中國區塊鏈技術和產業發展論壇發佈了《中國區塊鏈技術和應用發展白皮書（2016）》。據《國家標準委關於下達 2017 年第四批國家標準制修訂計畫的通知》（國標委綜合［2017］128 號），《資訊技術區塊鏈和分佈式帳本技術參考架構》作為區塊鏈領域首個國家標準獲批立項。2020 年 7 月，中國人民銀行印發《關於發佈金融行業標準推動區塊鏈技術規範應用通知》和《區塊鏈技術金融應用評估規則》（JR/T0193-2020）。該標準規定了區塊鏈技術在金融領域應用的現實要求、評估方法、判定準則等，適用於金融機構開展區塊鏈技術金融應用的產品設計、軟體開發和系統評估。該標準從基本要求、性能、安全性等方面為去中心化金融應用提供客觀、公正、可實施的評估規則，保障去中心化金融設施與應用的安全穩定運行，促進去中心化金融應用健康有序發展。不過，中國已有規則主要針對持牌金融機構開發聯盟鏈時設定的標準，表達監管者監管區塊鏈的初步嘗試，對公有鏈影響力較有限。

其次，通過修訂法律，提升監管技術，推動金融元宇宙與監管科技結合，主權國家逐漸將元宇宙置於法律監管之下。金融元宇宙穩健發展，需為加密資產和智能合約構建合適的法制框架，包括加密資產及穩定幣的法律屬性，智能合約的法律地位及其法律救濟等。在監管技術方面，多數區塊鏈上的資訊透明可查詢、可追蹤。監管機構在一些區塊鏈安全與數據分析技術公司的協助下，解析諸如比特幣或以太坊等的帳本數據，追溯定位特定公鑰地址與使用者的對應關係，最後揭示當事人的真實身份，打擊從事洗錢、傳銷、違禁品交易及通過病毒軟體勒索比特幣等行為的罪犯。如美國執法機構曾在 2021 年通過技術手段，將駭客以勒索病毒獲取的比特幣贖金成功「奪取」回來。監管機構在區塊鏈安全技術公司幫助下，對一些攻擊者（駭客）的相關公鑰地址打上標籤，一旦這些被「標籤」的地址開始轉帳，系統將自動標記相關交易地址，追蹤和監控資金流向，監控目標地址交易，追蹤主體資訊，鎖定犯罪分子。尤其是當用户從虛擬空間進入現實世界的鏈接點時，如將加密資產兌換為法幣，或用加密資產購買現實世界的商品與服務時，其真實身份就會顯露出來。加密資產在區塊鏈系統中發送與接收，與傳統的網路 IP 地址類似。理論上，監管機構可以跟蹤這些 IP 地址，將加密資產流向置於監管範圍。

從技術角度看，鼓勵元宇宙與區塊鏈內嵌監管科技有一定可行性。

姚前、林華等專業人士認為，區塊鏈系統 Polymath 構建了一個幫助資產實現證券化通證的平台，允許個人和機構投資者完成合格投資者認證，系統彙集身份識別（KYC）服務商、法律顧問、技術開發者和投資者，助力完全合規的證券類通證發行，將金融監管的需求嵌入通證的設計中。但是，此類系統的交易量甚為有限。包括曾受美國證券交易委員會鼓勵的合規的證券化通證（STO），近年亦未受到主流投資者的關注，逐漸退出大眾視野。依託以太坊等區塊鏈系統的金融元宇宙應用正成為行業的主流，內嵌監管科技的元宇宙如何普及，將是未來之挑戰。

最後，資訊科技巨頭基於其強大的技術研發力量，為元宇宙構建提供各種硬體和軟體，必然影響金融元宇宙規則的制定，這為現實世界的法律與監管政策監管金融元宇宙提供路徑。相關部門可鼓勵商業機構進軍元宇宙，探索商業應用，在技術標準與代碼規則等領域發揮影響力；推動中心化商業機構（也即封閉式元宇宙）與開放式元宇宙融合，影響元宇宙「再中心化主體」，以現實世界的法規塑造開放式元宇宙規則框架；監管機構推動封閉式元宇宙在整個元宇宙規則制定中的話語權，使金融元宇宙與現實世界的法規相協調。比如，鼓勵元宇宙去中心化金融與傳統金融融合，使傳統金融合規業務向元宇宙滲透。正如鄭磊博士稱，去中心化金融可利用傳統金融的資產以合規方式實現擴張，打造虛實結合的數字金融環境。在一些國家，去中心化金融服務已打通虛擬與現實世界。一些加密貨幣模仿現實金融體系要求，建立資產儲備制度，將加密貨幣等對應一定比例的現實資產與商品。

第九節
監管方式存在的局限

頭部加密資產交易所是監管的重要抓手，但存在局限性。反洗錢金融行動特別工作組（FATF）建議監管機構記錄加密資產用户的資料，使他們能更好地識別犯罪活動。其在 2020 年 9 月中旬的一份報告中指出，將用户交易活動與其個人資料對比，可發現某些危險行為和特徵，包括用户是否有犯罪記錄，或是否活躍在與非法活動相關的網站和論壇上。監管機構也需要關注用户將比特幣或以太坊購買諸如門羅幣或零幣等行為，後兩者會混淆第三方的交易活動。將主流加密資產交易所、加密資產錢包提供者納入監管範圍，有助於減少上述風險。反洗錢金融行動特別工作組在 2020 年下半年還計劃為各國政府制定關於共用虛擬資產服務提供者資訊的全球框架，此類提供者包括加密資產交易平台、錢包服務提供者及穩定幣發行方。當然，多數加密資產交易所面向全球客户提供金融服務，考慮到各國監管標準差異甚大，單一國家如何有效監管境外交易所，成為時代挑戰。反洗錢金融行動特別工作組在 2020 年 9 月發佈報導稱，某知名交易所 2017 至 2020 年四度更換總部所在地，以尋求司法管轄更寬鬆的地區，尤其是在反洗錢與反恐怖融資要求方面。交易所通過全球分佈式辦公，辦公機構與金融業務跨越多個司法管轄區，容易規避特定國家的監管。更進一步，某些境外交易所可能直接註銷中國境內關聯公司，對中國司法機關的管轄或案件執行造成困難。

在各國監管者呼籲或者壓力之下，諸如以太坊核心技術開發人員可能通過提出部分代碼修訂，使以太坊部分代碼融合現代法律規則，但這能否完全收效，尚有待觀察。元宇宙與區塊鏈的規範是通過代碼監管社群，發揮獨立於現實社會法律體系的作用。諸如以太坊等主流區塊鏈背後有影響力巨大的核心技術開發團隊，其通常依託於非營利基金會，獲取基金會資助。比如，2020 年下半年以來，以太坊核心技術開發人員提出以太坊改進協議「EIP-1559」，該協議可能嚴重影響礦工收益。雖然包括算力排名第一的星火礦池對此提出異議，但星火礦池方面並無更多實質性反對舉措。核心技術開發群體對以太坊有著足夠號召力，與之背道而馳可能吃力不討好。以太坊發展史說明，因「DAO 事件」而導致原以太坊分叉後，部分礦工主導的以太坊舊鏈（ETC）的市場價值遠不如核心技術開發者主導的以太坊新鏈（ETH）。至 2021 年 6 月，新鏈與舊鏈對應的虛擬貨幣市值，ETH 流通市值約 3200 億美元，ETC 流通市值約 70 億美元。核心技術開發團隊在元宇宙及區塊鏈發展方面擁有很大話語權和影響力，因此，技術團隊負責人可以被納入法律監管的範圍。

不過，這種監管意圖可能會部分落空。其一，代碼規則和智能合約內容涉及大量機器語言，內容極為複雜，難以事先審查。政府全面監管一國範圍內所有代碼開發人員，一是增加巨額監管成本，二是直接阻礙區塊鏈與元宇宙技術創新。其二，一些代碼開發者一開始即有意隱匿真實身份，如「中本聰」，致監管失效。其三，大多數具有世界影響力的區塊鏈和元宇宙專案創新應用的核心代碼開發者多分佈在歐美等發達國家。無論是主流共識演算法，還是跨鏈、側鏈等拓展技術或金融元宇宙重要生態，基本由國外技術團隊主導。對中國監管機構而言，監管境外核心技術開發人員可能力不從心。其四，多數核心技術開發團隊組織並非固定法律實體，而是鬆散組織，開發者隨時可自由加入或退出團隊。這種自治組織形式的運作遍佈不同司法管轄區內，沒有董事會或經營者這樣的公司管理層，通過民主參與、代碼規則、演算法與分佈式共識管理，使用智能合約收集成員投票。組織成員使用代碼和智能合約管理事務，智能合約設定的條款至高無上，用代碼規則而非法律檔界定成員間的權利和義務。這種自治組織作為協調全球投資和社區治理的模式，可用於包括管理區塊鏈專案運營和資本運作等許多方面，此運營特色對中心化的監管方式造成障礙。

中國近年推動的區塊鏈產業多依託聯盟鏈，但公共區塊鏈無須信任、完全開放和容錯下的安全和性能挑戰要求的技術水準更高，區塊鏈最頂尖的原創性技術及金融元宇宙都集中在公共區塊鏈，而具有全球影響力的技術開發者主要分佈在歐美國家，開發者更易受歐美尤其是美國法律與監管機構監管。技術發達國家的法律和監管政策借助金融元宇宙應用普及，將其監管意圖推廣和滲透至全球。諸如為限制加密資產對市場的影響，2019 年 6 月反洗錢金融行動特別工作組實施旅行規則，旅行規則是美國銀行保密法案的延伸，其要求交易雙方必須出示各自身份。反洗錢金融行動特別工作組要求在 2020 年 6 月 30 日後全部交易所都必須遵守旅行規則，不遵守旅行規則的單位被列為黑名單，視為洗錢單位。在 2020 年 6 月 30 日，最終大部分交易所都註冊並遵守旅行規則。

如特定區塊鏈系統大部分核心技術開發團隊或系統全球算力的51%以上集中在某一國家，該國政府可以通過監管技術開發團隊或「礦工」（大型驗證者）的方式，部分監管金融元宇宙。比如，迫於監管者壓力，技術開發團隊和「礦工」同意修訂某些區塊鏈底層協議，但也可能帶來巨大代價。一是此種行為成本高昂，諸如對比特幣新區塊的修訂，要彙集比特幣系統算力的51%以上，其成本或將近百億美元；二是這將大幅度降低區塊鏈和元宇宙極高的技術信用，直觀表現就是相關幣價可能暴跌，元宇宙加密資產甚至有歸零風險，嚴重侵害全球合法持有者的權益，可能招致全球投資者國際訴訟風險，這將使監管機構對此種監管投鼠忌器。

最後，金融元宇宙經歷著「去中心化」—「再中心化」—「再去中心化」的演化，加劇「不可監管性」，導致金融監管法律體系與代碼規則間的緊張關係。以 MakerDAO 為例，治理在其生態系統中有著重要角色，但通證持有者投票治理過程漫長，為此，幾個核心參與者小組確保治理的運行，再加上其質押資產近一半的比例為中心化的美元穩定幣 USDC，這為現實社會法律監管創造了機會。不過，這一中心化治理風險為更加去中心化的治理模式——借貸協議 Liquity 提供了機遇。Liquity 系統選擇無人為治理的模式，Liquity 協議參數要麼一成不變，要麼完全由演算法控制，質押資產則是極具去中心化特色的以太幣。Liquity 系統的借貸費和贖回費由數學決定，讓交易者信任代碼按承諾執行——演算法、代碼和數學的信用取代了人的信用，因此，特定主體的人為因素在系統運行中被降到極致。

作為早期成功的風險投資機構，Andreessen Horowitz（業界簡稱「A16z」）持有 Compound、Uniswap 等去中心化金融專案的大量通證。A16z 建立授權計劃，將這些代幣半數以上的投票權委託給非營利組織、德國電信等全球企業、加密初創公司及嶄露頭角的社區領袖，被委託人可以合適的方式獨立於通證持有者進行投票。授權計劃降低了 A16z 在 Compound、Uniswap 等專案中投票權過度集中的狀態，在保證投資機構盈利的前提下，淡化自身在上述專案治理機制中的中心化角色，這是典型刻意的「再去中心化」。金融元宇宙「再去中心化」，本質是「可監管性」向「不可監管性」轉型。

近年一些訴訟表明，一些區塊鏈系統私權力主體試圖規避／抵制在現實社會承擔法律責任的要求。比如，美國證券交易委員會（SEC）認為瑞波（Ripple Labs）公司未證券註冊，擅自發行加密資產，向當地法院提起訴訟，要求瑞波公司承擔《證券法》相關責任。「豪威測試」四要件為監管機構判定加密資產是否屬證券的標準：（1）是否存在現金投資；（2）是否投資於共同事業；（3）是否存在對投資利益的期待；（4）是否依賴第三方的努力獲得利益。加密資產發行滿足上述標準，將被認定為具有「投資合同」性質，應遵照美國聯邦《證券法》。針對 SEC 的起訴，瑞波公司認為瑞波幣價格波動主要由二級交易市場決定，投資者並非依賴瑞波公司（中心化主體）努力獲益，因此瑞波幣不符合「豪威測試」第四項要求。瑞波公司聲稱其在瑞波幣價格影響方面居於邊緣角色，這與事實並不相符。區塊鏈專案開發者精心構建代幣系統，力圖向法院證明其發行的代幣不符合「豪威測試」標準，以規避《證券法》的約束。

權力即責任，權力越大，責任越大。元宇宙中心化主體「再去中心化」，試圖規避現實社會責任，形式上避免成為中心化權力來源。知名區塊鏈系統創始人及近年一些知名去中心化金融應用創始人保持匿名，使區塊鏈和元宇宙「不可監管」。

小結

區塊鏈為元宇宙提供去中心化金融業務的技術基礎，金融元宇宙逐漸成長為與傳統金融平行的新體系，各種應用組合形成高度創新的生態，客觀上出現元宇宙與政府在爭奪虛實空間的控制權和治理權，固有金融監管法律體系難以完全適用。現實社會法律與監管規則嘗試監管這種新業態時，需從金融包容角度思考。如西南政法大學楊玉曉教授說：「對區塊鏈金融衍生品法律評價應多元，不能因其可能誘發犯罪就不賦予其合法地位，對其評價要考慮未來技術發展需要，要考慮對我國實體經濟是否能產生促進作用，要考慮相關行為是否具有嚴重的社會危害性等諸多因素。雖然政府曾多次出台相關檔規範加密資產，禁止金融機構開展與比特幣相關的業務，但是政府的這種政策性叫停並未從本質上解決問題，只有良好的法律才能為其發展提供強有力的保障。」我國當下在虛擬貨幣領域採取的「禁令型」監管是暫時的政策選擇與監管觀望，後續有必要持續探索更加符合金融科技風險特徵的治理機制。金融元宇宙猶如空氣般彌散於世界，打破市場、企業、社會和國家的界線，自生代碼體系和法律制度相對獨立，但其並非不可監管，原因是金融元宇宙「再中心化」——核心代碼開發者、頭部加密資產交易所、大型「礦工」（驗證者）和主流投資機構等私權力主體掌控元宇宙。金融元宇宙突破傳統金融業態，使金融監管法律體系不得不回應和重構，同時其底層技術架構決定特定國家法律監管存在困難，需要監管者重點厘清可監管對象，提升監管科技水準和監管能力，依託國際政府組織，推動金融監管國際協作，同時充分理解當前監管方式的局限。

05 第五章

chapter 5

金融元宇宙數字藏品案例和七方共贏模型

三百六十行，行行皆可元宇宙。金融元宇宙就是融合了金融技術、區塊鏈技術、3D 交互技術、遊戲化技術、人工智慧技術、網路計算技術和物聯網七大技術所構造的新的虛實結合的數字金融新業態。

金融元宇宙的生態也是建立在 DAO 分佈式鏈組織、數字貨幣和數字資產基礎之上的。眾所周知，任何一個經濟生態都要有適應自己的組織模式和激勵方式，比如政府是靠機構和權力，公司靠管理和薪酬，而元宇宙就是靠建立在區塊鏈智能合約基礎上的 DAO，也就是參與者的分佈式成長機制和由 Token 完成的激勵分配機制。

元宇宙中的價值衡量尺度與現實世界的價值衡量尺度是不同的，在傳統的公司制體系中，傳統公司依靠產品的稀缺性、營業額、利潤、成長性等要素衡量價值，而在元宇宙中依靠 DAO 社群鏈組織中的共識和認同衡量價值。

元宇宙中的社會經濟系統是由區塊鏈技術來完成的，區塊鏈的本質是虛擬與分佈、融合與共贏，通過分佈式帳本記帳、通證、智能合約等這些先進的區塊鏈技術工具，可以設計出一種多方共贏機制，把所有的股東、管理層、員工、客户、供應商、代理商、服務商等都綁定到一條船上，極大地激發組織和生態的活力，這跟傳統的公司制相比是質的提升。

我們如何參與全球的金融元宇宙競爭？如何實現金融在數字時代

的傳承和創新？如何用金融元宇宙賦能實業、服務企業？如何實現多方共贏？如何讓數字藏品這一新生事物能夠得到健康成長？在這一章，我們分享一些國內外數字藏品的實踐案例，來對此進行探索。

第一節
金融元宇宙數字藏品案例

The Sandbox [1]

The Sandbox 是 2012 年由 Pixowl 工作室發佈的一款遊戲，2015 年在軟體和遊戲平台 Steam 平台上發佈了 PC 版本，起初它並沒有涉及區塊鏈技術。2018 年，The Sandbox 被遊戲公司 Animoca Brands 收購，開始轉向區塊鏈和 NFT，用户可以 NFT 的形式擁有該遊戲世界的一部分資源。以土地為例，每個地塊都是一個 NFT，用户在擁有一塊虛擬土地之後，可以在地塊中開發自定義內容，包括互動遊戲、虛擬會議空間等，著手打造屬於自己的元宇宙，同時用户也可通過它們來獲利。The Sandbox 也為用户提供了可視化開發工具和 NFT 交易市場，用户使用開發工具創建作品後，可隨時隨地導出，並放在 NFT 市場銷售。

1 Hayward, Andrew. (2022, April 27). What is The Sandbox? The Ethereum NFT metaverse game. *Decrypt.* https://decrypt.co/resources/what-is-the-sandbox-the-ethereum-nft-metaverse-game

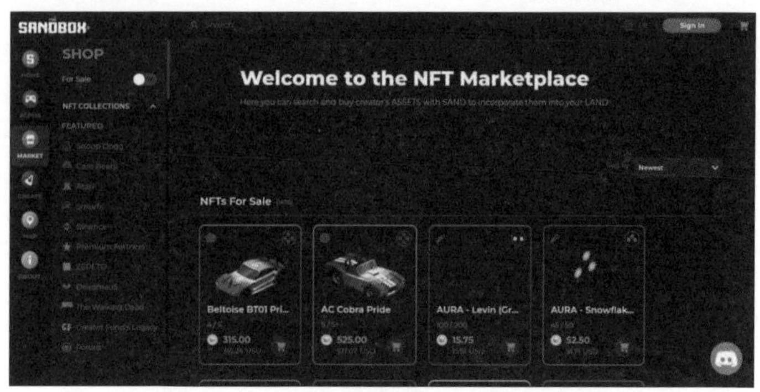

圖 5.1 Decentraland 中的交易市場頁面

（資料來源 :Decentraland 官方網站）

The Sandbox 目前仍處於測試階段, 但其 NFT 已經銷售了很多年。The Sandbox 會不定期舉辦虛擬土地銷售會，讓潛在的參與者和投資者從一級市場購買，同時其他用户也可在二級市場購買土地和其他資產。目前, 在最大的 NFT 市場 OpenSea 中已有 100000 塊土地列出交易。

The Sandbox 的原生代幣為 $Sand，於 2020 年夏天首次上市，可以讓用户在虛擬世界中買賣土地和其他資產，用户也可在玩遊戲的同時賺取通證，並且持有該通證的用户可對影響遊戲未來的決策進行投票。$Sand 有 30 億個通證的硬性上限，其初始分配為開發團隊、顧問和公司儲備金占 55%，非營利組織 The Sandbox Foundation 占 12%，剩餘 33% 捐贈給投資者。

在過去幾年的運營中，The Sandbox 積累了眾多合作夥伴，包括一些明星與知名企業，如明星史努比·狗狗（Snoop Dogg）、帕麗斯·希爾頓，知名企業如阿迪達斯、古馳、史克威爾（SQUARE）等。史努比·狗狗推出了 1 萬個基於他頭像的 NFT；古馳與玩具設計和數字藏品娛樂品牌 Superplastic 合作，推出了一系列 NFT。

OpenSea[2]

OpenSea 創立於 2017 年 11 月 20 日，有兩位共同創辦人德溫·芬澤（Devin Finzer）和亞歷克斯·阿特拉（Alex Atallah）。它是一個類似於 Amazon、eBay 的銷售平台，只是列出的物品都是 NFT 形式的數字藏品，用户可以在 OpenSea 鑄造、購買和出售這些數字藏品。由於平台是去中心化的點對點交換，因此用户可以無須信任的方式直接相互交易，同時 OpenSea 會從每筆交易中抽取 2.5% 的分成。目前，該平台提供以太坊、Polygon、Klatyn 這些區塊鏈平台之間的跨鏈支持。

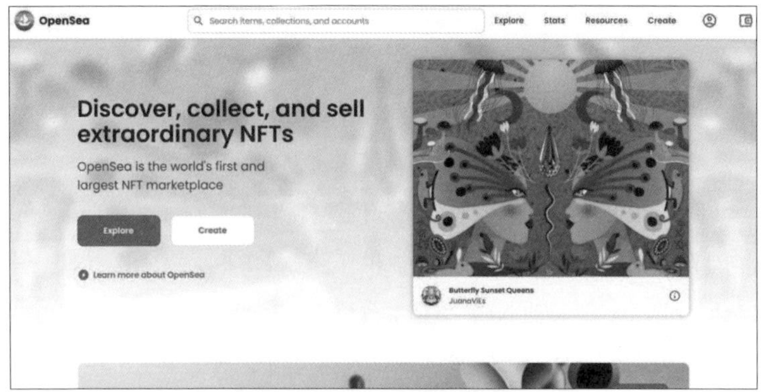

圖 5.2 OpenSea 主頁面

（資料來源 :OpenSea 官方網站）

在 OpenSea 上，創作者可免費鑄造 NFT，無須在以太坊上支付費用；購買者可通過價格、狀態、原生區塊鏈和每個代幣的稀有度進

2 Vardai, Zoltan. (2022, January 28). What is OpenSea and why is everyone talking about it? *Forkast.* https://forkast.news/what-is-opensea-nft-marketplace/

行過濾查找，還可查看每個 NFT 的購買歷史，包括它被賣出多少次，是誰買了以及其價格。OpenSea 簡單便捷的交易操作和 NFT 鑄造流程，使人們進入 NFT 的門檻降低很多，這也是其廣受歡迎的主要原因。

2022 年 1 月，OpenSea 完成了由加密投資基金 Paradigm 和對沖基金 Coatue 領投的 3 億美元 C 輪融資，其平台估值提升至 133 億美元，而此前 OpenSea 也曾創下 35 億美元的月交易量紀錄。到目前為止，OpenSea 是 NFT 最大的交易平台。

Decentraland[3]

自 2015 年起，阿根廷人阿里（Ari Meilich）和埃斯特班（Esteban Ordano）著手開發 Decentraland，於 2017 年推出，2020 年 2 月正式開放。它是一個基於瀏覽器的 3D 虛擬世界遊戲平台，用户可通過以太坊區塊鏈的加密貨幣 MANA 購買平台上的虛擬土地作為 NFT，還可創建場景、設計並交易其他 NFT，如各種服飾、配飾等。Decentraland 為用户提供了一個 NFT 二級交易市場——Maketplace，與其他 NFT 交易平台相比，其門檻較低，使玩家更易接受。曾經有用户在上面創建了一雙 NFT 鞋子，售價達 1.8 萬美金。

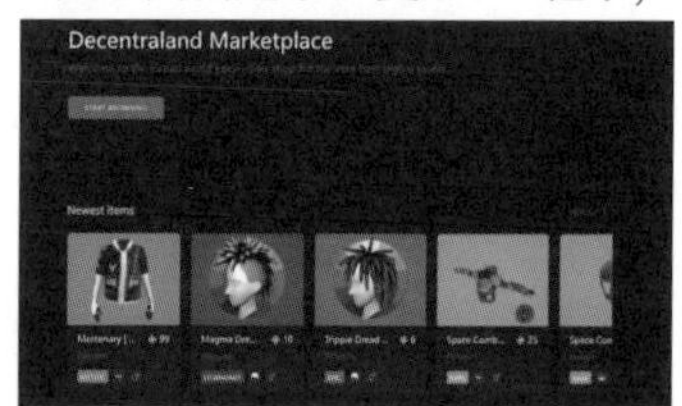

圖 5.3 Decentraland 中的交易市場頁面

（資料來源 :Decentraland 官方網站）

---

3 Awa-abuon, John. (2022, January 30). What is Decentraland (MANA)? Is it the same as the Metaverse? *MakeUseOf.* https://www.makeuseof.com/what-is-decentraland-mana-metaverse/

與尚未完全開放的 The Sandbox 相比，Decentraland 的可玩性更強。用户可在場景中嵌入自己設計的 NFT，以吸引其他用户參與，從而提高 NFT 的曝光率，此外還可以嵌入外部鏈接，如 Twitter、Youtube 等，起到為自己宣傳的作用。

Decentraland 在 2017 年的首次代幣發行（ICO）中籌集到 2600 萬美元，當時數字土地地塊的售價為 20 美元，代幣 MANA 的售價為 0.02 美元。2021 至 2022 年，很多知名品牌都加入到 Decentraland 中，或在其中購買「物業」，包括三星、阿迪達斯、雅達利等。著名珠寶藏品經紀商 Sotheby 還舉辦了首屆元宇宙拍賣會。2022 年 3 月，Decentraland 舉辦了元宇宙時裝週，包括 D&G、雅詩蘭黛等時尚品牌紛紛亮相。

Fidenza by Tyler Hobbs [4]

2021 年 6 月，生成藝術家泰勒·霍布斯（Tyler Hobbs）的標誌性專案 Fidenza 系列數字藝術品在 NFT 平台 Art Blocks 上首次發佈。該專案的作品由霍布斯設計的演算法隨機生成，具有豐富的彩色方塊和曲線。Fidenza 系列共擁有 999 個作品，以 0.17ETH（當時約 400 美元）的價格鑄造，之後又以 0.58ETH 的價格出售。僅僅 10 週後，它們在二級市場如 OpenSea 上以高達 1000ETH（約合 350 萬美元）的價格進行交易。

Fidenza 系列作品的收入，在霍布斯和 Art Blocks 之間以 9:1 的

4 Ahonen, Elias. (2021, September 13). Fidenza: Tyler Hobbs wrote software that generates art worth

比例分配。在二級市場，主要是 OpenSea 上，他的作品還帶有預編程的 10% 傭金，據估算，共有 8500 萬次的二手銷售，霍布斯賺取了約超過 400 萬美元的傭金。

由於 Fidenza 的代碼存在於區塊鏈上，所以任何人都可以使用它來創建類似的作品。但由於 Fidenza 的編號僅限於 999 個，它的盜版不會獲得藝術家的「簽名」，因此，霍布斯不用擔心假貨問題。霍布斯目前允許業主訂購 Fidenza 的印刷品，但僅限一份，同時收取 600 美元的印刷費用。

圖 5.4 Fidenza 系列中的一幅作品

（資料來源 :Tyler Hobbs 個人網站）

《湖廣鐵路債券：辛亥革命的導火索》數字藏品

湖廣鐵路債券的發行是中國金融發展歷程中具有重要意義的事件，是中國近代鐵路建設、金融制度建立和社會政治變革的重要標誌。金融博物館推出的《湖廣鐵路債券：辛亥革命的導火索》是「金融里程碑系列數字藏品」中的首枚數字藏品（見圖 5.5）。

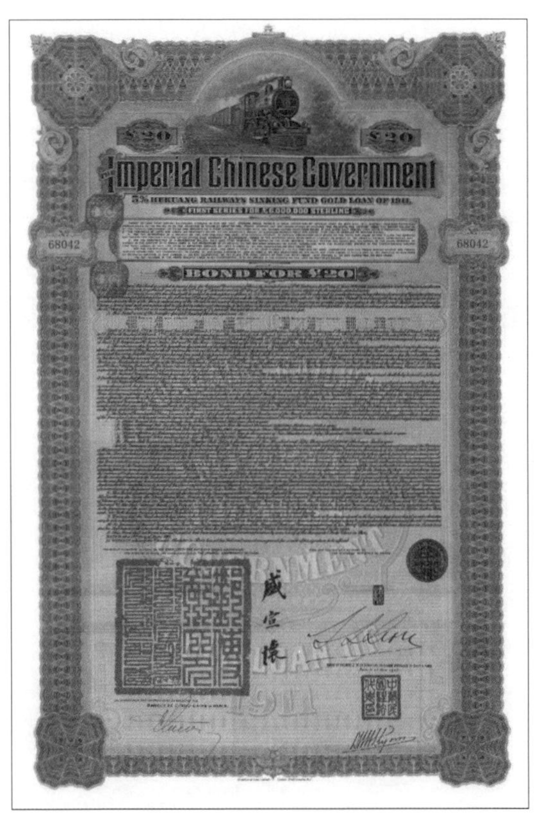

圖 5.5　《湖廣鐵路債券：辛亥革命的導火線》數字藏品

1911 年，清政府向英法德美四國銀行團借款修築湖廣鐵路，徵收川漢、粵漢鐵路為國有。四川民眾群起抗議的保路運動直接引發了辛亥革命，結束了清朝政權。這是金融導致社會變革的重要事件，在中國和國際社會具有廣泛影響。1979 年，持有湖廣鐵路債券的幾個美國人在美國地方法院提起訴訟要求中國政府償還本息。1983 年，中國領導人會見來訪的美國國務卿，要求美國政府予以制止，隨後美方法庭駁回原告的訴訟請求。從此，流傳稀少的湖廣鐵路債券成為珍貴的金融藏品。

《湖廣鐵路債券：辛亥革命的導火索》數字藏品在 3D 元宇宙數字藏品商店上線後，在 30 分鐘內被搶購一空，說明了數字藏品藏家對數字金融藏品的熱情和喜愛。

《工字銀元》數字藏品

在發行了《湖廣鐵路債券：辛亥革命的導火索》數字藏品之後，金融博物館又發行了《工字銀元》數字藏品（見圖 5.6）。

「工字銀元」是中國共產黨領導下，紅色革命根據地發行並流通的第一種金屬貨幣。

金博文化设计创作的数字藏品《工字银元：中国红军第一枚货币》

圖 5.6　《工字銀元》數字藏品

1928 年，毛澤東率領中國紅軍在井岡山建立第一個紅色革命根據地，同時籌建紅軍造幣廠，鑄造發行了工字銀元，工字銀元即在當時市面流通的各種機制銀元上加刻「工」字印記，使之成為由紅色政權發行的貨幣。有了「工」字銀元和紅軍造幣廠，紅軍隨即建立東固平民銀行，恢復貿易市場，這些措施開啟並成為中國共產黨紅色金融的源頭。工字銀元被紅軍較多使用，流通於湘贛邊界的革命根據地及周邊地區。

工字銀元在市面流通量較少，長征後許多又被回收熔解，目前市面留存多為仿製品，真品極為珍貴。作為紅色金融的實物 IP，井岡山革命金融博物館特別邀請海外藝術家二次創作，在歷史沉積中加入現代元素，成為博物館在中國共產黨建黨百年之際，贈送來訪嘉賓的紀念珍品。工字銀元對中國共產黨、中國工農紅軍、中國革命以及紅色金融都具有開天闢地的意義。

當年毛澤東和工農紅軍依靠紅色金融創辦了紅色根據地，紅色金融的本質也是金融生態，其動脈就是紅軍、群眾和工字銀元，用今天的數字金融生態的話術來說，就是 DAO 社群鏈組織和 NFT 數字資產。只不過今天的金融科技和基礎設施更加先進和完備。

《湖廣鐵路債券：辛亥革命的導火索》數字藏品作為典型的金融數字藏品和《工字銀元》作為紅色金融的第一個 3D 顯示效果的數字藏品，其歷史價值、社會價值、文化性、藝術性和稀缺性無疑都是具有重大意義的。在正式上線之前，授權方井岡山革命金融博物館、出品方金博文化、發行方上方正版橋、平台管道方 3D 元宇宙非常慎重，確定首先在小範圍進行數據測試，在取得測試數據和實際運營經驗後，進一步優化數據模型和 DAO 社群鏈組織的激勵分配機制，然後再次進行測試和實驗，逐漸優化完善。

兩份藏品的發行數量依次遞增，藏品零售價均為人民幣 49.9 元，參與實驗的成員為 3D 社群的部分成員和部分金融元宇宙數字藏品的愛好者。

《湖廣鐵路債券：辛亥革命的導火索》發行數量為 518 份，出品方預留 50 份，共發行 468 份。

《工字銀元》數字藏品發行數量為 5000 份，第一次發行為 2000 份，之後如何發行尚需根據實驗數據結果確定。

兩次發行的實際數據統計結果如表 5.1、5.2、5.3。

表 5.1 發行實際數據

項目	數量	分配比例
客單數	360 個	—
參與人數	274 人	—
社群新會員	67 人	24.45%
社群老會員	207 人	75.55%
購買數量	795 個	—
最多購買	60 個	—
最少購買	1 個	—

表 5.2　合併平均購買人數分析

用戶分類	分配比例
大於等於 10	6.57%
5-9	8.39%
3-4	11.68%
2	21.90%
1	51.46%
合計	100.00%

表 5.3　合併平均購買數量分析

用戶分類	分配比例
大於等於 10	37.86%
5-9	15.85%
3-4	13.46%
2	15.09%
1	17.74%
合計	100.00%

從兩次發行的數據結果看，《湖廣鐵路債券：辛亥革命的導火索》和《工字銀元》數字藏品的用户群體高度重合；參與的社群成員老用户和新用户的比例大約為 3 ∶ 1，也就是 3/4 和 1/4 的關係；同時持有兩種藏品的用户占 26%，74% 的人只持有一種，說明社群對金融元宇宙的共識和社群數字金融的共識機制沒有建立起來，大部分人還是為買藏品而買藏品。

從購買數量金額上看：《湖廣鐵路債券：辛亥革命的導火索》20% 的人占總銷售數量和金額的 60%，30% 的人占總金額的 75%，70% 的人只占總金額的 25%；《工字銀元》10% 的人占總銷售數量和金額的 45%，20% 的人占總金額的 60%，80% 的人占總金額的 40%，占 20% 以下的大户是購買的主體和主力軍。

根據兩次發行的結果，發行方做出了兩種數字藏品的分析報告，建立了《金融藏品元宇宙》工作組，並提出了「七方共贏」改進方案。

第二節
《金融藏品元宇宙》「七方共贏」改進方案

《金融藏品元宇宙》「七方共贏」改進方案中強化了 DAO 社群鏈組織的作用，採用 DAO 社群鏈組織和數字藏品 NFT 雙輪驅動。首先，以《湖廣鐵路債券：辛亥革命的導火索》和《工字銀元》數字藏品的藏家為基礎，建立數字金融 DAO 鏈組織。DAO 鏈組織包括核心 DAO 與會員 DAO。在這個社群中，建立數字金融的共識和共識機制。

兩次數字藏品發行的參與方只有五方，分別是授權方、出品方、發行方、平台方和消費購買方。

改進的方案將現有的 4+1 的五方共贏共用，變成 4+3 的七方共贏共用，也就是原來的授權方、出品方、發行方、平台方不變，消費購買方由一方變成三方，即在社群中增加了社群組織方和社群推動方，形成授權方、出品方、發行方、平台方、社群組織方、社群推動方和消費購買方七方，然後七方形成利益共同體，重建以共贏共用為基礎的七方利益分配機制。七方形成利益共同體後，在 DAO 社群鏈組織中改變生產關係，改善利益分配機制和共贏共用關係。

具體措施包括在 DAO 社群中圍繞數字金融開展共識、共創、共生、共養、共治、共玩、共贏、共用「八共」活動，建立共識機制、激勵機制、分配機制和變現機制，以數字金融 DAO 成員為基礎進行發展擴大。

在現有的《湖廣鐵路債券：辛亥革命的導火索》和《工字銀元》數字藏品的基礎上增加數字權益，然後進行賦能，賦予數字藏品增值權益、分紅權益、空投權益、優先購買權益、提案權益、投票權益、數字身份地位權益、參加數字金融專題會議與培訓等權益。

七方共贏模型 1:7 方按照動態比例分配

按照表 5.4 中的比例分蛋糕：如果把利益分成 10 份，授權方、出品方、發行方、平台方各占 1.5，總比例是 6；社群組織方占 1、社群推動方占 1、消費購買方占 2。

表 5.4 七方共贏模型 1 分配比例

共贏 7 方	分配比例
授權方	15%
出品方	15%
發行方	15%
平台方	15%
社群組織方	10%
社群推動方	10%
消費購買方	20%

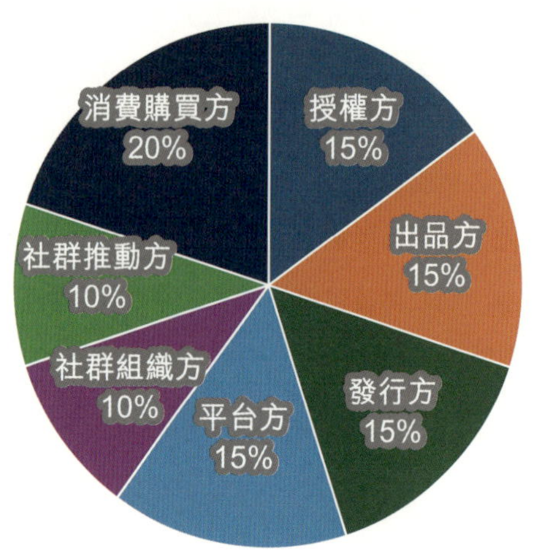

圖 5.7 七方共贏分配模型 1

七方約定，兩個七方共贏模型以後在《金融藏品元宇宙》系列數字藏品發行不斷的實踐中進行優化。參與《金融藏品元宇宙》系列的七方達成共識後，以共同利益為基礎，按照「八共」（共識、共創、共生、共養、共治、共玩、共贏、共用）形成利益共同體，改革舊的生產關係、生產方式和模式。

金融元宇宙是一個活的行為藝術和數字金融科技創新活動，是七方甚至更多方的融合共贏。在元宇宙中，進行組織方式、生產關係、生產方式等多種形式的創新實驗，具有非常大的現實意義和歷史意義。

這些實踐活動得到的數據可以給我們帶來新的思考、觀察和改進的機會及解決方案，可以實現元宇宙數字虛擬世界和現實世界的互動共生。數字文明時代和數字社會的到來，將使現實世界中的每個人，或許在現在看來是無能無用的人都獲得數字機會、數字資產和數字財富，從而獲得數字身份、數字地位和數字尊嚴。

未來已來。道可道，非常道。或許在金融元宇宙的實踐過程中，最大的「道」就是「不知道」。讓我們在新的數字大航海時代，不被無知、傲慢和偏見所左右，駕駛著「DAO」字型大小數字航船揚帆起航，在數字海洋中衝破重重迷霧，躲開座座冰山、處處暗礁，劈波斬浪，勇往直前，順利到達金融元宇宙的新世界，借助元宇宙數字虛擬新世界的種種法力解決現實世界無法解決的種種問題。

附錄一

金融博物館元宇宙的探索與應用

金融博物館一直密切關注金融科技的研究與發展，長期致力於推動科學技術在金融領域的應用，特別是集區塊鏈（Blockchain）、人機交互（Interactivity）、電子遊戲（Game）、人工智慧（Artificial intelligence）、網路及運算（Network）、數字孿生（digital Twin）六大技術（簡稱 BIGANT，「大螞蟻」）的元宇宙技術的應用。

金融博物館元宇宙的探索

捷克當地時間 2022 年 8 月 24 日下午 12:30，國際博協在布拉格現場和線上同時召開了特別全體大會。會上經各國家委員會、國際委員會和地區聯盟代表投票確認了新修訂的博物館定義。包括中國在內的一百多個國家的專業學者參與促成了此次定義的修訂。博物館最新定義如下：

博物館是為社會服務的非營利性常設機構，它研究、收藏、保護、闡釋和展示物質與非物質遺產。它向公眾開放，具有可及性和包容性，促進多樣性和可持續性。博物館以符合道德且專業的方式進行運營和交流，並在社會各界的參與下，為教育、欣賞、深思和知識共用提供多種體驗。

金融博物館自成立之初就一直深耕文博事業，不斷地探索和豐富博物館的內涵。收藏型的博物館是 1.0 版本的博物館，它以文物 + 展板等傳統展陳手段為代表；觀念型的博物館是 2.0 版本的博物館，它以影音等多媒體展陳技術為代表；場景型的博物館是 3.0 版本的博物館，它以元宇宙技術為主要展陳技術，將博物館館藏文物全面數位化、智能化、可交互化，為觀眾打造如身臨考古發掘現場般的感受和體驗。

金融博物館與知名高校、科研院所建立了密切的交流與合作，共同致力於元宇宙技術的研究與應用，同時金融博物館還與監管機構密切合作，共同推動元宇宙行業的規範發展，鼓勵元宇宙在實體經濟中的場景應用，防範金融風險，促進國內元宇宙業界與全球同行的交流。金融博物館與北京、上海、浙江、深圳等地金融監管部門建立了良好的互動交流，共舉辦了十六次與監管機構的內部懇談會和幾十次相關年會與論壇，幾千人現場參加，逾百萬人線上參與互動。

金融博物館專委會在 2017 至 2020 年連續四年組織中國區塊鏈代表團參加瑞士達沃斯論壇，發佈行業白皮書，獲得達沃斯區塊鏈創新獎。金融博物館也獲得了達沃斯公益創新獎。中央電視台在達沃斯兩次專訪金融博物館代表團。

金融博物館聯合各博物館友好單位共出版了十幾本專業與普及書籍，其中《區塊鏈：重塑經濟與世界》《區塊鏈與新經濟》《圖解區塊鏈》《極致金融》《元宇宙三部曲》等著作已經成為十幾次印刷的暢銷書。博物館在喜馬拉雅平台推出的《區塊鏈大師課》訂閱量超過百萬，成為區塊鏈與元宇宙領域的熱門科普教程。

金融博物館與元宇宙相關的應用

元宇宙展覽

「金融科技博物館」是全球首家以金融科技為主題的博物館，位於北京市海澱區，前身為互聯網金融博物館，2015 年 5 月 18 日開館，2019 年 12 月 6 日正式更名為「金融科技博物館」。博物館展示面積 2000 平方米，是集金融創新、金融科技和金融文化社區三位一體的公益博物館。金融科技博物館通過聲、光、電、影、物等形式，連接金融科技的歷史與未來。以「我們的新金融」、「金融科技的來龍去脈」、「區塊鏈的創新與應用」、「金融科技體驗區」等展廳，客觀呈現全球金融科技發展歷史與未來趨勢。博物館定期舉辦「江湖沙龍」、「博物館下午茶」、「金融科技沙龍」、「金融科技大講堂」、「金融科技懇談會」等活動，建立政府與行業、資本市場之間的橋樑，分享最前沿的金融科技資訊；博物館提供各種專業培訓、講演和路演場所，同時為金融科技企業成功發起、融資、併購和上市舉辦隆重的鳴鐘儀式。

除了科技金融博物館這類專題博物館展示金融科技與元宇宙展覽外，金融博物館還在北京國際金融博物館、上海金融科技博物館、井岡山革命金融博物館等多個館內都設有區塊鏈和元宇宙專題展覽，展示區塊鏈與元宇宙的產生、發展及應用。展覽免費向公眾開放，截至 2022 年 6 月累計參觀人數逾 40 萬人，受到社會各界廣泛好評。

2020 年初，受新冠肺炎疫情影響，為了方便廣大觀眾參觀，武漢金融博物館首次嘗試線上舉辦開館儀式。開館當天，百餘名政商學界大咖紛紛通過視訊或信件參與儀式，超過 700 萬觀眾線上看展和參與互動，這是金融博物館展陳方式由線下轉入線上的一次重要嘗試。2020 年 6 月 12 日，「第五屆中國金融啟蒙年會暨金融博物館十周年慶」活動成功線上上舉辦，博物館邀請各行業翹楚為廣大觀眾奉獻了一場集金融、文化、科技於一體的視聽盛宴，活動聯合新浪財經、搜狐視頻、頭條財經、騰訊財經、網易財經、抖音、百度、西瓜視頻等各大網絡主流媒體平台進行全網直播，即時約 300 萬人次線上觀看。2022 年 5 月 18 日，時值世界博物館日，13 家金融博物館正式全面上線。廣大觀眾可線上參觀各金融博物館的主題展覽，活動當天共超過百萬觀眾線上觀展，在業界引起巨大反響。雖然線上展覽、線上培訓、線上論壇等博物館活動還屬於相對初級的博物館元宇宙形式，但它打破了傳統線下活動時間和空間的束縛，可以在資源相對有限的情況下，將博物館的影響力發揮到最大。幾次線上展覽的嘗試，越來越讓金融博物館的工作人員意識到線上活動比傳統的線下在傳播金融文化、推進博物館事業方面有著無可比擬的優勢，金融博物館後續也將把工作重心調整到元宇宙世界當中。

元宇宙教育

培訓教育是博物館的天然屬性和內在要求。為了充分發揮博物館的宣教職能，金融博物館特設革命金融培訓學院，專注於普惠金融、金融安全和金融科技基金與併購、金融科技與區塊鏈等領域的專業培訓，中國人民銀行原副行長吳曉靈、馬德倫，原中國銀監會副主席郭利根、唐雙寧等領導組成學院專家顧問委員會，陸續在北京、上海、廣州、深圳、成都、杭州、烏魯木齊等地舉辦了多場專業培訓，培育了大批金融科技領域的專業人才。各地金融博物館都與當地高校建立戰略合作，成為當地高校校外培訓基地和大學生實習基地；與當地金融監管機構建立戰略合作，成為當地投資者教育基地；與當地金融科技企業合作，成為當地金融科技的展示基地。以井岡山革命金融博物館為例，該館被全國工商聯授予「全國非公有制經濟人士理想信念教育基地教學點」，被中國人民銀行中國金融教育發展基金會授予「井岡山紅色金融教育基地」，被吉安市人民政府授予「吉安市普惠金融教育基地」。目前博物館正在聯合人民銀行井岡山市支行聯合申報「中國人民銀行金融教育示範基地」。

元宇宙數字藏品

2022 年 5 月，金融博物館正式登陸數字藏品市場，先後與上方元宇宙、Ibox、數藏中國以及中國網、人民網、新華網等元宇宙平台和媒體建立戰略合作，共同助力數字藏品市場的繁榮與發展。截至 2022 年 9 月，金融博物館共策劃發行了 6 次數字藏品，累計發行數量近五萬枚，在打造金融 IP 的同時，宣傳金融文化、普及金融知識、助力金融教育，成為中國數字藏品屆的洗盡浮華的一股清流。

1. 金融里程碑系列：金融博物館遴選對中國金融發展具有重要意義的事件及文物，發行金融里程碑數字藏品系列，目前發行了數字藏品《湖廣鐵路債券：辛亥革命的導火索》。

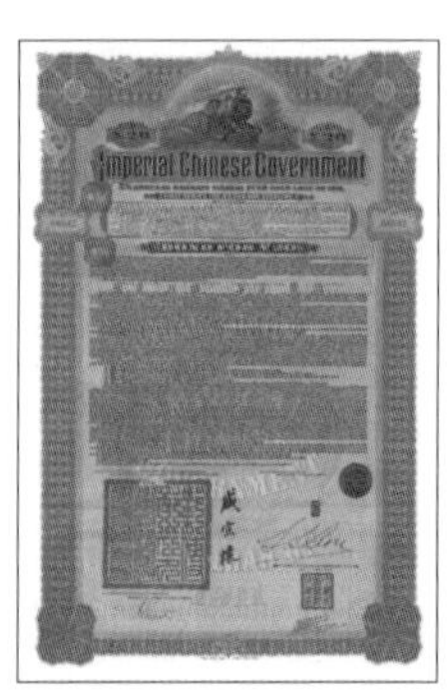
Imperial Chinese Government

圖附 1 《湖廣鐵路債券：辛亥革命的導火線》影印件

2. 紅色金融里程系列：金融博物館遴選中國共產黨史上具有重要意義的金融事件及文物，發行紅色金融數字藏品系列，目前發行了數字藏品《東固平民銀行拾枚銅元票》《中華蘇維埃共和國國家銀行壹角紙幣》《光華商店代價券伍角紙幣》《北海銀行拾圓紙幣》《工字銀元》等。

圖附 2 《東固平民銀行拾枚銅元票》

圖附 3《中華蘇維埃共和國國家銀行壹角》

圖附 4
《光華商店代價券伍角》

圖附 5
《北海銀行拾圓紙幣》

圖附 6 《工字銀元》

金融元宇宙博物館

在展覽展示、社會教育等領域，金融博物館始終永葆創新勁頭。融合區塊鏈、人機交互、電子遊戲、人工智慧、網路及運算、數字孿生六大技術的元宇宙技術成為金融博物館研究佈局的重要方向。金融博物館重點調研了微軟、Meta、騰訊、動視暴雪、米哈遊、任天堂元宇宙概念企業，同時重點研究了 The Sandbox、Axie Infinity、Decentraland、Illuvium、Roblox、太一靈境、百度希壤等元宇宙平台。

2022 年 6 月 25 日，金融博物館正式登陸 The Sandbox，地塊座標（-105，-191），成為全球首家金融元宇宙博物館，將實體博物館與虛擬現實完美融合，成為數字經濟領域引領者。The Sandbox 是全球最大的元宇宙平台，註冊用户超過 200 萬人，時尚品牌 Gucci、運動品牌 Adidas、商超品牌家樂福、娛樂品牌華納音樂及 CJ ENM、金融品牌香港匯豐銀行和新加坡星展銀行，以及迪拜虛擬資產監管局（VARA）監管部門等知名機構均已入駐。金融元宇宙博物館作為中國紅色金融的展示窗口，致力於在全球推動紅色文化和理念的傳播。

金融元宇宙博物館共分為 3 層，地下一層為交子迷宮互動體驗展廳，用户需要在迷宮內收集世界上最早的紙幣——交子，完成拼圖後方可進入博物館。此展廳內展示了天津金融博物館、蘇州基金博物館、國際金融博物館、互聯網金融博物館、併購博物館、產業金融博物館、香港金融博物館、井岡山革命金融博物館、上海科技金融博物館、寧波保險博物館、天府四川金融博物館、中原金融博物館、重慶金融博物館等 13 家金融主題博物館。

完成交子迷宮任務後，即可來到博物館廣場。廣場上矗立著大宋交子碑以及金融博物館 LOGO，玩家可與廣場上熙熙攘攘的觀眾進行交流和互動。博物館正面外側是一面由 88 個帶「貝」字偏旁的漢字組成的巨幅「貝字牆」。「貝字牆」由金融博物館首創，在 13 家線下金融主題博物館入口處均有展示。「貝幣」是中國最早的貨幣，因此帶「貝」字偏旁的漢字大多都與貨幣、金錢、商業相關。比如「贏」表示與財富買賣有關，有餘利即為「贏」，再比如「貸」表示與貨幣輸出有關，借出或借入錢財即為「貸」。同時，「88」這個數字也承載著對金融未來的美好期盼。

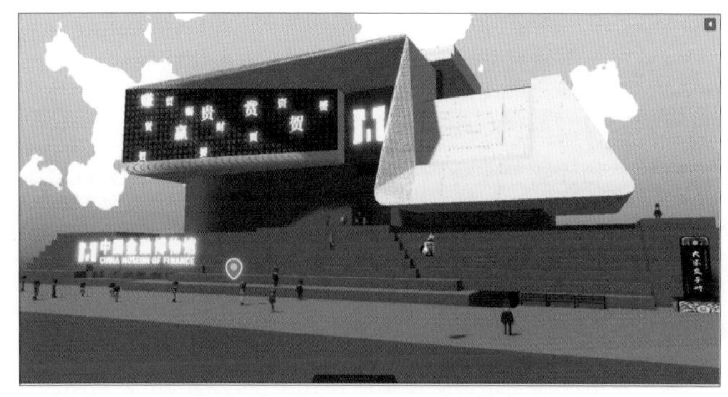

圖附 7 金融元宇宙博物館廣場

一層為「中國金融史展廳」，共分為中國金融歷史部分和紅色金融歷史兩個部分。中國金融歷史部分遴選的展品有中國最早的貿易貨幣——貝幣（產生於夏朝時期），中國最早的金屬鑄幣——布幣、刀幣（產生於春秋時期），中國最早在全國通行的統一貨幣——半兩錢（秦始皇二十六年即西元前 221 年），中國流通時間最久的貨幣——五銖錢（漢武帝元狩五年即西元前 118 年至唐武德四年即西元 621 年，前後共約流通 740 年），世界上最早的紙幣——交子（產生於北宋仁宗天聖元年即西元 1023 年），中國古代的大面額貨幣——銀錠，以及中國當代的流通法幣——人民幣等各個時期的流通貨幣。紅色金融歷史部分遴選的展品有中國共產黨最早發行的金屬鑄幣——工字銀元（1927年），世界上最小的國家銀行（成立時僅五人）——中華蘇維埃共和國國家銀行發行的壹角紙幣，以及毛澤東同志八角帽照、鄧小平同志照、天安門城樓照等展品。

一層通往二層的過道處，通過堆疊的立方體展示了當前世界上主要流通的美元、歐元、英鎊、日元、人民幣等貨幣符號，以及比特幣、以太坊、萊特幣、瑞波幣等主流數字貨幣符號。

二層為「金融博物館數字藏品展廳」，主要展示金融博物館已經發行及將要發行的數字藏品。展廳內遴選的展品除了前文詳細介紹的中華蘇維埃共和國國家銀行壹角紙幣、東固平民銀行拾枚銅元票、湖廣鐵路債券、光華商店代價券伍角紙幣、北海銀行拾圓紙幣、工字銀元等展品外，還有中國金融歷史上重要五件套的戥子、門、算盤、財神像等藏品。二層還設置了休閒娛樂區，可供觀眾在此休憩。

金融元宇宙博物館是金融博物館在元宇宙世界的重要嘗試和探索。金融博物館後續還將在太一靈境等具有廣泛影響力的元宇宙平台搭建各種不同風格的金融主題元宇宙博物館，宣傳金融文化、普及金融知識、助力金融教育。

據國家文物局 2021 年統計數據，全國備案博物館總數達 6183 家，其中非國有博物館 1989 家，非國有博物館占比達到 32%，非國有博物館正逐漸成為我國博物館事業發展的重要力量。然而不可忽視的是，非國有博物館相對於國有博物館在資金支持、藏品品質、人員配備、研究能力等方面還有不小的差距，在一定程度上限制了非國有博物館的發展壯大，特別是在元宇宙領域還相對空白。

金融博物館一直視創新為生命線，將創新作為博物館的核心競爭力。相對於其他非國有博物館，金融博物館具備獨特而完備的運營模式。秉承創新、開放、包容的心態，金融博物館希望廣泛聯結各級政府、各大高校與科研院所、實體企業，為政府創建金融文化地標、豐富當地金融生態，為高校提供校外培訓教育基地，為科研院所提供研究支持，為實體企業賦能客户金融資源。

附錄二

作者團隊

王平，廈門大學會計學博士及管理學院客座教授，亞太併購基金管理有限公司董事長，中美大健康產業投資併購聯盟執行主席，亞太併購數字交易所有限公司董事長，曾任全聯併購公會輪值主席，中國創業投資專業委員會副會長。多次當選中國最佳本土 PE 管理人，多屆 APEC 工商領袖投資界代表。

張雅琪，香港大學電腦系畢業，IT 技術社區創始人，國內外多個 Web 3.0 專案參與者，致力於研究電腦歷史和科技公司的商業模式，「阿法兔研究筆記」創始人。

漁童，金融博物館館長，清華大學五道口金融學院 EMBA。2010 年開始創建系列金融博物館。2017 年獲瑞士達沃斯論壇區塊鏈創新獎，2020 年獲管理界大獎拉姆·查蘭管理實踐—抗疫行動獎。

薛丹，真灼傳媒集團聯合創始人。香港大學 MBA，美國倫斯勒理工學院金融工程碩士。擁有超過 15 年的金融公關和媒體經驗。

王幹，民建中央企業委員會特邀委員，全聯併購公會常務理事，德龍控股集團總裁，十年金融行業工作經驗，具有私募基金從業資格，區塊鏈早期參與者。

鄧建鵬，法學博士，中央財經大學教授、博士生導師，法學院學術委員會委員，金融科技法治研究中心主任。

高新，金融博物館理事、井岡山革命金融博物館館長，擁有多年金融博物館創建、運營和管理經驗，參與創建井岡山革命金融培訓學院、金融雲小鎮。

尚季廷，金融博物館培訓部負責人，主要負責金融博物館併購與基金、區塊鏈與元宇宙、紅色金融、併購交易師等培訓與認證工作，累計培養金融專業人才逾萬人。

王喆偉，金融博物館策展主管，畢業於英國薩塞克斯大學攝影藝術史與博物館策展專業，參與並協調完成多個博物館建設與巡展展示。

王紫上、張平、閻亮也參與了本書撰寫，特此感謝！

參考文獻

1. Pacioli, Luca. (1494). *Summa de arithmetica geometria proportioni et proportionalita.* Venice: Paganini.

2. Mayer-Schönberger, V. 與 Cukier, K.（2013）。《大數據時代：生活、工作與思維的大變革》。杭州：浙江人民出版社。

3. Harari, Y. N.（2017）。《人類簡史：從動物到上帝》。北京：中信出版集團。

4. Diamond, J.（2020）。《劇變》。北京：中信出版集團。

5. 賽迪區塊鏈生態聯盟（2021）。〈2020-2021 年中國區塊鏈產業發展研究年度報告〉。取自 https://www.ccidgroup.com/info/1105/33345.htm

6. 德勤諮詢（2021）。〈區塊鏈 VS 供應鏈：天生一對〉。取自 http://www.100ec.cn/detail--6582900.html

7. 華為技術有限公司（2021）。〈華為區塊鏈白皮書 2021〉。取自 https://new.qq.com/rain/a/20211015A0AT2F00

8. 中信證券研究部（2021）。〈元宇宙深度報告：元宇宙的未來猜想和投資機遇〉。取自 https://ishare.iask.sina.com.cn/f/t22Gq2KAVJH.html

9. 普華永道（2021）。〈數據資產化前瞻性研究白皮書〉。取自 https://baijiahao.baidu.com/s?id=1717366894226945548&wfr=spider&for=pc

10. 姚前（2018）。〈分佈式帳本與傳統帳本的異同及其現實意義〉。《清華金融評論：央行與貨幣》，6。

11. 普華永道（2022 年 3 月 29 日）。〈揭秘元宇宙：企業領導者需知需行〉。取自 https://www.pwccn.com/zh/tmt/uncover-the-meta-universe-mar2022.pdf

12. 郭立芳（2022 年 6 月 22 日）。〈號稱「區塊鏈的靈魂」的共識機制：PoW、PoS、DPoS. 白話區塊鏈〉。取自 https://view.inews.qq.com/a/20220622A04GQ600

13. 北京大學匯豐商學院商業模式研究中心：安信證券元宇宙研究院（2022 年 1 月 1 日）。〈元宇宙 2022——蓄積的力量〉。取自 https://baijiahao.baidu.com/s?id=1721263624768946072&wfr=spider&for=pc

14. 德勤諮詢（2021 年 11 月 19 日）。〈2021 年全球區塊鏈調查：數字資產新時代〉。取自 http://www.100ec.cn/home/detail--6603673.html

15. 艾瑞諮詢（2021 年 10 月 19 日）。〈2021 全球數字貿易白皮書〉。取自 http://www.100ec.cn/home/detail--6602086.html

16. 阿里巴巴達摩院（2021 年 12 月 18 日）。〈2022 十大科技趨勢〉。取自 https://max.book118.com/html/2022/0114/8030050100004055.shtm

17. 恒生電子（2021 年 12 月 1 日）。〈慧技術惠金融——2022 金融科技趨勢研究報告〉。取自 https://baijiahao.baidu.com/s?id=1719766288099823305&wfr=spider&for=pc

18. 中國金融資訊中心（2022 年 5 月 13 日）。〈金融元宇宙研究白皮書〉。https://www.thepaper.cn/newsDetail_forward_18236310

19. 王健宗、何安珣與李澤遠（2020 年 11 月 18 日）。〈終於有人把雲計算講明白了〉。取自 https://new.qq.com/omn/20201118/20201118A0H7CS00.html

20. 創業邦（2021 年 10 月 13 日）。〈清華校辦企業「華控清交」獲 5 億元 B 輪融資，推動建設數據流通基礎設施〉。取自 https://baijiahao.baidu.com/s?id=1713474045374952682&wfr=spider&for=pc

21. 元宇宙之心 MetaverseHub（2020 年 11 月 24 日）。〈為什麼說區塊鏈是元宇宙的重要底層技術，它究竟能帶來什麼？〉取自 https://blog.csdn.net/Blockchain_lemon/article/details/121528490

22. 皚雲視界（2019 年 1 月 3 日）。〈區塊鏈的發展史：從 1.0 到 3.0.〉。取自 https://caifuhao.eastmoney.com/news/20190103160301310031810

23. 伍旭川與劉學（2016）。〈The DAO 被攻擊事件分析與思考〉。《金融縱橫》，7，19-24。

24. Kondova, G., & Barba, R. (2020, March 31). Governance of Decentralized Autonomous Organizations. *Journal of Modern Accounting and Auditing.* https://papers.ssrn.com/sol3/papers.cfm?abstract_id=3549469

25. AQOOM. (2018, September 27). Evolution of the Decentralised Autonomous Organisation. https://medium.com/@AQOOM/evolution-of-the-decentralised-autonomous-organisation-dao-2302fde130ee

26. 吳志峰（2022 年 3 月 23 日）。〈在代幣化視角下重新理解 DAO〉。取自 https://copyfuture.com/blogs-details/202203230958435536

27. Vitez, O. (2019, February 12). Centralized vs Decentralized Organization. https://smallbusiness.chron.com/centralized-vs-decentralized-organizational-structure-2785.html

28. BTCair（2022 年 2 月 20 日）。〈DAO 賽道研究：DAO 的起源、演變與未來〉。取自 https://zhuanlan.zhihu.com/p/469702547

29. Buterin, V. (2014, May 6). DAOs, DACs, DAs and More: An Incomplete Terminology Guide. https://blog.ethereum.org/2014/05/06/daos-dacs-das-and-more-an-incomplete-terminology-guide/

30. Suarez, D. (2006). *Daemon.* Verdugo Press.

31. Citi GPS. (2022, March 30). Metaverse and Money: Decrypting the Future. https://icg.citi.com/icghome/what-we-think/citigps/insights/metaverse-and-money_20220330

32. OpenSea. (2017, January 1). Our story. https://opensea.io/about

33. Rarible.(n.d.). Rarible. https://rarible.com/

34. Korzhik, D. (2017, Octorber 25). The Company of the Future: The History of the DAO. https://medium.com/@korzhikdmitry/the-company-of-the-future-the-history-of-the-dao-e0bed556507b

35. Falkon, S. (2017, December 24). The Story of the DAO—Its History and Consequences. https://medium.com/swlh/the-story-of-the-dao-its-history-and-consequences-71e6a8a551ee

36. NFT 中文社區（2021 年 12 月 18 日）。〈一文快速瞭解 DAO 及其八大分類〉。取自 https://baijiahao.baidu.com/s?id=1720370979498763&wfr=spider&for=pc

37. 歐勝（2018 年 12 月 14 日）。〈關於 Token，你所不知道的三大作用和五個注意事項〉。取自 https://zhuanlan.zhihu.com/p/52422535

38. 楚明（2019 年 9 月 24 日）。〈8 個步驟，3 個要點，區塊鏈遊戲通證設計萬字乾貨〉。取自 https://zhuanlan.zhihu.com/p/83942294

39. Burke, J. (2021, December). Metafi: DeFi for the Metaverse. https://outlierventures.io/research/metafi-defi-for-the-metaverse/

40. Marcobello, M.（2021 年 11 月 22 日）。〈一文瞭解 DAO 發展現狀，這些類型的 DAO 你參與過嗎〉。取自 https://zhuanlan.zhihu.com/p/436152592

41. 鄭鵬（2018 年 4 月 7 日）。〈Token 經濟模型中關於 Token 分配的思考〉。取自 https://zhuanlan.zhihu.com/p/35389822?ivk_sa=1024320u

42. FrankenField, J. (2022, March 20). Crypto Tokens. https://www.investopedia.com/terms/c/crypto-token.asp

43. Shetty, N. (2021, July 21). Understanding Tokenomics: The Real Value of Crypto. https://www.finextra.com/blogposting/20638/understanding-tokenomics-the-real-value-of-crypto

44. 鄧建鵬、孫朋磊與鄧建鵬（2018）。〈通證的分類與瑞士 ICO 監管啟示〉。《中國金融》，22。

45. POST-WAR & CONTEMPORARY ART. (2021, May 8). 10 things to know about CryptoPunks, the original NFTs. https://www.christies.com/features/10-things-to-know-about-CryptoPunks-11569-1.aspx?sc_lang=en#FID-11569

46. Axiom Zen. (2017, November 28). CryptoKitties. https://www.cryptokitties.co/about

47. Justina, L. (2021, September 2). Bored Ape. https://en.wikipedia.org/wiki/Bored_Ape

48. Unknown. (2021, November 26). What are the application scenarios of fanatical NFT? How to achieve it with technology? . https://www.shresthanischal.com.np/2021/11/what-are-application-scenarios-of.html

49. Geroni, D. (2021, August 30). The Advantages of Non-Fungible Tokens (NFTs). https://101blockchains.com/advantages-of-nfts/

50. Rodriguez, J. (2021, September 14). Non-fungible tokens (NFTs) definition—Should you invest in digital art?. *Money Crashers.* https://www.moneycrashers.com/non-fungible-tokens-nfts/

51. MyAyan. (2022, January 10). Pros and cons of NFT—Non-fungible token. *MyAyan.* https://www.myayan.com/pros-and-cons-of-nft

52. Cyber Definitions. (2021, November 17). What does NFT mean? *Cyber Definitions*. https://www.cyberdefinitions.com/definitions/NFT.html

53. Conti, R., & Schmidt, J. (2022, May 8). What is an NFT?. *Forbes.* https://www.forbes.com/advisor/investing/cryptocurrency/nft-non-fungible-token/

54. NonFungible. (2022, October 3). Yearly NFT market report. https://nonfungible.com/reports/2021/en/yearly-nft-market-report

55. PANews（2021 年 8 月 20 日）。〈騰訊 NFT 交易平台幻核將於今日 15 時開售萬華鏡系列 NFT.〉。《PANews》。取自 https://view.inews.qq.com/a/20210820A0739800?startextras=0_05fa21f2e77ac&from=ampzkqw

56. 數藏日曆（2022 年 3 月 10 日）。〈鯨探上新 3 款文物數字藏品,水滸傳英雄圖鑒〉。《數藏日曆》。取自 https://baijiahao.baidu.com/s?id=1726838057211219l955&wfr=spider&for=pc

57. Greener, R. (2021, November 11). Wave to host Justin Bieber metaverse concert. *XR Today.* https://www.xrtoday.com/virtual-reality/wave-to-host-justin-bieber-metaverse-concert/

58. Gompertz, W. (2021, March 13). Everydays: The First 5000 Days—Will Gompertz reviews Beeple's digital work. *BBC News.* https://www.bbc.com/news/entertainment-arts-56368868

59. Januszczak, W. (2021, June 6). Here' s how Beeple' s 'Everydays' NFT became the third most expensive artwork ever sold. *Yahoo.* https://www.yahoo.com/lifestyle/beeple-everydays-nft-became-third-210000685.html?guccounter=1&guce_referrer=aHR0cHM6Ly93d3cuZ29vZ2xlLmNvbS8&guce_referrer_sig=AQAAAMa8Z4lFuCyBJY1SxJ5g4FgxlIIvBBeSwaUbDCIU2biqANnTpYTNGC0qJbYcBaVQbWhYtyEly4PItcXM7Il8G-NuNXwAyO7LQ7fqLiZeSsOtmmgWkK3_KqIpwC4WVrKr8oPOEP-htmN348BL1f_TyhEdfMFmANAk3iQMend26X0b

60. 聯合早報（2022 年 7 月 22 日）。〈金管局計劃強化加密貨幣業監管接下來數月將磋商擬議措施〉。取自 https://swt.fujian.gov.cn/xxgk/swdt/swyw/gjyw/202207/t20220722_5960302.htm

61. Kuznetsov, N. (2019, June 31). Token burning, explained. *Cointelegraph.* https://cointelegraph.com/explained/token-burning-explained

62. Nieto, Alex. (2020, October 8). Token burning: What is it and what are the benefits?. *SwissBorg.* https://swissborg.com/blog/token-burning

63. Beginner. (2022, March 11). Token burning: What is it, why do it?. *Ledger.* https://www.ledger.com/academy/token-burning-what-is-it-why-do-it

64. 鏈茶館（2022 年 3 月 28 日）。〈DAO 籌款工具 Juicebox 價值幾何〉。取自 https://www.jinse.com/news/blockchain/1185568.html

再版後記 1

朱嘉明教授執筆倡議，旨在推動數字文明基礎上全球創業者的合作與共識，揚善除惡，保證全球數位生態的健康發展。亞洲併購基金董事長王平也表達了對總理致辭的讚賞以及對中國市場開放與成長的信心。

2024 年 1 月 15 日至 19 日，世界經濟論壇第 54 屆年會在瑞士達沃斯舉行。今年達沃斯年會的主題為「重建信任」，圍繞四個主要領域展開：在分裂的世界中實現安全與合作；為新時代創造增長和就業；作為經濟社會驅動力的人工智慧；氣候、自然和能源的長期戰略。

而其中 2049 論壇著眼於未來，探討如何利用 AI 技術提高併購交易和跨境投資的效率和成功率，如何利用 Web 3.0 和 Metaverse 拓展商業生態和銷售管道，以及如何應對新的挑戰和機遇。值得一提的是，「世界 2049」大型元宇宙文旅沉浸式體驗，將在達沃斯世界經濟論壇首次發佈，「世界 2049」將全球最重要的城市及其未來 25 年的發展規劃通過虛擬實境和人工智慧技術逼真地模擬展現出來。

此外，雲頂論壇是達沃斯論壇活動中為中國代表團打造的重要交流活動，論壇活動場地選擇在瑞士海拔 1865 米的雲頂全景餐廳，站在陽光露台能夠俯瞰整個達沃斯。雲頂論壇主題正是 AGI 與人類的未來，企業家們就人工智慧、Web 3.0、元宇宙融合發展等議題展開深入討論，共同展望 2024 年即 AWM 元年的發展藍圖。未來是一個人與人工智慧共存並融合發展的新時代，以 AI 技術為核心的第四次科技革命已勢不可當。如何以更加開放和互信的姿態去擁抱新的「大文明時代」，讓人工智慧、Web 3.0、元宇宙先進技術在更可控的狀態下創造人類更美好的未來無疑是 AWM 元年伊始的嶄新課題。

本屆年會迎來了全球 120 多個國家和地區的 2800 多名代表，其中包括 60 多位國家元首和政府首腦。參會的重量級政治人物包括中國國務院總理李強，以及法國總統馬克龍等。阿根廷新任總統米萊也將迎來大型國際舞台上的首秀。他將在 17 日發表講話。另外，以色列總統赫爾佐格、烏克蘭總統澤連斯基、越南總理範明政等 60 多位國家元首和政府首腦將出席。國際貨幣基金組織總裁、世界銀行行長、世界貿易組織總幹等頂級機構負責人將一如既往亮相達沃斯。聯合國秘書長、世衛組織總幹事、歐盟委員會主席、北約秘書長也不會缺席。當然，中國優秀企業家代表也紛紛出席。金融博物館理事長、全聯併購公會創始會長王巍，太一集團創始人、元宇宙與人工智慧三十人論壇聯合發起人鄧迪，伏羲社區發起人兼董事長、元宇宙與人工智慧三十人論壇發起人徐遠重，英國薩里大學協理副校長、薩里大學區塊鏈及元宇宙研究院院長、元宇宙與人工智慧三十人論壇學術與技術委員會委員熊榆，中文線上董事長、元宇宙與人工智慧三十人論壇理事會理事童之磊，成都鯨鱘科技有限公司董事長、元宇宙三十人論壇理事會理事餘華龍等論壇代表受邀參加此次代表團，並將參與到雲頂論壇、2049高峰論壇等核心活動中，對元宇宙、生物技術、人工智慧、數位永生等尖端話題發表觀點，提供最前沿的行業視角。

達沃斯雲頂餐廳論壇合影

達沃斯雲頂餐廳論壇合影

代表團團長鄧迪講述中國人工智慧前沿

金融博物館贈送部分嘉賓交子千年紀念券

再版後記 2

2024 年 9 月 11 日至 14 日，香港國際生物科技論壇暨展覽（BIOHK 2024）如期在香港會議展覽中心展廳三層開展。作為 BIOHK 2024 的重要環節，由香港生物科技協會、美國併購協會、全聯併購公會國際專業委員會、香港中國併購公會主辦，亞太併購協會、亞太併購基金管理有限公司協辦的「中美生物科技投資併購首屆高峰論壇」於 2024 年 9 月 13 日順利舉行。高峰論壇邀請全球及亞太地區超過 150 名嘉賓出席。

論壇聚焦於生物科技領域的投資與併購，旨在探討如何透過資本推動創新，為生物科技帶來新的機遇與挑戰。論壇舉辦得到全國政協副主席、香港特別行政區第四任行政長官梁振英先生的高度肯定與支持。

論壇組委會藉此與中國健康管理協會、中央人民政府駐香港特別行政區聯絡辦公室、香港科學園（HKSTP）、香港數碼港、香港金融管理學院等各方達成良好的溝通與合作。本次論壇也得到新華網以及大公報、文彙報、鳳凰新聞、紫金雜誌等香港地區多家媒體的報導與宣傳。

論壇組委會閉門會議

2024 年 9 月 12 日，論壇發起各方代表召開閉門會議，中美雙邊代表全球併購協會會長、美國併購協會會長 David A. Fergusson，美林證券執行副總裁、美林金融解決方案顧問 Skyler Wong，香港中國併購公會執行會長、亞太併購基金管理有限公司董事長王平，利世控股創始人李中子（James Lee），全聯併購公會高級顧問、泰康人壽保險公司監事葛明，亞太併購協會理事謝炯全等人出席。各方會後達成《中美大健康投資與併購合作備忘錄》，一致同意組建「中美大健康產業投資併購聯盟」、「國際智慧併購交易所」以及發起設立「中美生物科技與大健康產業投資基金」。

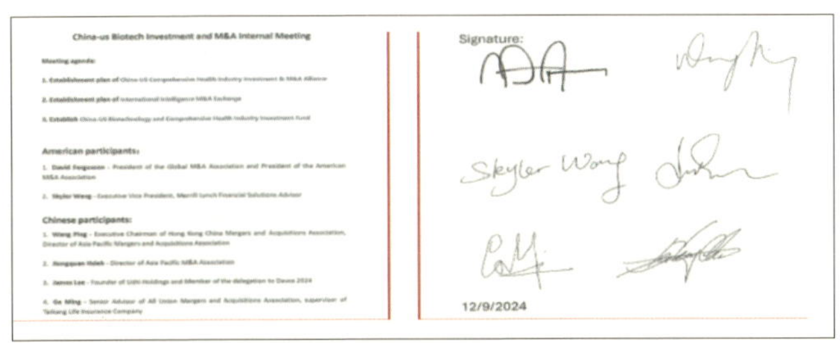

China-us Biotech Investment and M&A Internal Meeting

Meeting agenda:

American participants:

Chinese participants:

Signature:

12/9/2024

本次論壇擬定達成以下三大目標：

1. 正式啟動中美大健康產業投資 & 併購聯盟（簡稱「聯盟」）。聯盟將在全球範圍內，精選以中國與美國為主的優質大健康產業專案，包括但不限於生物科技，AI 醫療科技，再生醫學、醫療設備、中醫藥行業、康養板塊等大健康產業範疇，聯動中美資本，在募、投、管、退不同階段，以投資、併購、重組、上市等多種金融服務形式參與，致力於打造香港成為全球生物科技創新高地，建立示範性世界級別的大健康產業集群，促進全人類健康！

聯盟由國際大型投資機構、投資銀行、金融機構共同發起成立。聯盟專注於大健康產業的投資與發展，彙聚千億美元資金池，計劃在未來投資一千個專案，實現總市值達到一萬億美元的目標。

2. 設立「中美生物科技與健康產業投資基金」。基金落户香港，首期規模 10 億美元。

3. 國際智慧併購交易所，建立大健康產業投資與併購智慧交易平台，培訓 1500 名大健康產業併購交易師。

在紫荊花盛開的季節，在大灣區的暖陽包圍下，我們同心造夢，向著燦爛的未來啟航。

國際智能併購交易所（IIMAE）正式揭牌

中美生物科技投資併購首屆高峰論壇開幕，論壇組委會邀請各方嘉賓共同見證「國際智能併購交易所（IIMAE）」揭牌儀式。

中美生物科技投資併購首屆高峰論壇邀請全球併購協會會長、美國併購協會會長、聯盟首任共同主席 David A. Fergusson，全聯併購公會高級顧問、原全國工商聯會員部部長劉紅路，美林證券執行副總裁、美林金融解決方案顧問、聯盟副主席 Skyler Wong，QFOC 量子財金首席顧問李銳，香港城市大學副校長楊夢甦（Michael Yang）等五位嘉賓作主題演講。

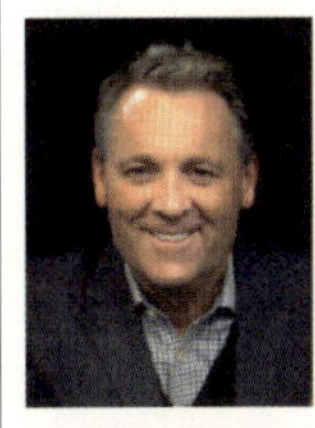

David A. Fergusson

Executive Managing Director - M&A, Generational Equity
Nasdaq Board Director, Wisekey International; SEAL SQ
Chairman, Global Mergers, Acquisition, & Investment Council
Co-Author, The transHuman Code

David Fergusson is the Executive Managing Director – M&A for Generational Group, the leading lower middle-market M&A investment banking advisory firm in North America. Based in New York, he also heads the company's Technology Practice and Cross Border M&A Practice. He has over 35 years of experience in the creation of businesses, the acceleration of corporate growth, and global mergers and acquisitions.

Prior to joining Generational Equity, he was most recently the President and CEO of The M&A Advisor, where he led the global think tank for the firm's constituency of over 350,000 finance industry professionals, from their offices in New York and London. As a partner in cross border investment firm Paradigm Capital, Mr. Fergusson conducted over 25 acquisitions as an investor. As an M&A advisor, he has managed over 275 transactions.

He is a member of the Association of Corporate Growth (ACG) and an advocate for the advancement of the finance industry for which he led the formation of the Emerging Leaders program which is celebrating its 10th anniversary in 2023. A pioneer in cross border mergers and acquisitions, between the United States and China, he was recognized with the 2017 M&A Leadership Award and the 2019 Lifetime Achievement Award from the China Mergers & Acquisitions Association and is Co-Chairman of the Beijing headquartered Global M&A Council. In addition, Mr Fergusson is the recipient of the Investment Banker of The Year for 2023, awarded by the Global M&A Network and winner of US and Global M&A Transaction of the Year Awards in each of 2022, 2023 and 2024.

Mr. Fergusson is a respected speaker on the subjects of financial services, corporate transformation, and technological innovation at prominent educational institutions including Cambridge, Harvard, and MIT, and leadership assemblies including the Vatican, World Economic Forum at Davos, World Bank and the International Monetary Fund, and a contributor to major media organizations including CBS, BBC, NPR, ABC, CNBC, Bloomberg, and Thomson Reuters. He is also the editor of 5 annual editions of the mergers and acquisitions handbook – "The Best Practices of The Best Dealmakers" series with a readership of more than 500,000 in over 60 countries. Mr. Fergusson is also co-author of the bestselling technology book "*The transHuman Code*".

As a Vice-Chairman of the Board of Directors of Swiss cybersecurity pioneer Wisekey International (Nasdaq:WKEY), since 2016, he has played an instrumental role in the company's M&A and public markets activities. Mr. Fergusson is also a member of the Board of Directors of Nasdaq listed SEAL SQ, a post quantum semi-conductor IOT technology company.

Recipient of the 2015 Albert Schweitzer Leadership Award for his work in global youth leadership development, Mr. Fergusson is the former President of Hugh O'Brien Youth Leadership (HOBY), the world's largest social leadership foundation for high school students. Mr. Fergusson is Canadian and a graduate of Kings Edgehill School and The University of Guelph.

David Fergusson 是北美领先的中低端市场并购投资银行咨询公司 Generational Group 的并购执行董事总经理。他常驻纽约，还负责公司的技术实践和跨境并购实践。他在创建企业、加速企业发展以及全球并购方面拥有超过 35 年的经验。

在加入 Generational Equity 之前，他最近担任 The M&A Advisor 的总裁兼首席执行官，领导该公司的全球智囊团，该智囊团由位于纽约和伦敦的办事处组成，由超过 350,000 名金融行业专业人士组成。作为跨境投资公司 Paradigm Capital 的合伙人，Fergusson 先生作为投资者进行了超过 25 次收购。作为并购顾问，他管理了超过 275 笔交易。

他是企业成长协会 (ACG) 的成员，也是金融业发展的倡导者，为此他领导了新兴领袖计划的组建，该计划将于 2023 年庆祝其成立 10 周年。他在美国和中国之间的并购领域荣获中国并购协会颁发的 2017 年并购领袖奖和 2019 年终身成就奖，并担任总部位于北京的全球并购委员会联合主席。此外，Fergusson 先生还获得了由全球并购网络颁发的 2023 年度投资银行家奖，并荣获 2022, 2023 年和 2024 年美国和全球年度并购交易奖。

弗格森先生是剑桥、哈佛大学和麻省理工学院等著名教育机构以及梵蒂冈、达沃斯世界经济论坛、世界银行和国际组织等领导层会议上关于金融服务、企业转型和技术创新等主题的受人尊敬的演讲者。货币基金也是 CBS、BBC、NPR、ABC、CNBC、Bloomberg 和 Thomson Reuters 等主要媒体机构的撰稿人。他还是 5 个年度版并购手册的编辑——"最佳交易撮合者的最佳实践"系列，在 60 多个国家拥有超过 500,000 名读者。弗格森先生还是畅销科技书籍《超人类密码》的合著者。

自 2016 年起，他担任瑞士网络安全先驱 Wisekey International（纳斯达克股票代码：WKEY）的董事会副主席，在该公司的并购和公开市场活动中发挥了重要作用。Fergusson 先生还是纳斯达克上市公司 SEAL SQ（一家后量子半导体物联网技术公司）的董事会成员。

Fergusson 先生因其在全球青年领导力发展方面的工作而荣获 2015 年阿尔伯特·史怀哲领导力奖，他是世界上最大的高中生社会领导力基金会休·奥布莱恩青年领导力 (HOBY) 的前主席。Fergusson 先生是加拿大人，毕业于 Kings Edgehill 学校和圭尔夫大学。

全球併購協會會長、美國併購協會會長、聯盟首任共同主席 David A. Fergusson 主題演講